21世纪高等院校计算机基础教育
课程体系规划教材

博学 · 大学公共课系列

大学VB.NET程序设计实践教程

（第三版）

主　编　沈建蓉　夏　耘

副主编　王　放　李大学　陈群贤

编　者（按姓氏笔画顺序）

马立新　王　放　刘丽霞　李大学

沈建蓉　陈群贤　柳　强　夏　耘

韩绛青　臧劲松

復旦大學出版社

内容提要

本书是根据教育部高等学校文科计算机基础教学指导委员会《高等学校文科类专业大学计算机教学基本要求》（2008年版）中的计算机公共课程——“程序设计及应用”的教学要求编写而成，并已被批准成为教育部文科计算机基础教学指导委员会立项教材。

本书以任务驱动、项目引领的方式讲授VB.NET程序设计方法，通过10个项目学习，集教材、实验和习题于一体，旨在激发学生的学习兴趣、提高学生的编程能力、解决问题和分析问题能力、创新能力。

全书从实用角度出发，在每一个项目中都设计了一个主题，并围绕主题列举了若干个活动示例，每个活动由“活动说明”栏目将任务分解，由“活动分析”栏目剖析解决任务的方法，由“学习支持”栏目讲解涉及的编程知识点，由“编程实践”栏目给出关键的步骤和程序代码，最后通过“实践活动”栏目让学生动手实践，从而巩固该项目中所涉及的知识点。

本书以Visual Basic 2005为编程环境，对程序设计基本步骤、基本知识和语法、编程方法和常用算法进行了较为系统、详细的介绍，除介绍了可视化界面设计的方法，内容还涉及数据库等方面的编程。实例丰富有趣，阅读轻松，操作容易。

本书可作为高等院校非计算机各专业、计算机成人教育各类进修班与培训班以及广大工程技术人员和管理人员学习计算机应用基础知识的教材。

前　言

本教材是根据教育部高等学校文科计算机基础教学指导委员会的《高等学校文科类专业大学计算机教学基本要求(2008年版)》中之计算机小公共课程——“程序设计及应用”的教学要求,为普通高等学校学生的第一门程序设计课程而编写的教材,其目标是培养学生掌握计算机程序设计的基本知识,提高逻辑思维能力和计算机应用能力,成为精通本专业知识并掌握计算机应用技能的复合型人才。

自《大学VB程序设计实践教程》(第一版)出版以来,已被多所高校作为VB程序设计课程的教材。由于教材采用任务驱动的教学方式,以解决实际问题着手,教会学生编程的思路,并掌握相应的知识点,所以取得了良好的教学效果,并得到教师和学生的好评。随着VB.NET版本的推出,在前两版的基础上,我们编写了这本以VB.NET为环境的第三版VB教材,并通过了教育部文科计算机基础教学指导委员会的审定,入选2009教育部文科计算机基础教学指导委员会立项教材。

Microsoft公司推出的Visual Studio.NET是新一代可视化开发工具,是支持多种语言的集成开发环境,已得到了广泛的应用,Visual Basic.NET是其中一个重要部分。本教材采用Visual Studio 2005中的Visual Basic 2005为编程环境(教材中简称VB.NET),力图使学生在掌握程序设计基本方法的同时,了解新的编程环境。

本教材摒弃了传统的程序设计教材采用的“提出概念-解释概念-举例说明”的三段式编写方法,采用“直接从应用入手”的思路编写,将VB.NET程序设计按知识点归纳成十部分,每一部分称为一个项目,在每一项目中采用问题驱动的方式,按照知识点归纳出若干部分(称为活动)。在每个活动中,首先围绕知识点提出实际生活中常见的问题,作为一个示例,分析示例的编程思路,提出其相关的知识点,然后详细地、系统地叙述了相应的基础知识、基本概念和语法,并结合示例叙述编程方法和常用算法。在此基础上,给出示例具体编程实现的步骤,指出示例中包含的要点,使学生更容易着手编写程序,并通过编程实践,更好地领会、理解和运用基本概念和语法。每个活动还最后给出若干个实践活动,学生可以模仿示例的编程方法,学会编写程序。书中对于一些要点和注意事项给予了提示,对于一些示例提出了思考和拓展的方向,以利于学生在实践中领会所学知识,解决实际问题。

在本教材中，项目一介绍 Visual Basic 2005 的开发环境和编程步骤、基本控件和语言基础；项目二介绍基本控制结构；项目三介绍数组；项目四介绍过程；项目五介绍常用控件；项目六介绍菜单、状态栏、工具栏和多重窗体的使用；项目七介绍面向对象程序设计基础；项目八介绍文件操作；项目九介绍图形和动画操作；项目十介绍数据库编程。

每一个项目都由若干个活动组成，每个活动包括以下栏目：

1. 活动说明：描述要编写的程序的基本功能；
2. 活动分析：分析活动说明中的程序功能，设计窗体界面及各控件的功能；
3. 学习支持：系统地介绍本活动所涉及的基本概念和语法、编程方法和常用算法；
4. 编程实现：叙述完成本活动的具体编程方法和步骤，以及主要的事件过程代码；
5. 实践活动：运用学习支持中涉及的知识，解决实际的问题，并且编程实现。

在全书提供的代码中，选择“对象”和“事件”后，系统自动产生事件过程的模板，以“Private Sub. . . . ”开头，以“End Sub”结束，本书约定用黑色灰度字体表示自动产生的代码，即编程时不必人工输入。

另外，本教材附有一定数量的习题及习题答案，帮助学习者巩固已学过的知识。习题中包括针对各项目的知识要点的选择题、填充题、程序填充题、阅读程序题等。

本书还配有实验光盘，光盘中包含了所有活动的程序文件、实践活动的素材和参考答案等。另外，我们还制作了与教材配套的电子教案。

本教材共包含10个项目，项目一由沈建蓉编写；项目二由王放编写；项目三由李大学编写；项目四由韩绛青编写；项目五由刘丽霞和臧劲松编写；项目六由柳强编写；项目七由马立新编写；项目八由陈群贤编写；项目九由夏耘编写；项目十由刘丽霞编写。沈建蓉和夏耘负责全书的总体策划与统稿、定稿工作。

在本书的编写过程中，得到了上海市三所高等院校(复旦大学、上海理工大学和上海电机学院)的关心、支持和帮助，复旦大学出版社黄乐在教材的策划和作者的组织方面做了大量的工作。在此对于各位老师的帮助，以及有关专家、教师长期以来对我们工作的支持和关心表示衷心感谢。

由于作者本身的水平有限，再加上写作时间仓促，不当之处在所难免，衷心希望读者给予批评指正。

编　者

2010年1月

目 录

项目一 初试身手 / 1

■ 活动一 抽奖程序 / 1

面向对象程序设计的基本概念/Visual Basic 2005 集成开发环境/基本编程步骤/程序的书写规则/ VB. NET 的工作模式/程序调试和排错

■ 活动二 龟兔赛跑 / 20

常用属性/窗体/文本框/标签/命令按钮/图片框

■ 活动三 面积计算 / 37

数据类型/常量和变量的命名规则/常量/变量声明/运算符/表达式

■ 活动四 简易计算器 / 49

数学函数/随机数函数/转换函数/日期和时间函数

■ 活动五 图书销售 / 56

字符串函数/格式输出函数/Shell 函数

项目二 经典计算 / 66

■ 活动一 数字求和 / 66

顺序结构/赋值语句/复合赋值语句/输入语句/输出语句

■ 活动二 模拟出租车收费 / 76

分支结构/If 条件语句/IIf 函数/Select Case 语句

■ 活动三 累加和连乘 / 88

循环结构/For 语句/Do 语句/循环的嵌套/GoTo 语句

项目三 成绩管理 / 100

■ 活动一 成绩统计 / 100

数组的概念/数组的声明/数组的基本操作

■ 活动二　成绩编辑　/ 109

重定义数组大小/与数组相关的函数/常用算法

项目四　过程编写　/ 119

■ 活动一　求组合数　/ 119

函数过程的定义和调用/递归函数

■ 活动二　竞赛评分　/ 127

子过程的定义和调用/参数传递/可选参数/变量的作用域/函数过程和子过程的作用域

项目五　文字处理　/ 140

■ 活动一　字体设置　/ 140

单选按钮/复选框/框架/列表框/复选列表框/组合框

■ 活动二　调色板　/ 151

滚动条/TrackBar 控件/定时器/超链接标签控件

■ 活动三　文本编辑器　/ 159

“打开”对话框/“另存为”对话框/“颜色”对话框/“字体”对话框/ RichTextBox 控件

项目六　视图界面　/ 167

■ 活动一　记事本　/ 167

菜单的分类与结构/创建下拉式菜单的基本步骤/建立下拉式菜单界面/菜单项的常用属性和事件/创建弹出式菜单的基本步骤

■ 活动二　计分牌　/ 175

多重窗体/多文档界面/键盘与鼠标事件

项目七　创建面向对象　/ 188

■ 活动一　描述人类　/ 188

类声明语法/类成员

■ 活动二 父子情深 / 196
基本的 Object 类/继承的语法/重写属性和方法/抽象类

项目八 文件编辑 / 204

■ 活动一 文件编辑器 / 204
文件及其结构/文件处理函数/顺序文件的读、写操作
■ 活动二 简单数据处理 / 214
结构类型的定义/随机文件

项目九 绘图与动画 / 225

■ 活动一 画展 / 225
图片框/绘制文字
■ 活动二 统计与汇总 / 230
绘图工具/绘图的基础/图形绘制/非规则窗体
■ 活动三 模拟交通管理系统 / 243
动画技术的相关概念/形态变化的动画制作方法/位置变化的动画制作方法/位置和形态均变化的动画制作方法

项目十 数据管理 / 247

■ 活动一 名片浏览 / 247
数据库的基本概念/数据源控件/数据绑定控件
■ 活动二 学生信息管理系统 / 256
使用 ADO 访问数据库/使用代码实现数据库的访问/结构化查询语言

习题 / 277

■ 项目一 习题 / 277
■ 项目二 习题 / 279
■ 项目三 习题 / 291
■ 项目四 习题 / 295
■ 项目五 习题 / 299
■ 项目六 习题 / 303
■ 项目七 习题 / 305
■ 项目八 习题 / 307
■ 项目九 习题 / 315
■ 项目十 习题 / 317

项目一　初试身手

Visual Basic. NET(简称 VB. NET)是 Visual Studio. NET 集成开发环境中的一种程序设计语言，是基于 Basic 的可视化程序设计语言。VB. NET 一方面继承了 Basic 语言简单易学的特点，另一方面在其编程环境中采用了面向对象的可视化设计工具、事件驱动的编程机制、动态数据驱动等先进的软件开发技术，为用户提供了一种所见即所得的可视化程序设计方法。本书所提到的 VB. NET 特指 Visual Basic 2005 集成开发环境。

在 VB. NET 中，运用面向对象的程序设计方法，将数据和程序封装起来，作为一个对象。在设计程序时，只要根据界面设计要求，利用系统提供的工具将对象添加到屏幕上，并设置其属性，以改变其外观。

在面向对象的程序设计中，程序的运行流程按照用户的操作顺序，用户每做一个动作就触发某个事件，从而执行相应的程序。因此，程序员只需编写相应用户动作的程序代码，编写和维护程序工作极为方便。程序员编写的程序称为事件过程，其内部是运用结构化的程序设计机制，采用模块化的程序设计方法，结构清晰，易于编写和阅读程序。

VB. NET 提供了强有力的数据库存取能力，可以访问多种数据库系统，完成实现数据库管理的应用程序。同时，提供了 Active 技术和 DHTML 设计工具，使得程序员可以方便地使用其他应用程序提供的功能，开发多媒体和网络应用程序。

活动一　抽奖程序

活动说明

在某些抽奖场合中，往往看到利用计算机产生中奖号码。程序开始运行后，显示器上不断地快速显示许多号码，直到主持人按下键后停止，此时显示的号码即为中奖号码。

使用 VB. NET 可以方便地编写一个具有这种功能的程序。图 1-1-1 是一个抽奖程序的界面。

图 1-1-1　抽奖程序的界面

活动分析

抽奖程序的屏幕上有一个文本框,用于输入产生中奖号码的组号。利用 VB.NET 的定时器控件和随机数函数,可以每隔一段时间(如 0.1 秒)运行一段程序,随机产生一个号码。使用标签可以使产生的号码固定显示在屏幕上的某个位置。

为了可以多次产生中奖号码,可以在屏幕上建立一个按钮(上面显示“开始”字样),单击这个按钮,开始不断产生号码,此时这个按钮上显示“停止”字样;再次单击这个按钮,停止产生号码;最后产生的号码作为中奖号码,以红色显示。停止产生号码后,按钮上面又显示“开始”字样,单击后可以继续产生抽奖号,直到退出程序。

学习支持

一、面向对象程序设计的基本概念

VB.NET 是一种面向对象的程序设计语言,它从所处理的数据入手,以数据为中心来描述系统。

1. 对象和类

对象的概念是面向对象编程技术的核心。从面向对象的观点看,所有的面向对象应用程序都是由对象组合而成的。对象就是现实世界中某个客观存在的事物,是对客观事物属性及行为特征的描述。在现实生活中,其实人们随时随地都在和对象打交道,例如:骑的车、看的书以及自己本身,在一个 VB.NET 程序员眼中都是对象。对象把事物的属性和行为封装在一起,是一个动态的概念,是面向对象编程的基本元素,是基本的运行实体,如窗体、各种控件等。对象是代码和数据的组合,可以作为一个单位来处理。

类是同类对象的属性和行为特征的抽象描述,类与对象是面向对象程序设计语言的基础。类是从相同类型的对象中抽象出来的一种数据类型,也可以说是所有具有相同数据结构、相同操作的对象的抽象。类具有继承性、封装性和多态性,VB.NET 中的每个对象都是用类定义的。对象和它的类之间就像饼干和饼干模具之间的关系,饼干模具是类,它确定了每块饼干的特征,比如大小和形状,饼干是由饼干模具创建的对象。

2. 对象的属性、方法和事件

属性、方法和事件构成了对象的三个要素。属性描述了对象的性质,决定了对象的外观;方法是对象的动作,决定了对象的行为;而事件是对象的响应,决定了对象之间的联系。

(1) 属性

属性是对象的物理性质,用来描述和反映对象特征的参数。一个对象的诸多属性所包含的信息,反映了这个对象的状态,属性不仅决定了对象的外观,有时也决定了对象的行为。VB.NET 为每一类对象都规定了若干属性,设计中可以改变具体对象的属性值。属性可以表明一个对象的特征,比如窗体的背景颜色、高度与宽度。对象的常见属性有名称(Name)、文本(Text)、是否可用(Enabled)、是否可见(Visible)等。

对象的属性可以在设计对象时通过属性窗口设置,也可以在程序运行时通过程序代码进行设置。在程序代码中,使用赋值语句修改对象的属性值,其格式为:

对象名.属性名 = 属性值

在上例中,将名称为 Button1 的命令按钮上的文本内容(Text)设置为"开始"值的语句是:

```
Button1.Text = "开始"
```

(2) 方法

对象的方法是系统预先编写好的一些通用的过程和函数,供用户直接调用。方法是附属于对象的行为和动作,不同的对象有不同的方法,调用时一般要指明对象。对象方法的调用格式为:

[对象名.]方法名([参数列表])

例如,将光标放到 TextBox1 文本框中,对应的方法为:

```
TextBox1.Focus()
```

(3) 事件

事件是能够被对象识别和响应的行为和动作,当对象发生了事件后,应用程序要做相应的处理,对应的程序称为事件过程。VB.NET 应用程序设计的主要工作就是为对象编写事件过程的程序代码。

定义事件过程的语句格式为:

Private Sub 对象名_事件名(对象引用,事件信息) Handles 事件处理程序
**　……处理事件的代码**
End Sub

例如:单击(Click)名称为 Button1 的命令按钮,结束程序的运行。对应的事件过程为:

```
Private Sub Button1_Click(ByVal sender As System.Object, ByVal e As System.EventArgs) _
            Handles Button1.Click
    End
End Sub
```

注:在代码窗口中,选择"对象"和"事件"后,系统自动产生事件过程的模板,以"Private Sub ..."开头、以"End Sub"结束,只需输入它们之间的处理事件的代码(上例中只需要输入"End"一行)。本书中用灰色标出了自动产生的代码,编程时不必人工输入。

在 VB.NET 中,每个对象都有一个预定义的事件集,一些事件是多数对象所共有的,例如窗体、文本框、按钮等都有单击事件(Click)。

当用户对一个对象作出一个动作时,可能同时在这个对象上发生多个事件。例如,双击鼠标,同时发生了 Click、DblClick、MouseDown、MouseUp 事件。编写程序时,只需对事件发生后要作出相应处理的事件编写程序,对于没有编码的事件过程,系统则不对该事件处理。

在传统的面向过程的应用程序中,程序是按设计人员编写的代码次序执行的,用户无法改变程序的执行流程。而执行 VB.NET 应用程序时,系统装载和显示窗体后,等待某个事件的发生,然后去执行相应的事件过程,待事件过程执行完毕后,又处于等待状态,直到程序结束,这称为事件驱动的程序设计方式,这些事件发生的顺序,决定了代码执行的顺序,因此每次执行流程都可能不同。

二、Visual Basic 2005 集成开发环境

Visual Studio 是一套完整的开发工具集，它为 Visual Basic、Visual C++、Visual C# 和 Visual J# 等多种语言提供了统一的集成环境，用于生成 ASP. NET Web 应用程序、XML Web Services、桌面应用程序和移动应用程序。

1. 进入 VB. NET

单击任务栏上的“开始”→“所有程序”→“Microsoft Visual Studio 2005”→“Microsoft Visual Studio 2005”，启动 Visual Studio 2005，进入“起始页”，如图 1-1-2 所示。

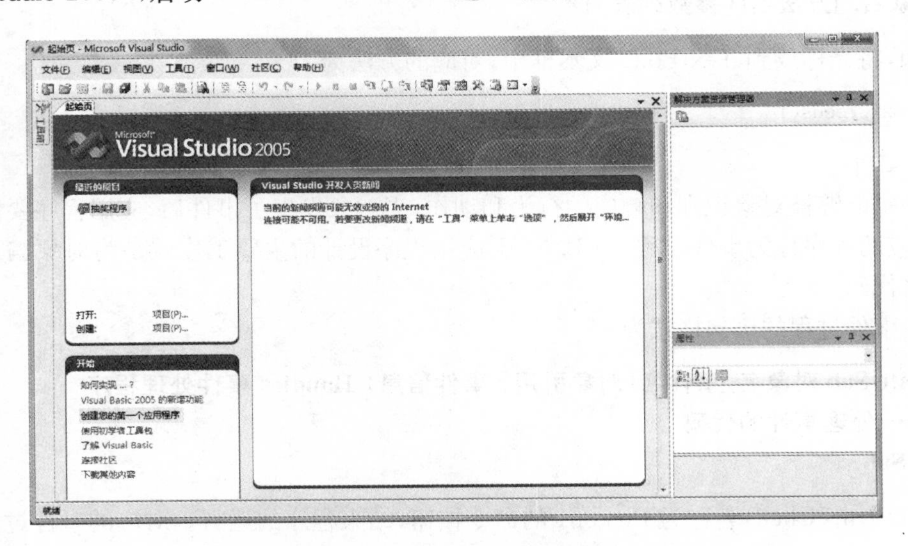

图 1-1-2　Microsoft Visual Studio 2005 窗口

单击文字“创建”后面的“项目(P)...”选项，打开“新建项目”对话框，如图 1-1-3 所示。

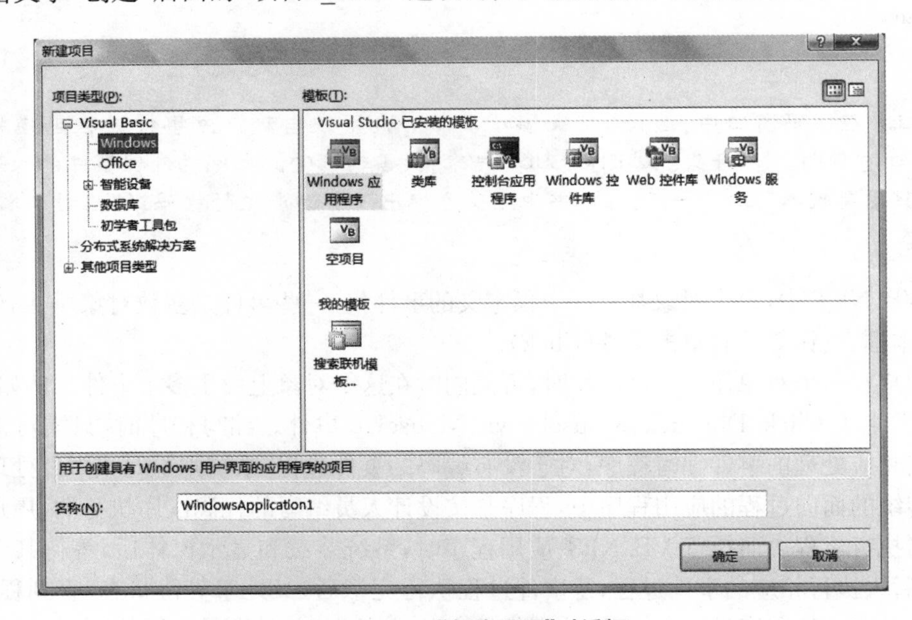

图 1-1-3　“新建项目”对话框

在“项目类型”列表中选择“Visual Basic”下的“Windows”选项，选择“模板”列表中的“Windows 应用程序”图标，在“名称”文本框中输入新的项目名称(如：抽奖程序)，单击“确定”后，创建新的项目，显示 VB. NET 程序设计时的界面，如图 1-1-4 所示。

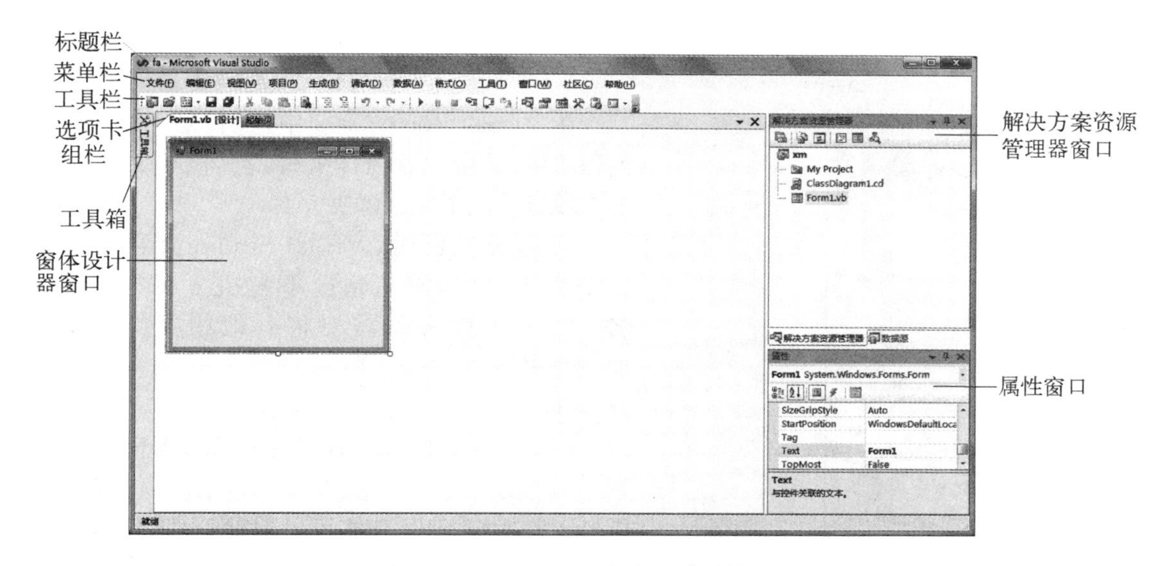

图 1-1-4　VB. NET 程序设计时的界面

Visual Studio 2005 中标题栏的内容说明了当前打开的解决方案定义文件以及所处的工作模式，菜单栏提供了程序开发过程中所需的命令和功能，工具栏提供了最常用的操作，利用工具栏可以快速访问常用的菜单命令。Visual Studio 2005 提供了一系列工具栏，选择“视图”→“工具栏”子菜单下的命令，可以显示或隐藏这些工具栏。

默认情况下，显示最常用的“标准”工具栏，图标含义如图 1-1-5 所示。

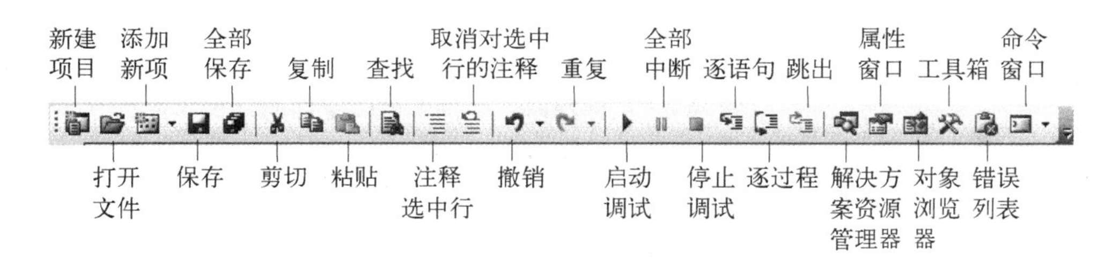

图 1-1-5　标准工具栏

在 Visual Studio 2005 集成开发环境中，包含两种基本的窗口类型：“工具”窗口和“文档”窗口。“工具”窗口在“视图”菜单中列出，如：代码、设计器、解决方案资源管理器、属性窗口、工具箱等。“文档”窗口是在创建或打开文件时动态创建的，其名称显示在“窗口”菜单中，如：Form1. vb。

“工具”窗口可以设置为浮于上方、停靠在 IDE 的边缘、以选项卡方式与其他工具窗口链接、自动显示或隐藏等。例如，默认情况下，工具箱为自动隐藏，当鼠标指针指向它时，自动展开，单击其右上角的 ▼ ，可以设置其显示方式，如图 1-1-6 所示。

“文档”窗口可以以选项卡或多个文档窗口方式显示，默认情况下是以选项卡方

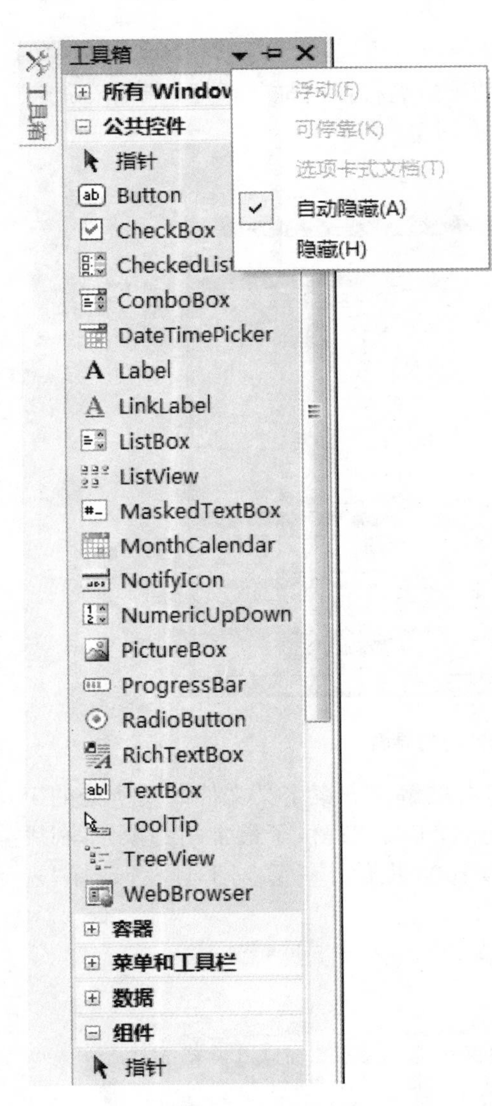

图 1-1-6　工具箱

式显示的，切换窗口则可通过单击选项卡来实现。

> **提示**：选择"窗口"→"重置窗口布局"命令，可以恢复成默认布局。

2. 解决方案资源管理器

在 Visual Studio 2005 中，项目是一个独立的编程单位，其中包含窗体文件及其他相关文件，若干个项目组成了一个解决方案。

创建新项目时，Visual Studio 会自动生成一个解决方案，默认情况下解决方案与项目同名。以后可以根据需要将其他相关的项目添加到解决方案中，这些项目可以是用不同语言开发的。

图 1-1-7 是解决方案资源管理器窗口，以树状结构显示了整个解决方案中包括的项目及相关信息。开发应用程序时，可以帮助管理解决方案中的项目及相关文件。

3. 窗体设计器窗口

窗体是应用程序的主要构成部分，窗体设计器窗口是设计窗体的区域，在这个区域中可以搭建出美观实用的程序界面。

在一个项目中可以有多个窗体，每一个窗体对应于一个窗体设计器窗口。每个窗体必须有一个唯一的窗体名字，它分别显示在窗体设计器窗口的标题栏和解决方案资源管理器窗口中。在解决方案资源管理器窗口中选中窗体文件后，单击"查看设计器"按钮 ，便可以切换到对应的窗体设计器窗口。

4. 工具箱

通常情况下，工具箱位于集成开发环境窗口的左侧，包含了创建窗体所使用的控件。工具箱由若干个选项卡组成，每个选项卡中包含了相关的组件、控件或代码，单击选项卡，可以将其展开或折叠。

单击工具箱中的某个控件后，在窗体上拖曳或单击窗体，就可以在窗体上建立相应的对象。另外，双击工具箱中的某个控件，也可以在窗体上建立相应的对象，初始时该对象放置在窗体的左上角，可以将其拖曳到所需的位置。

例如，单击"公共控件"选项卡下的 Label 按钮 A Label ，在设计器窗口的相应位置拖曳，便新建了一个名为 Label1 的标签。又如，双击"组件"选项卡下的 Timer 按钮 Timer ，在设计器窗口中便新建了一个名为 Timer1 的定时器图标。由于运行时不显示定时器，其图标放置在窗体以外。

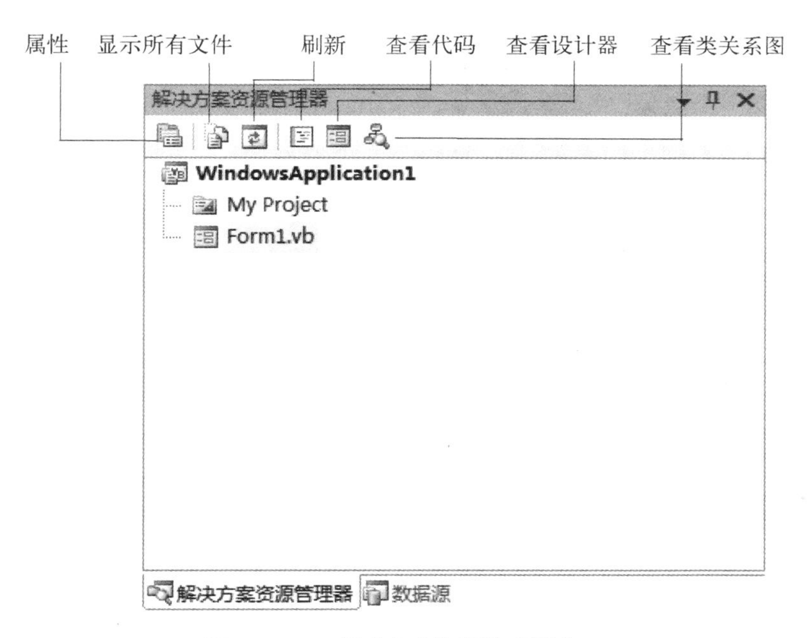

图 1-1-7　解决方案资源管理器窗口

5. 属性窗口

窗体上的对象的外观、名称及其他特性是由其属性决定的，对象的大部分属性可以通过属性窗口设置或修改值。当选中一个窗体或控件后，属性窗口中将显示相应的属性。如图 1-1-8 所示。

图 1-1-8　属性窗口

在属性窗口中设置对象属性的步骤如下：

(1) 单击需要进行属性设置的对象，或在属性窗口的对象列表框中选中对象名称。

(2) 在属性窗口的左侧属性名部分，选中需要设置的属性。

(3) 在属性窗口右侧属性值部分,选择或输入属性值,完成属性设置。

例如,选中 Label1 标签,在属性窗口中拖动垂直滚动条,单击 Text 属性后,在右面属性值中输入:中奖号,按 Enter 键后,文字"中奖号"作为 Label1 标签的文本内容显示在窗体上。单击 BackColor 属性右边的下拉箭头,在"Web"选项卡中选择"Transparent",则将其背景色设置为透明。

提示:设置某个属性后,其属性值的内容以加粗显示,以便区分。

6. 代码设计窗口

代码设计窗口是专门用来显示和编辑程序代码的,如图 1-1-9 所示。在解决方案资源管理器窗口中,选中窗体文件后单击"查看代码"按钮,便可以打开对应的代码设计窗口。

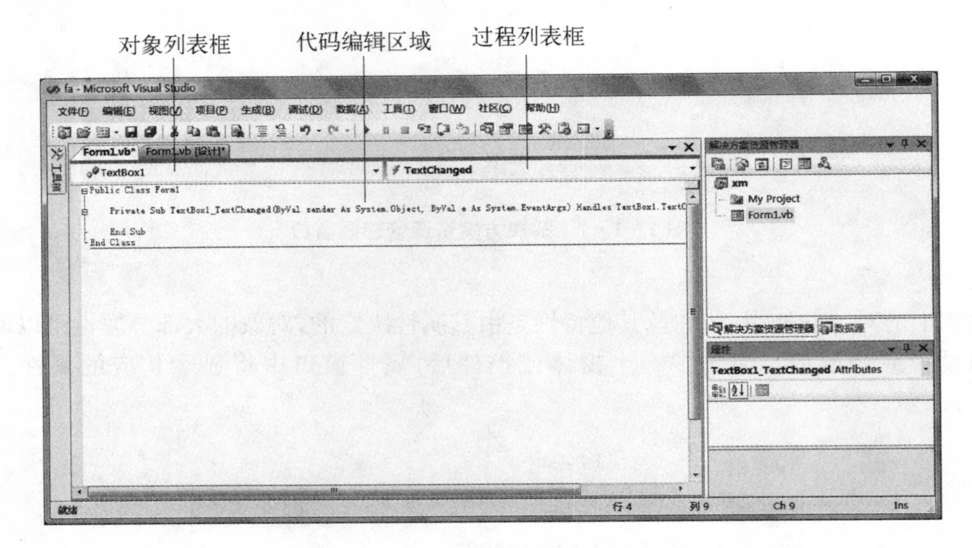

图 1-1-9　代码设计窗口

在窗体设计器窗口中,双击某个对象,也可以打开代码设计窗口,并将插入点定位于该对象的事件过程中。例如,双击 TextBox1 文本框,打开如图 1-1-9 所示的代码设计窗口。

在代码设计窗口中,通过选择其顶部的对象列表框和过程列表框,可以构成一个事件过程的模板,系统自动建立一个事件过程的起始语句和结束语句,用户只需输入相应的程序代码。

三、基本编程步骤

创建 VB.NET 应用程序的主要步骤是:

1. 分析问题,确立目标

创建应用程序前,应对程序要解决的问题进行分析,设计出应用程序的界面上需要哪些对象、具备哪些功能。如:有哪些控件,外观如何,哪个控件具有事件,该事件对应哪些功能的程序等。

例如,本活动开始的"活动分析"部分,分析了抽奖程序具备的功能。从图 1-1-1 中看到,界面中需要建立 3 个标签、1 个文本框和 2 个命令按钮。由于需要每隔一段时间随机产生一个号码,还需要建立一个定时器。

2. 设计窗体,建立用户界面的对象

打开窗体设计器窗口后,单击工具箱(如图 1-1-6 所示)中的某个控件后,在窗体上拖曳，或者双击工具箱中的某个控件，可以在窗体上建立相应的对象。

例如，单击"Form1. vb[设计]"选项卡，打开窗体设计器窗口。单击"公共控件"选项卡下的 TextBox 按钮，便可以在窗体拖曳出一个文本框，其名称为 TextBox1。

3. 设置各对象的属性

属性是对象的特征的表示，每个对象建立后都有默认的属性值，根据程序设计的需要可以重新设置某些属性的值。在界面设计阶段，可以通过属性窗口(如图 1-1-8 所示)设置属性。

例如，单击 TextBox1 文本框后，在属性窗口中单击 MaxLength 属性，并将其值改为 1，便设置了 TextBox1 文本框在运行时只能输入 1 个字符。

4. 为部分对象进行事件过程的编程，即编写程序代码

编写程序代码是在代码设计窗口中进行的，并不是每个控件的每个事件都需要编写程序，只有当某个控件的某个事件触发后，需要执行某些操作时，才需要编写程序。

例如，对于抽奖程序的 TextBox1 文本框，当输入字母后，需要自动将其转换成大写字母，而触发其他事件(如单击文本框)时，不需要执行任何程序。因此，只要在文本框内容发生变化时执行一段程序，将其转换成大写。

编写程序的方法是：双击 TextBox1 文本框，打开如图 1-1-9 所示的代码窗口，系统自动建立 TextBox1_TextChanged 事件过程的起始语句和结束语句，并将插入点定位于其中，输入程序代码即可。程序代码如下：

```
Public Class Form1
    Private Sub TextBox1_TextChanged(ByVal sender As System.Object,  _
            ByVal e As System.EventArgs) Handles TextBox1.TextChanged
        TextBox1.Text = UCase(TextBox1.Text)
    End Sub
End Class
```

注意：上述代码中，第 2 行行尾的" _ "为续行符，表示与其下一行代码属于同一句语句，编译时作为一行处理。

5. 程序的运行与调试

完成程序编写并保存后，单击工具栏上的"启动调试"按钮 ▶ (或者按 F5 键，或者选择"调试"→"启动调试"命令)，系统先进行编译，检查是否存在语法错误。如果存在语法错误，则显示错误信息，提示用户修改；如果没有语法错误，则生成可执行程序，并执行程序。

执行程序后，显示设计的窗体界面，根据需要输入相应的数据，当某个事件发生时，执行相应的程序。例如，在抽奖程序中，单击"开始"按钮，执行这个按钮的 Click 事件过程，开始不断产生号码。

单击工具栏上的"停止调试"按钮 ■ (或者选择"调试"→"停止调试"命令)，结束程序运行。

6. 保存文件，生成应用程序

单击工具栏上的"全部保存"按钮，保存解决方案文件、项目文件及窗体文件等。第一次保存文件时将出现"保存项目"对话框，在"名称"文本框中输入项目文件名，单击"浏览"按钮选定保存的位置，默认情况下解决方案文件名与项目文件名相同，也可以直接输入修改，如图 1-1-10 所示。

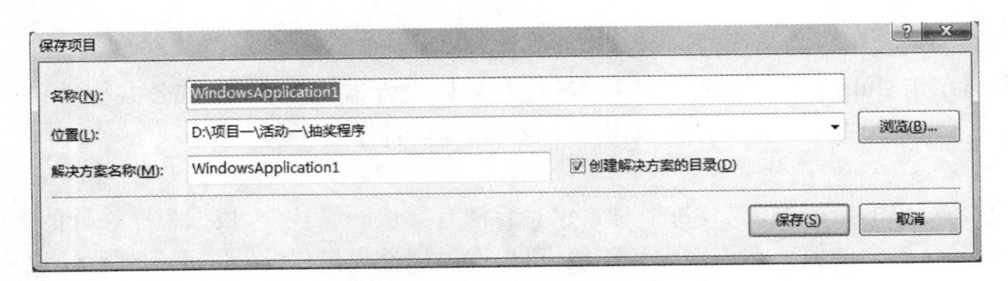

图 1－1－10 “保存项目”对话框

单击“保存”按钮后，自动创建了一系列文件和文件夹。在指定位置下建立解决方案文件和一个与解决方案同名的文件夹(选中“创建解决方案的目录”复选框时)，在这个文件夹下创建了项目文件夹，在项目文件夹中保存了项目文件和窗体文件。图 1－1－11 是抽奖程序的主要文件及其结构。

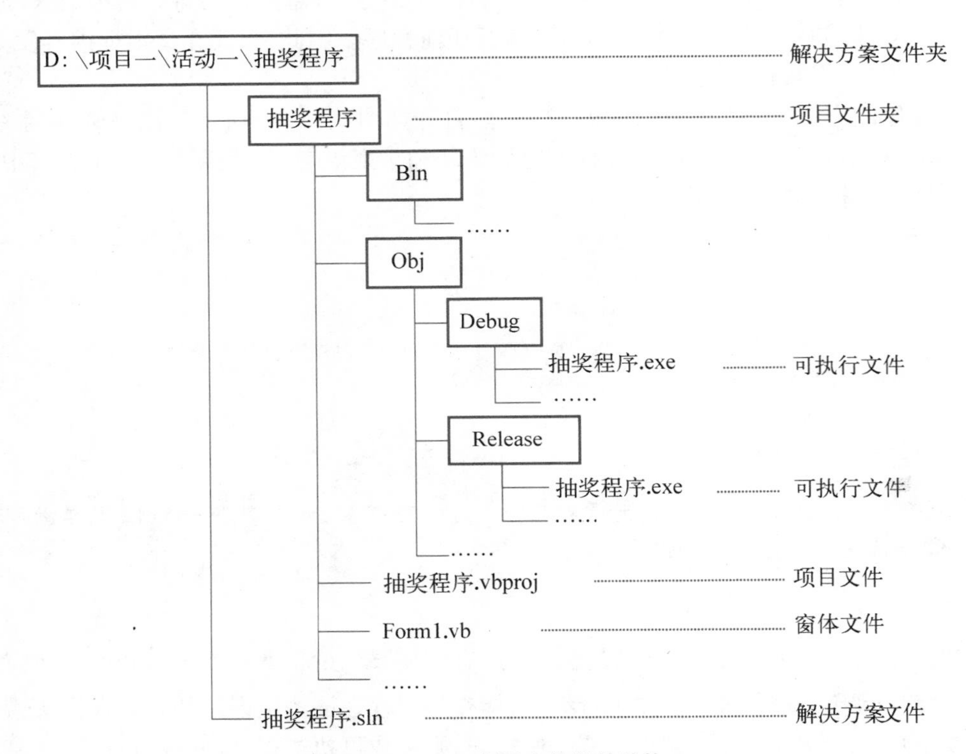

图 1－1－11 主要文件及其结构

至此，一个完整的程序编制完成，以后要再次修改该程序，只需单击“起始页”选项卡中列出的最近的项目，便可以打开相应的解决方案。或者单击“打开”后面的“项目”选项，或者选择“文件”→“打开项目”命令，选择解决方案文件后将程序调入。

修改程序后，在解决方案资源管理器窗口中，选中要保存的文件，然后单击“保存选定项”按钮 ，便可以保存文件。如果要改变文件的保存位置，应选择“文件”→“xx 另存为”命令。

在 VB. NET 中，生成的可执行程序有两个版本：调试版本(Debug)和发布版本(Release)。执行“调试”→“启动调试”命令后，系统自动在项目文件夹的 Obj 文件夹下的 Debug 文件夹中创建可执行文件，如图 1－1－11 所示。如果执行“生成”→“生成”命令，则在 Obj 文件夹的

Release 文件夹中存放生成的可执行文件。

生成的可执行文件作为应用程序，可以直接在 Windows 环境下运行。

四、程序的书写规则

1. 代码不区分字母的大小写

VB. NET 对用户编写的程序代码自动进行转换。将关键字首字母转换成大写、其余字母小写。对于由多个英文单词组成的关键字，则自动将每个单词的首字母转换成大写字母。对于用户自定义的变量名、过程名、函数名，以第一次定义为准，以后出现同名变量、过程名、函数名时其字母的大小写自动转换成首次定义的形式。

2. 一行中可以书写多条语句

VB. NET 程序通常由若干行组成，一行一条语句。对于一些简短的语句可以将几条语句写在一行中，中间用冒号“:”分隔。

3. 续行

在 VB. NET 中一行最多可以包含 255 个字符，为了增强可阅读性，可以将一条字符较多的语句分几行书写，在需要续行的行尾加续行符（一个空格后跟一个下划线“_”）。

4. 使用注释

以 Rem 开头的整行语句作为注释语句，而用撇号“'”引导语句后的注释内容。注释内容在代码窗口中以绿色显示。也可以使用“标准”工具栏中的“注释选中行”按钮，将选定行作为注释语句，反之，使用“取消对选中行的注释”按钮。

五、VB. NET 的工作模式

VB. NET 提供了 3 种工作模式：设计模式、运行模式和中断模式。

启动 VB. NET 后自动进入设计模式，可以设计窗体界面、编写程序等，此时程序并不运行。

单击“启动调试”按钮 后进入运行模式，此时标题栏上显示“[正在运行]”字样，可以与程序交互、查看程序代码，但不能修改程序代码。单击“停止调试”按钮，中止程序运行，返回设计模式。

程序运行时单击“全部中断”按钮，进入中断模式，暂停程序的运行，进入调试状态。此时可以编辑程序代码，检查数据。单击“继续”按钮，将从中断处继续执行程序。

六、程序调试和排错

在编写程序的过程中难免发生错误，程序调试就是查找和修改错误的过程。通常可以将程序错误分为：语法错误、运行时错误和逻辑错误。

1. 语法错误

由于在修复语法错误之前程序不能运行，所以查找语法错误实际上相对容易。“启动调试”按钮 运行程序时，如果存在语法错误，将显示如图 1-1-12 所示的对话框。如果选择“是”，将会运行上一个没有错误的程序版本；选择“否”，则程序将停止运行并出现“错误列表”窗口。

如图 1-1-13 所示，“错误列表”窗口显示有关语法错误的信息，包括对错误的说明以及

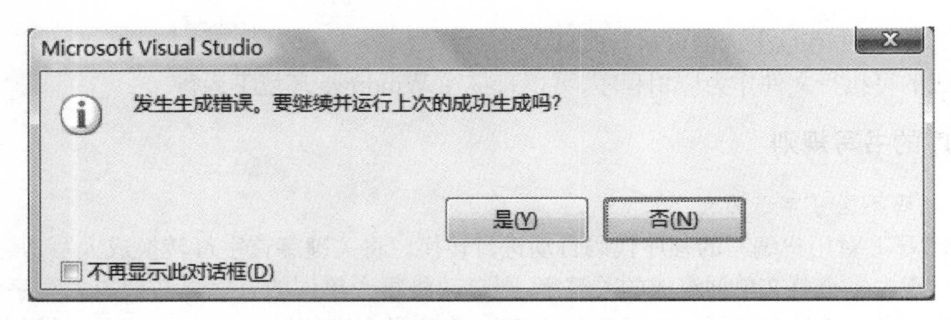

图 1－1－12　发生生成错误的对话框

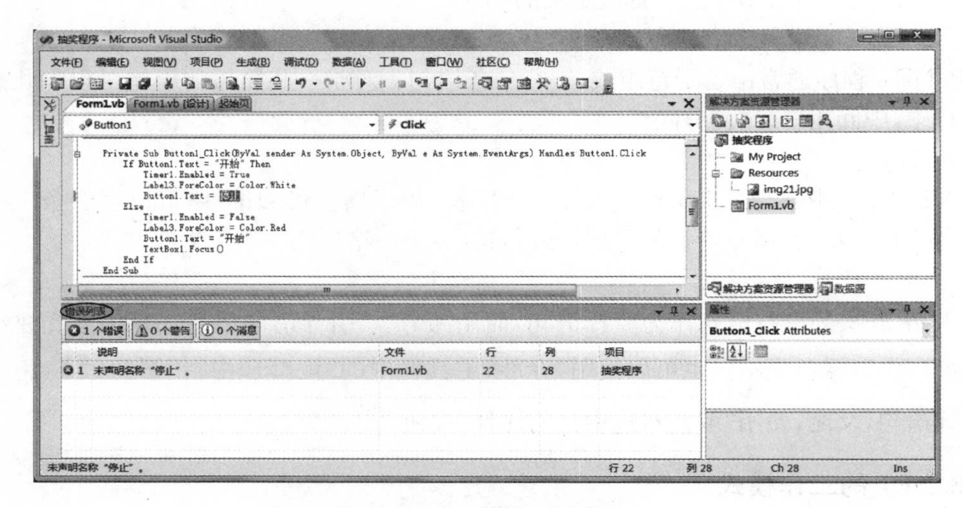

图 1－1－13　“错误列表”窗口

错误在代码中的位置。双击“错误列表”中错误内容，代码编辑器中将会突出显示有问题的代码。按 F1 以显示帮助窗口，并获取有关错误以及如何修复错误等更多信息。

当用户在代码窗口输入完一行代码时，VB. NET 会对程序直接进行语法检查。当发现语法错误时，用蓝色波浪下划线标记出该代码。将鼠标停留在那条线上，会显示一条描述该错误的信息。此时，如果已打开“错误列表”窗口的话，该错误信息也会在其中显示。

提示：选择“视图”→“错误列表”命令，可以打开“错误列表”窗口。

2. 运行时错误

当程序排除语法错误通过后即可运行程序编译，运行时产生的错误称为运行时错误。这类错误往往是由于执行了非法操作引起的。例如，除数为零、数组下标越界、试图打开一个不存在的文件等。当发现了这种错误时，程序将停止，进入中断模式，并且代码设计窗口中会显示“异常助手”对话框。如图 1－1－14 所示。

“异常助手”对话框包含对错误的说明，以及指出错误原因的故障排除提示。单击故障排除提示来显示帮助主题，以了解更多信息。

3. 逻辑错误

程序运行后，没有提示出错信息，但得不到所期望的运行结果，说明存在逻辑错误。这往往是由于算法存在错误引起的，这类错误需要程序员仔细阅读程序，进行排错。在 VB. NET 中通常可以使用以下方法进行排错：

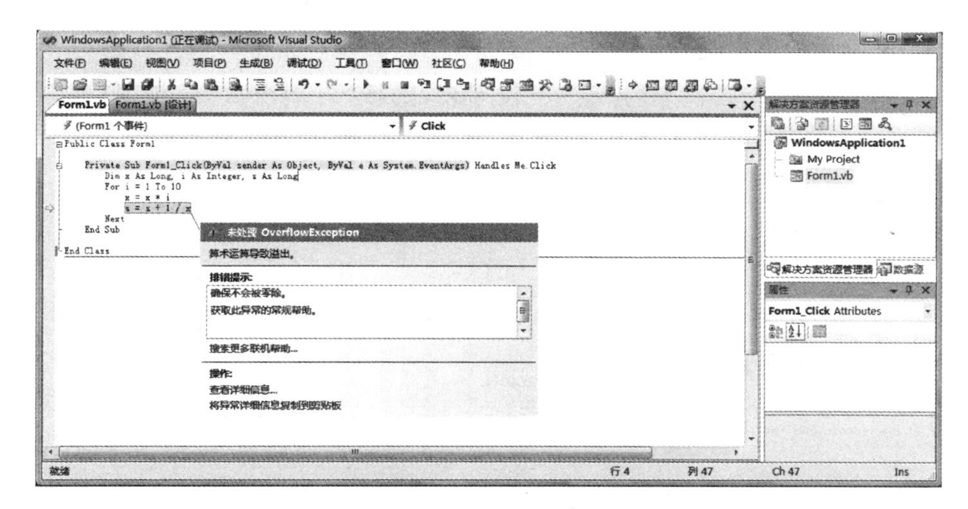

图 1－1－14　运行时错误

(1) 设置断点和逐句跟踪

在设计模式或中断模式下,单击怀疑存在错误的语句行左侧的窗口边框或按 F9 键,边框上出现,即设置了断点。当程序运行到断点语句位置停下(该语句未执行),进入中断模式,此时将鼠标停留在要查看的变量上,将显示其值。单击"逐语句"按钮或按 F8 键将执行下一句语句,代码设计窗口左侧边框上显示,标记当前行位置。

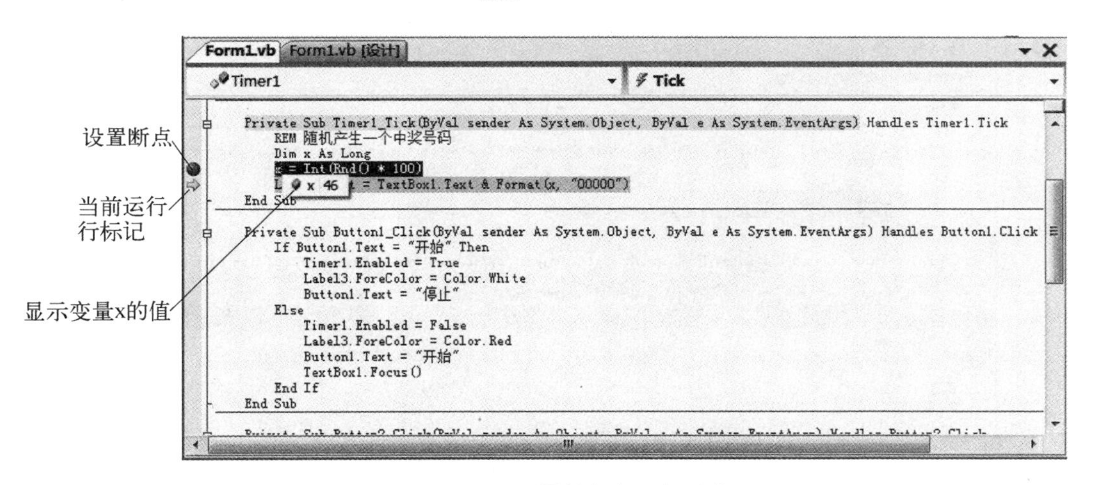

图 1－1－15　设置断点和逐句跟踪

(2) 调试窗口

VB. NET 提供了一系列调试工具。选择"视图"→"工具栏"→"调试"命令,显示"调试"工具栏,各按钮作用如图 1－1－16 所示。

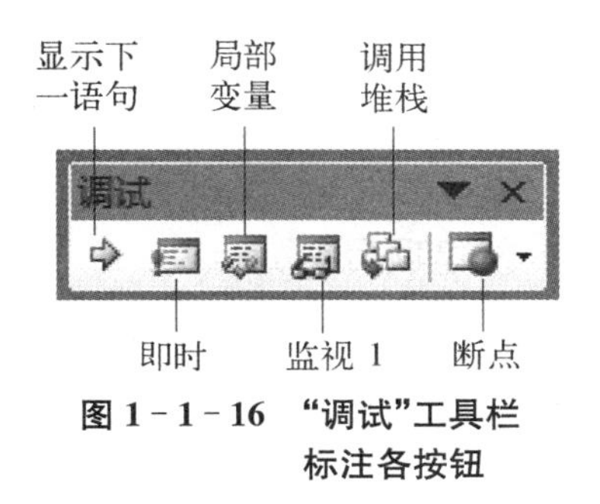

图 1－1－16　"调试"工具栏标注各按钮

在中断模式下,使用"调试"工具栏上的按钮可以打开即时窗口、局部变量窗口、监视窗口、调用堆栈窗口、自动窗口、输出窗口等,使用"视图"→"其他窗口"子菜单下的命令,可以打开命令窗口等。通过这些窗口,可以看出程序运行过程中的数据变化，从而找出错误。

例如，单击“调试”工具栏上的 ▾ 下拉列表，选择“自动窗口”命令，打开自动窗口，可以查看当前运行的代码行及其上、下行代码使用到的相关变量的值。如图 1-1-17 所示。

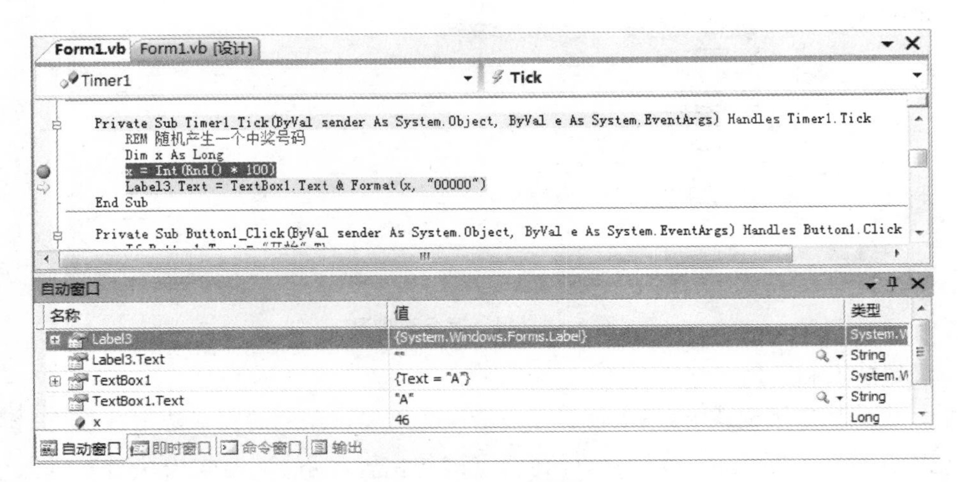

图 1-1-17　自动窗口

又如，选择“视图”→“其他窗口”→“命令窗口”命令，打开命令窗口，输入命令：? x，按 Enter 键后可以看到 x 变量的当前值，如图 1-1-18 所示。

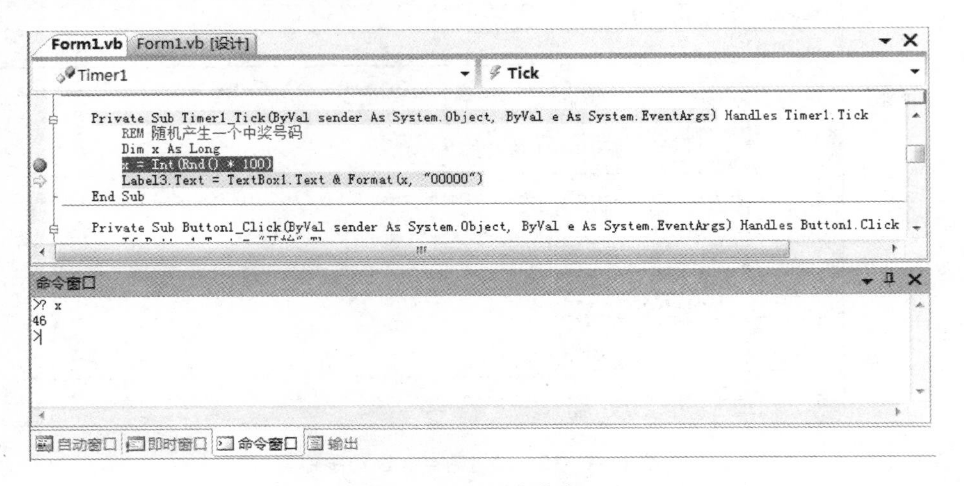

图 1-1-18　命令窗口

一、创建项目

选择“开始”→“所有程序”→“Microsoft Visual Studio 2005”→“Microsoft Visual Studio 2005”，启动 Visual Studio 2005，如图 1-1-2 所示。

单击“起始页”中“创建”后面的“项目(P)...”选项，打开“新建项目”对话框，如图 1-1-3

所示。

在“项目类型”列表中选择“Visual Basic”下的“Windows”选项，选择“模板”列表中的“Windows 应用程序”图标，在“名称”文本框中输入新的项目名称：抽奖程序，单击“确定”，完成了创建一个新的项目操作。

二、程序界面设计

在新建项目中自动产生一个默认窗体 Form1，将鼠标指针指向工具箱，展开工具箱。双击“公共控件”选项卡下的 Label 按钮 A Label ，窗体上出现 Label1 标签。用同样的方法建立 Label2 和 Label3 标签。双击 TextBox 按钮 abl TextBox ，建立 TextBox1 文本框。双击 Button 按钮 ab Button ，建立 Button1 按钮和 Button2 按钮。双击“公共控件”选项卡下的 Timer 按钮 Timer ，建立 Timer1 定时器控件。

单击窗体的空白部分，选中窗体，拖曳窗体的右下角，将窗体调整到适当大小。单击并拖曳建立的控件，将它们放置到所需的位置。拖曳周边的控制点，可以改变对象的大小。如图 1-1-19 所示。

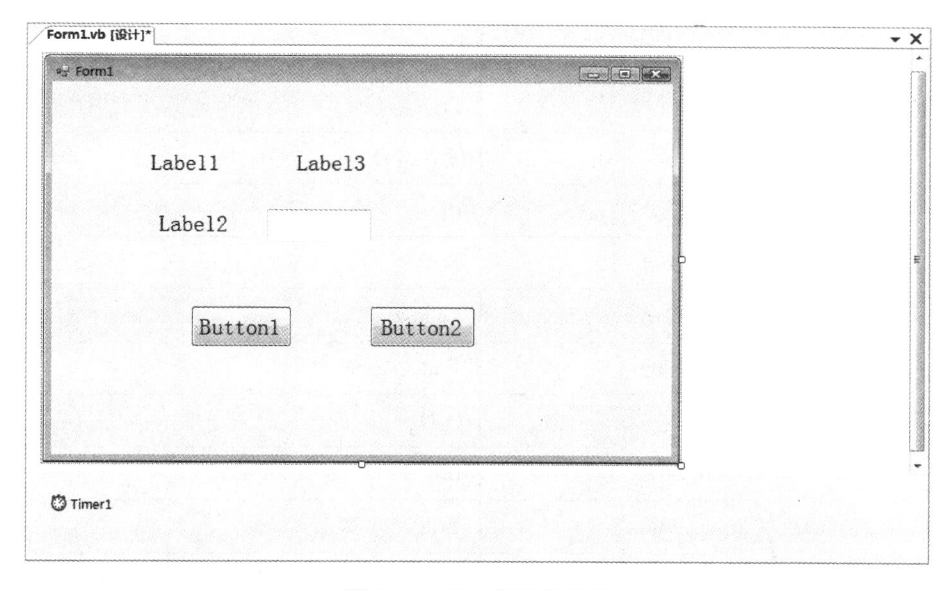

图 1-1-19 新建的窗体

提示：① 在窗体中添加对象，也可以在工具箱中单击对应的工具按钮，然后在窗体中拖动出对象区域。

② 在窗体设计器中，窗体由网格构成，系统自动将控件与邻近的网格对齐，方便用户对控件的定位。选择“工具”→“选项”命令，在“选项”对话框的“Windows 窗体设计器”→“常规”中，可以重新设置网格。

③ 按 Shift 键选中多个按钮，可以通过“格式”→“对齐”子菜单下的命令来统一尺寸大小和基准位置。选择“视图”→“工具栏”→“布局”命令，利用“布局”工具栏的按钮，也可以调整控件的大小和位置。

三、界面对象属性设置

利用属性窗口，对各个控件的属性进行设置。具体内容见表1-1-1。

表1-1-1 抽奖程序界面对象的主要属性

控件类别	控　件	属　　性	设　置　值
窗　体	Form1	Text	抽奖
		BackgroundImage	导入实验配套盘:实践活动素材\项目一\img21.jpg
		BackgroundImageLayout	Stretch
		StartPosition	CenterScreen
标　签	Label1	Text	中奖号:
		Font. Size	16
		Font. Bold	True
		ForeColor	White
		BackColor	Transparent（提示:在Web选项卡中）
	Label2	Text	输入组号
		Font. Size	16
		Font. Bold	True
		ForeColor	Yellow
		BackColor	Transparent
	Label3	Text	（空）
		Font. Size	16
		Font. Bold	True
		ForeColor	White
		BackColor	Transparent
文本框	TextBox1	Font. Size	16
		MaxLength	1
命令按钮	Button1	Text	开始
		Font. Size	16
	Button2	Text	退出(&E)
		Font. Size	16

提示：① 单击窗体上其他没有控件的位置选中窗体，在属性窗口中单击 BackgroundImage 属性右侧的[...]按钮，打开"选择资源"对话框，选中"本地资源"单选按钮，单击其下方的"导入"按钮，在"打开"对话框中，选择所需的图像文件(如：实验配套光盘"项目一"中"素材"文件夹中的 img21.jpg 文件)。

② 在属性窗口中，单击 Font 属性前的[+]，展开后可以设置字体的各项值，如 Size、Bold 等；单击后面的[...]按钮，则打开"字体"对话框。

③ 建立控件之前，先设置窗体的某些共同的属性值(如：将 Font 的 Size 属性值设置为 16)，以后建立的控件以此作为默认值，即：以后在窗体上建立的各个标签、文本框和命令按钮的 Size 属性值均为 16。

④ 单击 Label1 标签后，按住 Shift 键同时再选中 Label2 和 Label3 标签，可以在属性窗口中一起设置相同的属性值，如：Font 的 Size 和 Bold、BackColor 属性。

⑤ 默认情况下，定时器的 Interval 属性值为 100，Enabled 属性值为 False，因此不必设置。

四、编写对象事件过程代码

通过代码窗口编辑程序代码，以下是抽奖程序的代码设置方法：

1. 双击 TextBox1 文本框，进入代码窗口，编写如下事件过程代码：

```
Private Sub TextBox1_TextChanged(ByVal sender As System.Object, _
            ByVal e As System.EventArgs) Handles TextBox1.TextChanged
      TextBox1.Text = UCase(TextBox1.Text)            '将输入的字母转换成大写
End Sub
```

2. 单击"Form1.vb[设计]"选项卡，切换到设计器窗口。双击 Form1 窗体，编写如下事件过程代码：

```
Private Sub Form1_Load(ByVal sender As System.Object, _
            ByVal e As System.EventArgs) Handles MyBase.Load
   Randomize()                                         '将 Rnd 函数的随机数生成器初始化
End Sub
```

3. 双击 Timer1 定时器，进入代码窗口编写如下事件过程代码：

```
Private Sub Timer1_Tick(ByVal sender As System.Object, _
            ByVal e As System.EventArgs) Handles Timer1.Tick
    REM 随机产生一个中奖号码
    Dim x As Long
    x = Int(Rnd() * 100000)                            '随机产生～99999 之间的整数
    Label3.Text = TextBox1.Text & Format(x, "00000")
End Sub
```

提示：Rnd 函数产生[0,1)之间的双精度随机数。默认情况下，由于 VB.NET 提供了相同的种子值，每次运行时产生相同序列的随机数。在使用 Rnd 函数之前，执行 Randomize 语句，将提供一个新的种子值，产生不同的随机数。

4. 双击 Button1 命令按钮，进入代码设计窗口编写如下事件过程代码：

```
Private Sub Button1_Click(ByVal sender As System.Object, _
        ByVal e As System.EventArgs) Handles Button1.Click
    If Button1.Text = "开始" Then
        Timer1.Enabled = True                   '启用定时器
        Label3.ForeColor = Color.White          '设置字体颜色为白色
        Button1.Text = "停止"                   '设置命令按钮上显示"停止"字样
    Else
        Timer1.Enabled = False                  '禁用定时器
        Label3.ForeColor = Color.Red            '设置字体颜色为红色
        Button1.Text = "开始"                   '设置命令按钮上显示"开始"字样
        TextBox1.Focus()                        '将光标放到 TextBox1 文本框中
    End If
End Sub
```

注意：If Button1.Text = "开始" Then 等语句中双引号是字符串的定界符，用西文状态输入。

5. 在代码设计窗口的对象栏选择 Button2，在事件过程栏选择 Click 事件，编写如下事件过程代码。

```
Private Sub Button2_Click(ByVal sender As Object, ByVal e As System.EventArgs) _
Handles Button2.Click
    End                                         '结束程序运行
End Sub
```

提示：进入代码设计窗口的方法有：

① "视图"→"代码"命令；

② 右击对象→"查看代码"命令；

③ 双击对象；

④ 按 F7 键；

⑤ 单击"解决方案资源管理器"窗口的"查看代码"按钮 。

选择事件过程的方法有：

① 双击对象；

② 在代码设计窗口中选择对象，然后选择事件名称。

五、保存项目

单击工具栏上的"全部保存"按钮 ，在"保存项目"对话框中输入名称：抽奖程序，选择位置为：D:\项目一\活动一，单击"保存"按钮。如图 1-1-10 所示。

六、执行程序

单击工具栏上的"启动调试"按钮 ，运行程序。如果出现错误，修改后重新运行。

实践活动

1. 编写一个程序，用户输入姓名后，单击“进入”按钮，显示欢迎字样；单击“退出”按钮，程序结束运行，如图 1-1-20 所示。要求：文字“请输入姓名：”为隶书、三号字，单击“进入”按钮后，显示的欢迎字样呈蓝色。

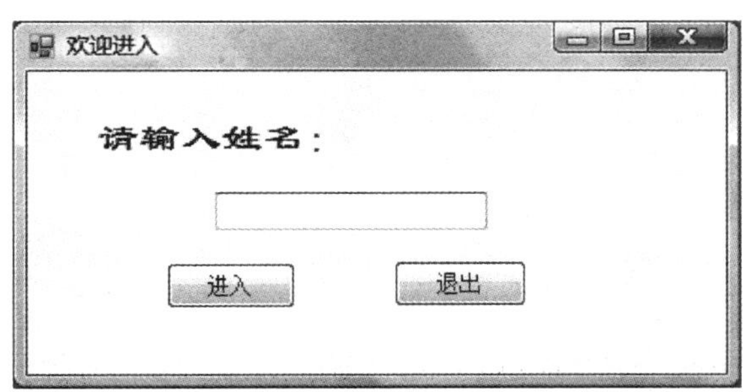

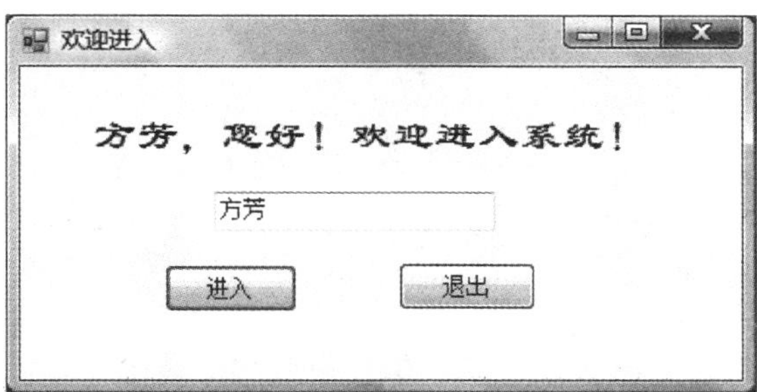

图 1-1-20　“欢迎进入”程序界面

提示：① FontSize 属性值为数值，不能直接输入汉字“三号”。单击属性窗口中 Font 属性旁的 [...] 按钮，打开“字体”对话框，可以设置字体大小为三号字。单击“确定”按钮后，自动转换成相应的字体大小：15.75pt。

② 使用字符串连接运算符“&”将文本框中输入的姓名放入欢迎字样，单击“进入”按钮的事件过程程序代码为：

```
Private Sub Button1_Click(ByVal sender As System.Object, ByVal e As System.EventArgs) _
        Handles Button1.Click
    Label1.Text = TextBox1.Text & ",您好！欢迎进入系统！"
    Label1.ForeColor = Color.Blue
End Sub
```

2. 编写一个选择标签前景色和背景色的程序。文字“配色合适吗？”字体为黑体、大小 15pt；颜色块的大小为20×20。单击上面一行颜色，改变标签的前景色；单击下面一行颜色，改变标签的背景色。如图 1-1-21 所示。

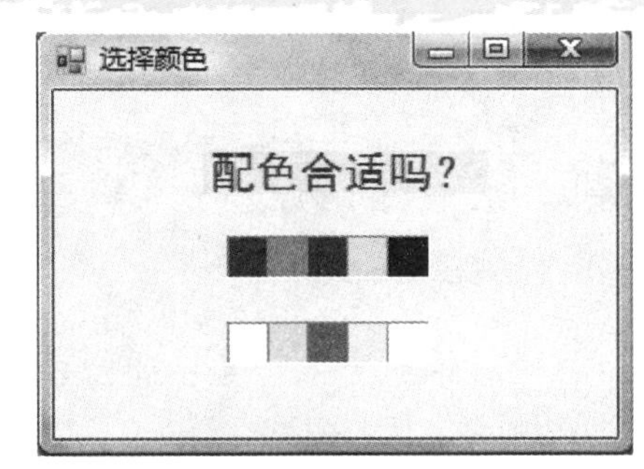

图 1-1-21　“选择颜色”程序界面

提示：① 标签的前景色属性为 ForeColor，背景色属性为 BackColor。

② 使用标签创建颜色块，将标签的 Text 属性设置为空白，BorderStyle 属性设置为 Fixed3D，使得颜色块带三维边框。将 AutoSize 属性值设置为 False，使得能够设置大小，将 Size 属性的 Width 和 Height 分别输入 20。

③ 为使每一块颜色的大小一致，可以先创建第一块颜色的标签，然后选中第一块颜色的标签，单击“复制”按钮，以后单击“粘贴”按钮，逐个复制。

④ 选中一行颜色块，单击“布局”工具栏“减小水平间距”按钮 ，使得一行颜色块相连在一起。

⑤ 单击第一块颜色，改变标签的前景色。其事件过程代码为：

```
Private Sub Label2_Click(ByVal sender As System.Object, _
            ByVal e As System.EventArgs) Handles Label2.Click
    Label1.ForeColor = Label2.BackColor
End Sub
```

其余事件过程代码与它类似。可以在代码设计窗口中，单击对象名（如 Label3）、再单击事件名（如 Click），然后将代码 Label1.ForeColor = Label2.BackColor 复制后修改。

3. 编写一个设置文字字体的程序。窗体上有若干个按钮，分别表示不同的字体设置，单击这些按钮后，示例文字的字体相应变化。如图 1-1-22 所示。

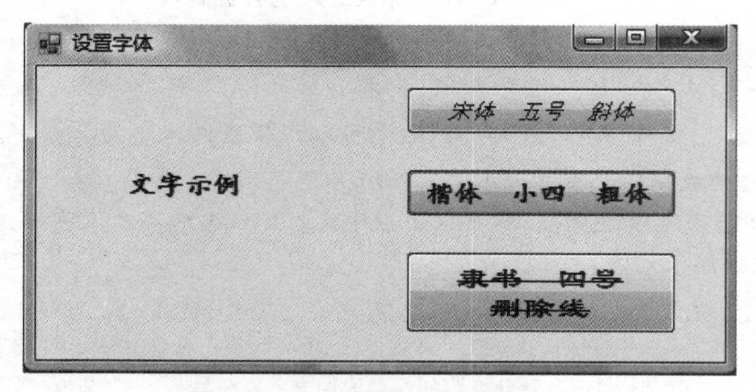

图 1-1-22 “设置字体”程序界面

提示：① 单击 Font 属性后的 ，用“字体”对话框将按钮上显示的文字设置成相应的字体。

② 单击某一个按钮后，标签的字体设置成与这个按钮相同的字体。如第一个按钮的事件过程代码为：

```
Private Sub Button1_Click(ByVal sender As System.Object, ByVal e As System.EventArgs) _
                    Handles Button1.Click
    Label1.Font = Button1.Font
End Sub
```

活动二 龟兔赛跑

活动说明

编制“龟兔赛跑”游戏程序。比赛开始后，分别单击按钮控制乌龟和兔子前进。当一方到达终点时，宣布获胜，此时比赛结束。图 1-2-1 是“龟兔赛跑”的程序界面。

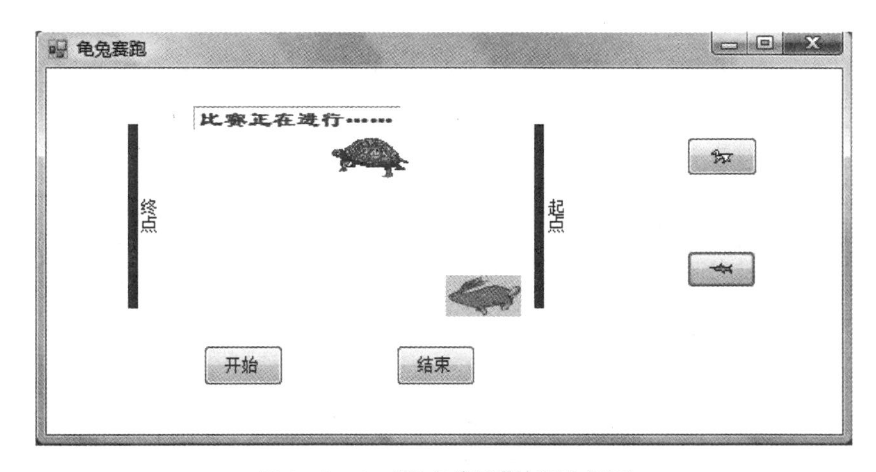

图 1-2-1　“龟兔赛跑”的程序界面

活动分析

在“龟兔赛跑”程序界面中，应该有两条线：起点线和终点线，有两对按钮：“开始”和“结束”按钮、分别控制乌龟和兔子前进的两个按钮。初始时，控制乌龟和兔子前进的按钮不可见，标签上显示“准备比赛！”字样。单击“开始”按钮，乌龟和兔子回到起点，比赛开始，控制它们前进的按钮有效，此时使用标签显示“比赛正在进行……”的字样。当一方到达终点时，标签上显示其获胜的文字内容，比赛结束，控制乌龟和兔子前进的两个按钮无效。单击“结束”按钮，关闭窗口，程序结束运行。

为了使程序界面更美观，将显示比赛信息的标签设置为有边框并且大小随内容变化而自动调整；控制乌龟和兔子前进的按钮上显示图形。

学习支持

一、常用属性

每个控件的外观是由其属性决定的，不同的对象有许多相同的属性，同时又有各自独有的属性。系统为每个属性提供了默认的属性值，在属性窗口中可以看到所选控件的属性设置。属性的设置可以在设计界面时通过属性窗口设置，也可以通过代码设计器窗口，在程序代码中设置，但有些属性在运行时是只读的，只能在属性窗口中设置。

在 VB. NET 中，属性的类型有三类：基本数据类型、枚举类型、类（结构）类型，不同的类型，通过代码设置时表示方式也不同。

例如，基本数据类型的属性可以直接用相应数据类型进行赋值，如：

```
Button1.Text = "停止"
```

枚举类型属性值在输入程序代码时系统将自动列出，供选择。如图 1-2-2 所示。

对于类（结构）类型，在代码设置时，不能直接赋值，必须先用 New 关键字创建一个实例，然后再赋值。例如，在程序代码中可以用以下语句对 Font 属性赋值：

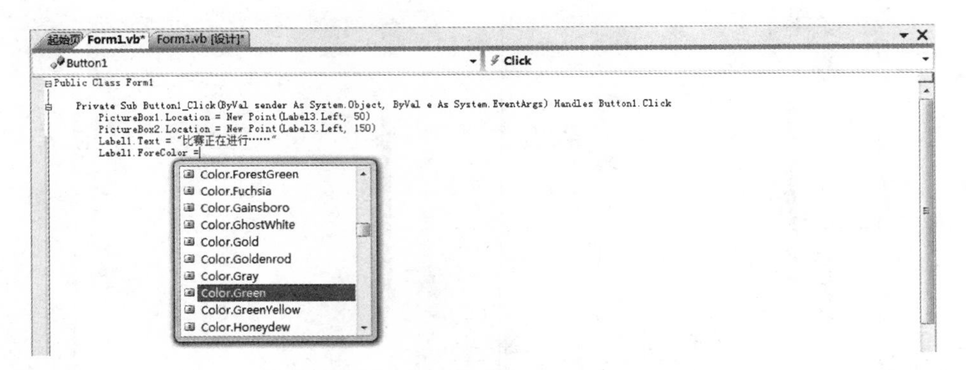

图 1-2-2　枚举类型属性的赋值

```
Label1.Font = New Font("隶书", 12, FontStyle.Bold)
```

以下是最常用的、具有共性的属性。

1. Name 属性

对象的名称,用于唯一识别对象,所有控件在创建时都有一个默认的名称(如:Label1、TextBox1 等),以后可以在属性窗口中重新命名。一个控件名称以一个字母开头,后跟字母、数字和下划线,但不能包含空格和标点符号。在程序中,对象名称作为对象的标识供程序引用,运行时是只读的。

2. Text 属性

控件上显示或输入的文本内容。

3. Location 属性

控件的位置,表示控件与窗体左边框和顶部的距离。Location 属性由 Point 类结构来实现,由一对整数来表示,分别指明控件与窗体的左边框的距离、顶部的距离,默认情况下,单位为像素。对于窗体来说,表示窗体到屏幕左边框、顶部的距离。

另外,也可以用 Left 和 Top 属性来表示控件的位置。如图 1-2-3 所示。

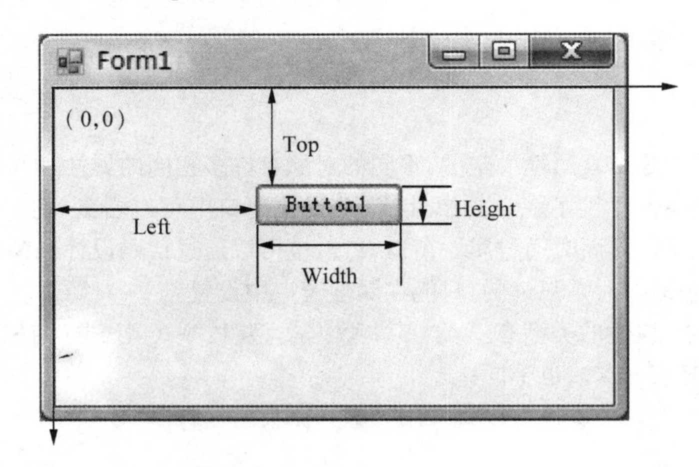

图 1-2-3　控件的大小和位置

例如,以下语句将 Button1 控件的左上角定位于距窗体左边框 60、距顶部 40 的位置。

```
Button1.Location = New Point(60,40)
```

等价于：

```
Button1.Left = 60
Button1.Top = 40
```

4. Size 属性

表示控件的大小，由 Size 类结构来实现，由一对整数分别表示宽度和高度。也可以用 Width 和 Height 属性来表示，如图 1－2－3 所示。

例如，以下语句将 Button1 控件设置为宽度为 80、高度为 30。

```
Button1.Size = New Size(80,30)
```

等价于：

```
Button1.Width = 80
Button1.Height = 30
```

5. ForeColor 属性

用于设置或返回控件的前景色(即正文颜色)，其值是枚举类型，在属性窗口中用调色板直接选择颜色，如图 1－2－4 所示。在代码设计器窗口中，输入枚举类型属性的赋值语句时，系统自动显示列表(见图 1－2－2)，通过选择完成代码的输入。

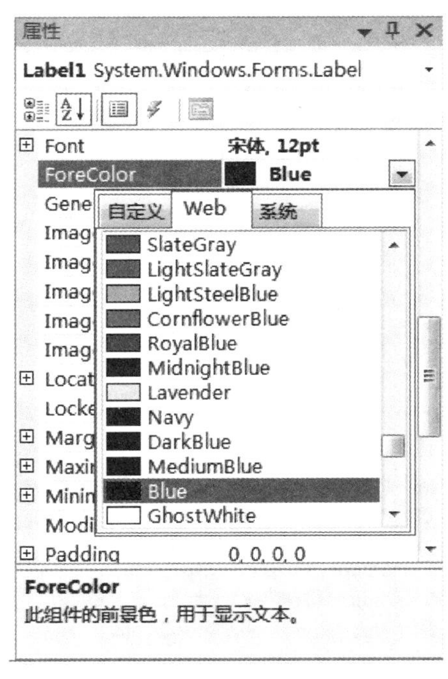

图 1－2－4　设置颜色的属性窗口

图 1－2－5　设置字体属性

6. BackColor 属性

用于设置或返回控件的背景色(即正文以外显示区域的颜色)，其设置同 ForeColor 属性。

7. Font 属性

用来设置文本的字体格式，通过单击属性窗口中 Font 属性旁的 [...] 按钮，打开“字体”对话框后设置；也可以单击 Font 属性前的 ⊞ ，设置各项值，如图 1－2－5 所示。

Font 属性值是 Font 类结构的，在程序代码中应通过 New 命令来创建 Font 对象、改变字体。例如：

```
Label1.Font = New Font("隶书", 12, FontStyle.Bold)
```

8. Visible 属性

决定控件是否可见。值为 True 时可见，值为 False 时为不可见，但控件本身存在。默认值为 True。

9. Enabled 属性

决定控件能否允许操作。值为 True 时，允许用户进行操作；值为 False 时，禁止用户操作，并且呈淡色。默认值为 True。

10. AutoSize 属性

决定控件是否自动调整大小。值为 True 时，根据显示的内容自动调整大小；值为 False 时，保持原来设计时的大小。

11. TabIndex 属性

决定了按 Tab 键焦点在各个控件移动的顺序。

焦点是接收用户鼠标或键盘输入的能力，当对象具有焦点时，可以接收用户的输入。大部分对象是可以接收焦点的，运行程序是可以看出对象是否具有焦点。例如，当文本框具有焦点时，插入点显示在文本框中；当按钮具有焦点时，按钮上带有虚线框、突出显示。

用户除了使用鼠标单击可以转移焦点以外，还可以通过按 Tab 键来转移焦点。通常，按 Tab 键后焦点的移动顺序是按控件的建立顺序，通过重新设置 TabIndex 属性值可以改变 Tab 键顺序。

12. Cursor 属性

决定运行时鼠标移动到对象上时，显示出的鼠标指针的图像。其属性值是枚举类型，在属性窗口中单击下拉箭头后可以查看并选择。如图 1-2-6 所示。

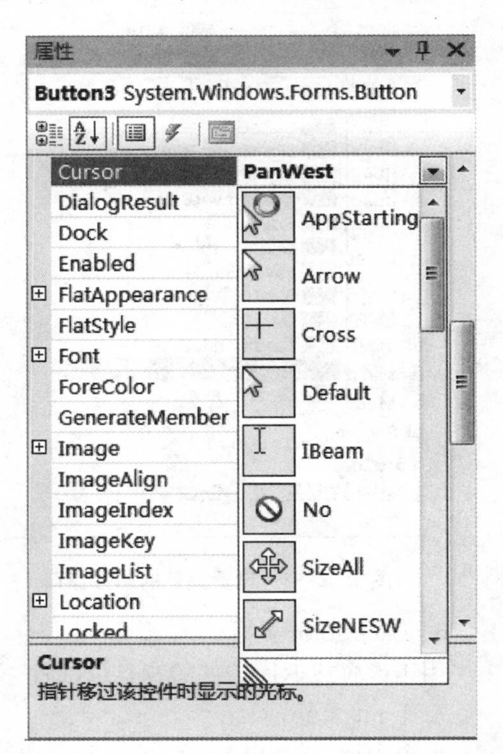

图 1-2-6 设置 Cursor 属性

二、窗体 Form

窗体是应用程序的基本单元，是设计和运行程序时的主要操作界面。新建的窗体是一块空白板，开发人员可以通过添加控件来创建用户界面，并通过编写代码来操作数据，从而填充这个空白板。而在运行程序时，每个窗体对应于一个窗口。

窗体是 VB.NET 中的对象，具有自己的属性、事件和方法。

1. 窗体的常用属性

除了上面介绍的常用属性外，窗体还具有以下属性：

(1) MaximizeBox 和 MinimizeBox 属性

决定窗体上最大化按钮和最小化按钮是否有效。默认值为 True。

(2) ControlBox 和 Icon 属性

决定标题栏上是否有控制菜单框，设置其图标。默认情况下，ControlBox 属性值为 True，若设置为 False，则不显示控制菜单框，并且不显示最大化按钮、最小化按钮和关闭按钮。

(3) BackgroundImage 和 BackgroundImageLayout 属性

设置窗体的背景图像和布局。默认情况下，以平铺方式显示背景图案。

(4) FormBorderStyle 属性

用于设置窗体边框的样式。

(5) WindowState 属性

窗体运行时的三种状态：正常、最小化、最大化。

2. 窗体的常用事件

与窗体有关的事件很多，其中常用的有以下几个：

(1) Click 事件

在程序运行时单击窗体的某个位置，将调用窗体的 Form_Click 事件过程，如果单击的是窗体内的控件，则只能调用相应控件的 Click 事件过程。

(2) Load 事件

当窗体被装入时触发该事件。当应用程序启动时，自动执行该事件过程，因此通常将进行初始化的程序代码写在窗体的 Load 事件过程中。

三、文本框 TextBox

文本框又称编辑框，是最常用的输入、输出文本数据的控件，用户可以在文本框中输入、编辑、修改和显示文字内容。

1. 常用属性

(1) TextAlign 属性

用于设置文本的对齐方式。属性值有

Left：正文左对齐；

Right：正文右对齐；

Center：正文居中。

(2) Maxlength 属性

用于设置文本框中最多能够输入字符的个数。默认情况下，其值为 32 767。

注意：汉字作为一个字符处理，长度为 1。

(3) MultiLine 属性

用于设置文本框中是否能输入和显示多行文字。MultiLine 属性的默认值为 False。当值为 True 时，具有文字处理软件的自动换行功能，当输入的正文超出文本框时会自动换行，按 Enter 键可另起一行。

(4) ScrollBars 属性

用于设置水平滚动条和垂直滚动条。当设置水平滚动条后，文本框的自动换行功能将会自动消失，只有按 Enter 键才能换行。属性值有：

None：无滚动条；

Horizontal：加水平滚动条；

Vertical：加垂直滚动条；

Both：同时加水平和垂直滚动条。

(5) ReadOnly 属性

用于设置文本框是否可以编辑。默认值为 False，表示运行程序时能对文本框进行编辑。当其值为 True 时，不能编辑文本框中的内容，但可以选定文本框中的内容。

(6) PassWordChar 属性

设置在文本框中取代用户输入而显示的字符。例如，当设置为"*"时，运行程序时文本框中输入的内容存储在 Text 属性中，但均以"*"显示。一般用于设置密码。

(7) SelectionStart、SelectionLength 和 SelectedText 属性

在运行程序时，可以对文本框的内容进行选定操作，这三个属性用来标识用户选中的文字：

SelectionStart：选定文字的开始位置。第一个字符的位置为 0；

SelectionLength：选定文字的长度；

SelectedText：选定文字的内容。

例如：文本框 TextBox1 中输入了文字"VB.NET 程序语言"，选定"程序"两字后，其 SelectionStart 属性值为 6、SelectionLength 属性值为 2、SelectedText 属性值为"程序"。当执行语句：

```
TextBox1.SelectedText = "程序设计"
```

将文本框 TextBox1 中选定内容替换为字符串"程序设计"，则文本框 TextBox1 的 Text 属性值为"VB.NET 程序设计语言"。

2. 常用事件

(1) TextChange 事件

当用户输入新内容或程序将 Text 属性设置为新值时，文本框的 Text 属性值发生变化，从而触发 TextChange 事件。当用户输入或修改一个字符时，就会触发一次 TextChange 事件。例如，在文本框中输入字符串 Basic 时，就会 5 次触发 TextChange 事件。

(2) KeyPress 事件

当用户在文本框中按下并释放键盘上的一个键时，就会触发 KeyPress 事件，与 TextChange 事件类似。所不同的是，当按下某些键(如方向键)时，文本框的值没有发生变化，此时仅触发 KeyPress 事件，而不触发 TextChange 事件。

KeyPress 事件会返回一个 e 参数，通过 e.KeyChar 可以获取按键对应的字符。例如，运行程序时按了字符"A"键，则 e.KeyChar 的值为"A"。

最常用的是利用判断 e.KeyChar 的 ASCII 码是否为 13(回车键的 ASCII 码)，来确定用户是否按了回车键。

例 1-2-1：在文本框中输入内容按回车键后，将文本框的内容显示在标签上，其事件过程如下：

```
Private Sub TextBox1_KeyPress(ByVal sender As Object, _
        ByVal e As System.Windows.Forms.KeyPressEventArgs) Handles TextBox1.KeyPress
    If Asc(e.KeyChar) = 13 Then                    ' Asc 函数计算字符的 ASCII 码
        Label1.Text = TextBox1.Text
    End If
End Sub
```

(3) GotFocus 事件

该事件是当对象得到焦点时触发的。当光标移到文本框时，称这个文本框获得焦点，此时发生 GotFocus 事件。GotFocus 事件过程常用于编写在文本框中输入内容之前要执行的程序代码。

(4) LostFocus 事件

与 GotFocus 事件相反，LostFocus 事件是当对象失去焦点时发生的。当光标离开文本框时，会发生 LostFocus 事件，LostFocus 事件过程常用于对文本框输入的内容进行检查。

3. 常用方法

文本框最常用的方法是 Focus，该方法将光标移到指定的对象中。其格式为：

[对象.]Focus()

例 1-2-2：下面事件过程判断用户在文本框中输入的是否是数字，如果不是，则将文本框内容清空，焦点回到文本框中，让用户重新输入。

```
Private Sub TextBox1_LostFocus(ByVal sender As Object, ByVal e As System.EventArgs) _
                                    Handles TextBox1.LostFocus
    If Not IsNumeric(TextBox1.Text) Then
        TextBox1.Text = ""
        TextBox1.Focus()
    End If
End Sub
```

四、标签 Label

标签主要用来在窗体上固定位置显示(输出)文本信息，在程序中通过对标签的 Text 属性进行赋值，来设置标签上显示的文字。

1. 常用属性

(1) TextAlign 属性

用于设置标签上文本的 9 种对齐方式，它们是：TopLeft、TopCenter、TopRight、MiddleLeft、MiddleCenter、MiddleRight、ButtomLeft、ButtomCenter 和 ButtomRight，默认值为 TopLeft。

(2) BackColor 属性

用于设置背景色。默认情况下，与窗体的背景色相同。当通过窗体的 BackgroundImage 属性设置窗体背景图案后，标签的背景色遮盖了窗体的部分背景图案。若要显示背景图案，应将标签的 BackColor 属性值设置为 Transparent。

注意：在属性窗口中，通过选择 BackColor 属性的 Web 选项卡，可以选择 Transparent。

(3) BorderStyle 属性

用于设置边框的样式。属性值有：

None：无边框；

FixedSingle：单线边框；

Fixed3D：立体边框。

(4) Image 和 ImageAlign 属性

用于设置标签的背景图片和图片的对齐方式。与 TextAlign 属性类似，其对齐方式有 9 种。

2. 常用事件

标签经常接收的事件有：单击(Click)、双击(DoubleClick)等，但实际上标签在窗体上的作用是显示文字，一般不需要编写事件过程。

五、命令按钮 Button

1. 常用属性

(1) Text 和 TextAlign 属性

该属性用于设置按钮上显示的文字及其对齐方式。如果要设置快捷键，应在相应字母前加 & 符号。

例如，将命令按钮的 Text 属性设置为“退出(&E)”。运行时，按钮上显示“退出(E)”。当用户按下 Alt+E 键时，相当于单击了该按钮，运行其 Click 事件过程。

(2) FlatStyle 属性

FlatStyle 属性用于设置按钮的外观。属性值有：

Flat：按钮以平面显示；

Popup：按钮以平面显示，当鼠标指针移动到该按钮上时以三维效果显示；

Standard：默认值，以三维效果显示；

System：按钮外观由用户的操作系统决定。

(3) Image 和 ImageAlign 属性

当 FlatStyle 属性值为除 System 以外的值时，可以使用 Image 属性设置按钮上显示的图形，用 ImageAlign 属性设置图形在按钮上的对齐方式。

2. 常用事件

命令按钮最常用的事件是单击(Click)事件。

六、图片框 PictureBox

1. 常用属性

(1) Image 属性

用于设置显示的图像文件。VB.NET 支持 BMP、ICON、JPG、GIF、PNG 等格式的图像文件。图像的加载和清除方法有两种：在设计阶段通过属性窗口进行设置，在运行阶段则使用 Image.FromFile 方法。

在设计阶段加载图像的方法是：单击属性窗口中 Image 属性右侧的 ... 按钮，打开“选择资源”对话框(如图 1-2-7 所示)，选中“本地资源”单选按钮，单击其下方的“导入”按钮，在“打开”对话框中选择所需的图像文件，导入图像显示在图片框中，并自动复制到 .resx 文件中。若要清除图像，可在“选择资源”对话框中单击“清除”按钮。也可以在属性窗口中右击 Image 属性右侧的 ... 按钮，在快捷菜单中选择“重置”命令。

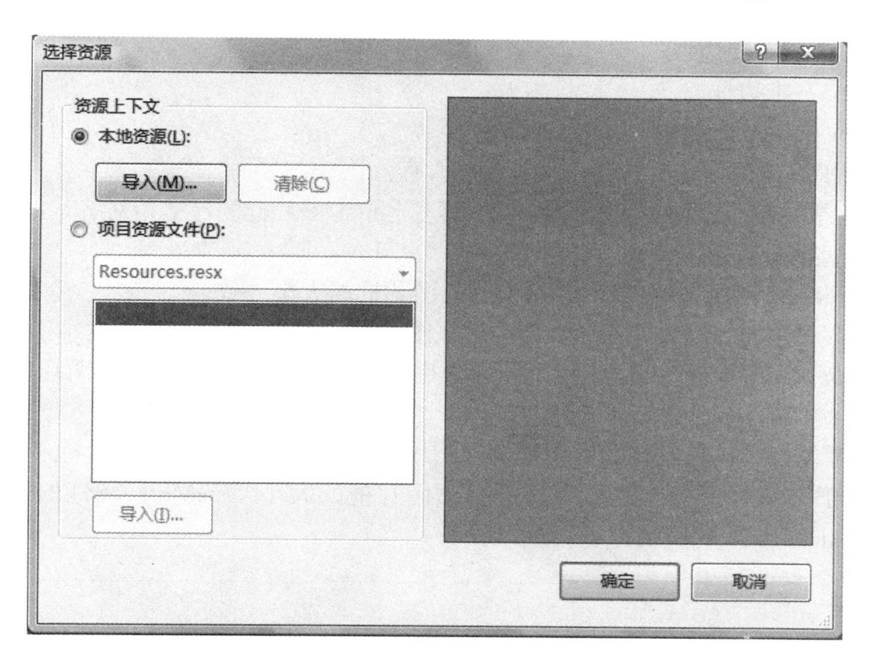

图 1-2-7 “选择资源”对话框

注意：选中“项目资源文件”单选按钮，单击其下方的“导入”按钮，在“打开”对话框中选择的图像将复制到项目的 Resources 文件夹，并将对所复制文件的引用插入到“资源”列表中选择的.resx 文件，若 Resources 文件夹中的图像文件被删除，则打开项目文件时将会出错。建议初学者选择“本地资源”。

运行时加载图像文件的方法是使用 Image.FromFile 方法。其格式如下：

PictureBox 控件名.Image = Image.FromFile("图像文件名")

例如，假设窗体上已建立了一个名为 PictureBox2 的图片框，执行以下语句可以将图像文件 c:\example\rabbit.jpg 显示在 PictureBox1 图片框中：

```
PictureBox2.Image = Image.FromFile("c:\example\rabbit.jpg")
```

如果将图像文件 rabbit.jpg 保存在生成的可执行文件的启动路径下(默认情况下为项目文件夹下的 bin\Debug)，则可以利用 Application.StartupPath()获取该路径。其语句为：

```
PictureBox2.Image = Image.FromFile(Application.StartupPath() + "\rabbit.jpg")
```

注意：在设计阶段加载图像，该图像将与窗体一起保存在资源文件中，生成可执行文件时也将包含在其中，因此执行程序时不必提供该图像文件。但是，如果使用语句在运行时加载代码，则必须保证在运行程序时能够找到相应的图像文件，否则将会出错。

提示：可以使用上述方法设置 Form、Label、Button 等控件，使其显示图像。

(2) BorderStyle 属性

用于设置图片框的边框，属性值有：

None：默认值，无边框；

FixedSingle：单线边框；

Fixed3D：三维边框。

(3) SizeMode 属性

用于设置图片框中图像的显示方式，属性值有：

Normal：默认值，图像保持其原始尺寸，其左上角与图片框的左上角对齐。如果图像比图片框大，则超过部分被剪裁掉；

StretchImage：图像被拉伸或收缩，使其与图片框的大小一致；

AutoSize：图像保持其原始尺寸，自动调整图片框的大小，使其与图像大小一致；

CenterImage：图像保持其原始尺寸，与图片框的中心对齐。若图像比图片框小，图像居中显示；否则，图像居中，而外边缘将被剪裁掉；

Zoom：图像大小按其原有的大小比例被缩放，其宽度或高度之一与图片框一致。

例如，对于同一图像文件，若图像尺寸大于图片框的大小，SizeMode 属性的值不同，显示效果不同。如图 1-2-8 所示。

Normal

StretchImage

AutoSize

CenterImage

Zoom

图 1-2-8　SizeMode 属性的 5 种设置值效果

注意：Label也可以显示图像文件但它只能以裁剪方式来显示。

2. 常用事件

图片框一般用于显示图片，不需要编写事件过程。它能接收的事件有：单击(Click)、双击(DoubleClick)等。

编程实现

一、界面设计

建立如图1-2-9所示的窗体及其控件，并进行以下设置。

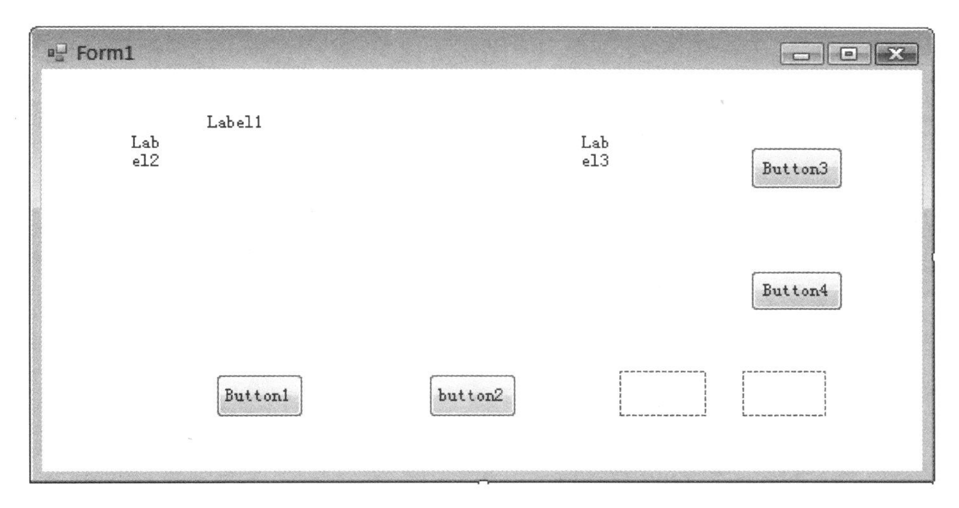

图1-2-9　“龟兔赛跑”窗体及其控件

二、界面对象属性设置

利用属性窗口，对各个控件的属性进行设置。具体内容见表1-2-1。

表1-2-1　“龟兔赛跑”程序界面对象的主要属性

控件类别	控　件	属　性	设　置　值
窗　体	Form1	Text	龟兔赛跑
标　签	Label1	Text	准备比赛!
		Font. Size	12
		ForeColor	Blue
		BorderStyle	Fixed3D
	Label2	Text	起点
		TextAlign	MiddleRight

续 表

控件类别	控　件	属　性	设　置　值
标　签	Label2	Image	导入配套光盘：实践活动素材\项目一\redline.gif
		ImageAlign	MiddleLeft
	Label3	Text	终点
		TextAlign	MiddleRight
		Image	导入配套光盘：实践活动素材\项目一\redline.gif
		ImageAlign	MiddleLeft
命令按钮	Button1	Text	开始
	Button2	Text	结束
	Button3	Text	（空）
		Image	导入配套光盘：实践活动素材\项目一\POINT08.ico
		Cursor	PenWest
	Button4	Text	（空）
		Image	导入配套光盘：实践活动素材\项目一\POINT15.ico
		Cursor	PenWest
图片框	PictureBox1	Size	55，30
		SizeMode	StretchImage
	PictureBox2	Size	55，30
		SizeMode	StretchImage

三、事件过程代码

窗体上的四个按钮的事件过程程序代码如下：

1. 单击“开始”按钮的事件过程

```
Private Sub Button1_Click(ByVal sender As System.Object, ByVal e As System.EventArgs) _
                    Handles Button1.Click
    PictureBox1.Image = Image.FromFile(Application.StartupPath() + "\turtle1.wmf")
                                   '加载 bin\Debug 文件夹下的 turtle1.wmf
    PictureBox2.Image = Image.FromFile(Application.StartupPath() + "\rabbit.jpg")
                                   '加载 bin\Debug 文件夹下的 rabbit.jpg
```

```
    PictureBox1.Location = New Point(Label3.Left, 50)
                                        ' PictureBox1 与"起点"标签 Label3 左对齐
    PictureBox2.Location = New Point(Label3.Left, 150)
                                        ' PictureBox2 与"起点"标签 Label3 左对齐
    Label1.Text = "比赛正在进行……"
    Label1.ForeColor = Color.Green
    Button3.Visible = True              '显示 Button3 按钮
    Button4.Visible = True              '显示 Button4 按钮
    Button3.Enabled = True              '设置 Button3 按钮有效
    Button4.Enabled = True              '设置 Button4 按钮有效
    Label1.Font = New Font("隶书", 12, FontStyle.Bold)
End Sub
```

2. 单击"结束"按钮的事件过程

```
Private Sub Button2_Click(ByVal sender As System.Object, ByVal e As System.EventArgs) _
        Handles Button2.Click
    End
End Sub
```

3. 单击控制乌龟前进一步的按钮的事件过程

```
Private Sub Button3_Click(ByVal sender As System.Object, ByVal e As System.EventArgs) _
                    Handles Button3.Click
    PictureBox1.Left = PictureBox1.Left - 10    '乌龟向左移动
    If PictureBox1.Left < Label2.Left Then      '判断乌龟达到终点
        Label1.Text = "乌龟获胜！"
        Label1.ForeColor = Color.Red
        Button3.Enabled = False
        Button4.Enabled = False
    End If
End Sub
```

4. 单击控制兔子前进一步的按钮的事件过程

```
Private Sub Button4_Click(ByVal sender As System.Object, ByVal e As System.EventArgs) _
        Handles Button4.Click
    PictureBox2.Left = PictureBox2.Left - 10    '兔子向左移动
    If PictureBox2.Left < Label2.Left Then      '判断兔子达到终点
        Label1.Text = "兔子获胜！"
        Label1.ForeColor = Color.Red
        Button3.Enabled = False
        Button4.Enabled = False
    End If
End Sub
```

实践活动

1. 编写英文字母大小写转换的程序。在一个文本框中输入文字后，单击“转换成大写”或“转换成小写”按钮后，将文本框中英文字母全部转换成大写或小写，并显示在另一个文本框中。要求两个文本框都可以多行显示文本，并带有垂直滚动条。显示转换后结果的文本框只能显示文本，不能编辑文本。如图 1-2-10 所示。

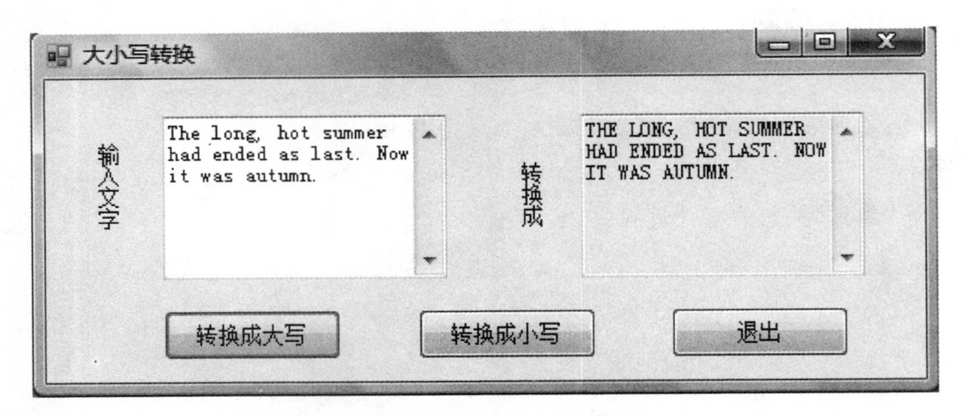

图 1-2-10 “大小写转换”程序界面

提示：① 要设计竖排的标签“输入文字”，应将标签的 AutoSize 属性值为 False，然后改变标签的大小，使得一行只能显示一个汉字；

② 将字母转换成大写和小写的函数分别为 Ucase 和 Lcase。

2. 编写一个编辑替换文字的程序。在文本框中输入一段文字，选定文字后，显示选定的文字个数。在“替换为”对话框中输入新的内容，单击“替换”按钮，将选定文字替换成新的内容。如图 1-2-11 所示。

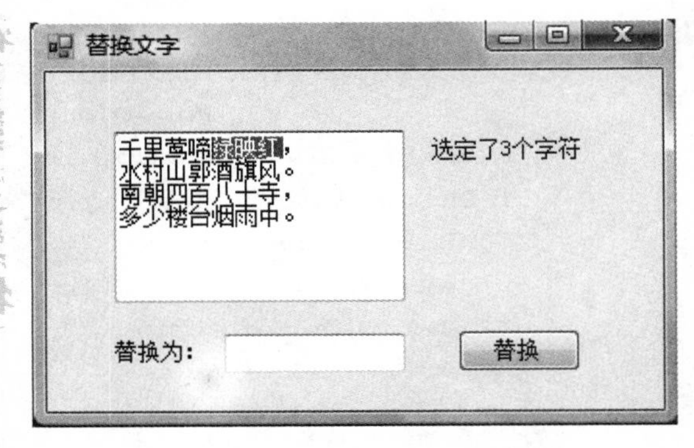

图 1-2-11 “替换文字”程序界面

提示：① 用鼠标在文本框中选定内容，当释放鼠标时，触发 MouseUp 事件，其事件过程代码为：

```
Private Sub TextBox1_MouseUp(ByVal sender As Object, _
            ByVal e As System.Windows.Forms.MouseEventArgs) Handles TextBox1.MouseUp
    Label1.Text = "选定了" & TextBox1.SelectionLength & "个字符"
End Sub
```

② 单击“替换”按钮的事件过程代码为：

```
Private Sub Button1_Click(ByVal sender As System.Object, ByVal e As System.EventArgs) _
          Handles Button1.Click
    TextBox1.SelectedText = TextBox2.Text
End Sub
```

思考：当"替换为"文本框为空时，单击"替换"按钮的结果是什么？未选定文字时，单击"替换"按钮的结果又会怎样？

3. 编写一个缩放图片框大小的程序，界面上有"放大一倍"、"缩小一半"、"居中"、"还原"和"退出"按钮。初始情况下，图片框的大小与图像大小一致，单击"放大一倍"和"缩小一半"按钮后，图片框的大小放大一倍或缩小一半，图像大小相应缩放；单击"居中"按钮，图像按原始大小显示在图片框的中央；单击"还原"按钮，图像按原始大小显示在图片框的左上角；单击"退出"按钮，结束运行。如图 1-2-12 和图 1-2-13 所示。图中图片文件为配套光盘的"实践活动素材"文件夹中的 house.jpg。

图 1-2-12　"图片大小"程序的初始界面

图 1-2-13　"图片大小"程序中单击"缩小一半"按钮后的界面

提示：① 使用工具箱中的 PictureBox 按钮 PictureBox ，创建图片框 PictureBox1。

② 为使图片框改变大小时，图像的大小随之缩放，应设置图片框的 SizeMode 属性值为 StretchImage。

③ 图片框的高度和宽度分别由 Height 和 Width 属性控制。"缩小一半"按钮的事件过程程序代码为：

```
Private Sub Button2_Click(ByVal sender As System.Object, ByVal e As System.EventArgs) _
            Handles Button2.Click
    PictureBox1.Width = PictureBox1.Width \ 2                    '\为整除运算符
    PictureBox1.Height = PictureBox1.Height \ 2
    PictureBox1.SizeMode = PictureBoxSizeMode.StretchImage
End Sub
```

4. 编写图片移动的程序。在窗体上有1个图片框、1个标签和4个用于上下左右移动的按钮。单击这些按钮，图片框向相应的方向移动20。当图片框的边界移出窗体时，在标签上显示提示信息。图片框的大小与图像一致，4个按钮用文字和方向箭头图形标识，如图1-2-14所示。其中，图像文件在配套光盘的"实践活动素材"文件夹中。

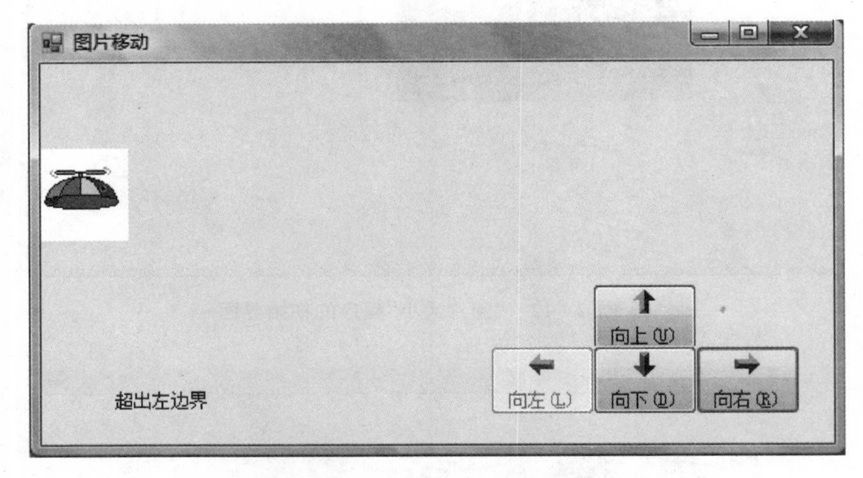

图1-2-14 "图片移动"程序界面

提示：① 通过按钮的 Image 属性设置按钮上显示的图片，选择图片时，应选择文件类型为"所有文件(*.*)"。图像在按钮上靠上居中显示，设置 ImageAlign 属性值为 TopCenter。

② 在 Text 属性中能够使用 & 设置快捷键。如：设置 Text 属性值为"向上(&U)"，则按钮上显示"向上(U)"。文字在按钮上靠下居中显示，设置 TextAlign 属性值为 BottomCenter。

③ 图片框向上移动，并判断图片框的上边界是否移出窗体的程序代码是：

```
PictureBox1.Top = PictureBox1.Top - 20
If PictureBox1.Top < 0 Then
   Label1.Text = "超出上边界"
End If
```

拓展：当图片框的一边移出窗体时，不能再向这个方向移动，设置相应的按钮无效。当图片框向相反方向移动时，按钮又变为有效。

活动三　面积计算

活动说明

已知圆环的半径 r 和宽度 h，编写程序，求圆环的面积，如图 1-3-1 所示。

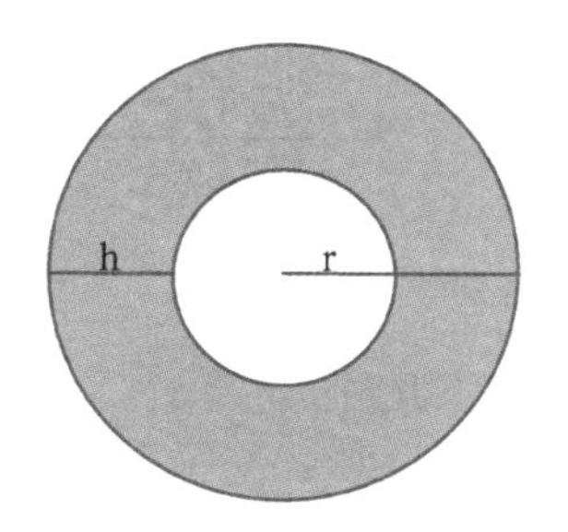

图 1-3-1

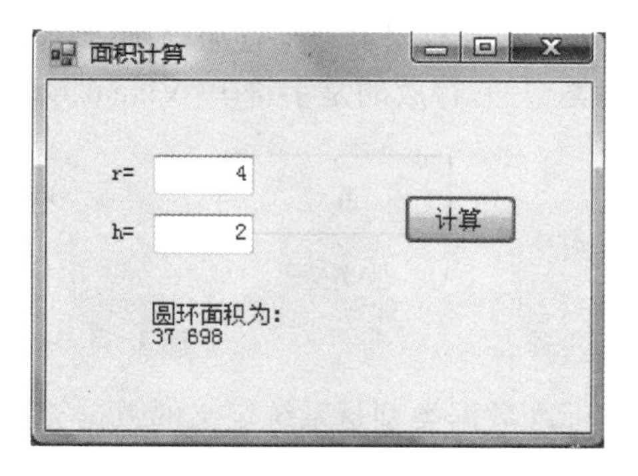

图 1-3-2　计算圆环面积的界面

图 1-3-2 和图 1-3-3 是计算圆环面积的程序界面。

图 1-3-3　错误提示窗口

活动分析

计算圆环面积的屏幕上有两个文本框，用于输入圆环的半径和宽度。设计一个“计算”按钮，单击此按钮，开始计算。在计算圆环面积之前，必须先检查数据的正确性。如果宽度超过了半径，提示数据不正确，要求重新输入。

程序中用到多种数据类型：圆环的宽度和半径是整数，计算出的面积是实数，而计算过程中用到常量 π，计算出的结果存储到字符串中，以便于输出。

学习支持

一、数据类型

在 VB. NET 中，数据类型分为两种：值类型和引用类型。值类型的变量直接存储数据，而引用类型的变量存储的是指向存储数据的内存地址的指针。

值类型包括：所有数值数据类型、Boolean、Char 和 Date、所有结构(即使其成员是引用类型)、枚举。

引用类型包括：String、所有数组（即使其元素是值类型）、类型（如：Form）、委托。

例如，以下语句中：

```
Dim i As Integer = 0
Dim kcm As String = "Visual Basic"
```

变量 i 的数据类型是整型，是值类型的，存放的值为 0；变量 kcm 的数据类型是字符串，是引用类型的，存放的是字符串“Visual Basic”所在地址。两者的区别如图 1-3-4 所示。

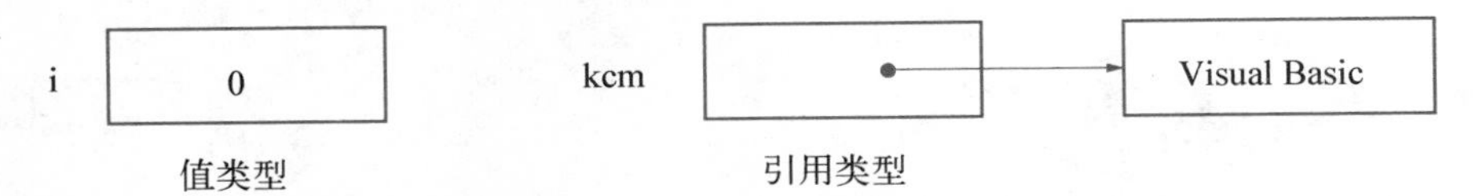

值类型　　　　引用类型

图 1-3-4　值类型与引用类型的区别

标准数据类型是系统定义的数据类型，标准数据类型有以下几种，如表 1-3-1 所示。

表 1-3-1　VB.NET 标准数据类型

类型名称	公共语言运行库类型结构	说　明	占字节数	取　值　范　围
Short	Int16	16 位的有符号整数	2	—32,768 到 32,767(有符号)
Integer	Int32	32 位的有符号整数	4	—2,147,483,648 到 2,147,483,647(有符号)
Long	Int64	64 位的有符号整数	8	(有符号)—9,223,372,036,854,775,808 到 9,223,372,036,854,775,807
Single	Single	单精度(32 位)浮点数	4	对于负值，为 —3.4028235E+38 到 —1.401298E—45 对于正值，为 1.401298E—45 到 3.4028235E+38
Double	Double	双精度(64 位)浮点数	8	对于负值，为 —1.79769313486231570E+308 到 —4.94065645841246544E—324 对于正值，为 4.94065645841246544E—324 到 1.79769313486231570E+308
Decimal	Decimal	十进制(128 位)值	16	0 到 +/—79,228,162,514,264,337,593,543,950,335 (+/—7.9...E+28)，不包含小数点；0 到 +/—7.9228162514264337593543950335，包含小数点右边 28 位 最小非零数为 +/—0.0000000000000000000000000001 (+/—1E—28)
Byte	Byte	8 位的无符号整数	1	0 到 255(无符号)
Date	DateTime		8	0001 年 1 月 1 日午夜 0:00:00 到 9999 年 12 月 31 日晚上 11:59:59

续　表

类型名称	公共语言运行库类型结构	说　明	占字节数	取　值　范　围
Boolean	Boolean	布尔值	取决于实现平台	True 或者 False
Char	Char	Unicode（16 位）字符	2	0 到 65 535(无符号)
String	String(类)	Unicode 字符的不变的定长串	取决于实现平台	0 到大约 20 亿个 Unicode 字符
Object	Object(类)	对象层次结构的根	4 个字节(32 位平台上) 8 个字节(64 位平台上)	任何类型都可以存储在 Object 类型的变量中

注意：VB.NET 中每种数据类型都是类，可以通过其 MaxValue 和 MinValue 属性测试数据类型的有效范围。例如，利用 Interger.MaxValue 可以得到 Interger 类型数据的最大值。

1. 数值数据类型

数值数据类型用来处理能够区分大小的数据量，可分为整数类型和非整数类型两大类。

(1) 整数数值类型

整数类型分有符号整数和无符号整数。有符号整数包括：Short、Integer 和 Long，无符号整数是 Byte。

一般使用 Integer 类型存储整数，当程序中需要处理数值较小或较大的整数时，可使用 Short 或 Long。

整数的表示形式为：±n[X]，其中：n 是十进制整数，X 为类型符号。S 表示 Short，I 表示 Integer，L 表示 Long，Byte 没有对应的类型符号。缺省时，表示 Integer 类型整数。

(2) 非整数数值类型

非整型数据类型是表示同时带有整数部分和小数部分的数字的类型，包括：Single、Double 和 Decimal，它们都是有符号类型。其中 Single 和 Double 为浮点数，Decimal 为定点数。

Decimal 数据类型主要适用于数据范围大且不允许有舍入误差的数值处理。表示形式为数字后面加类型符号 D。例如，123456789012345D，1.2345678901234567D。

浮点数类型的精度比 Decimal 类型小，但表示的数据范围更大。Single 类型、Double 类型使用浮点数进行计算时可能会出现舍入误差。

Double 数据类型的表示形式有：

±n.n　　　±nE±m　　　±n.nE±m

分别用小数形式和指数形式表示，其中 n 和 m 为十进制数字，E 表示指数符号。也可以在后面加上类型符号“R”或“#”。例如：12.345 和 0.12345E+2(表示 0.12345×10^2)表示值相同的 Double 数据类型浮点数。

如果要表示 Single 数据类型浮点数，则要在常数后面加上类型符号“F”或“!”。例如：12.345!、12.345F、0.12345E+2F、0.12345E+2! 等。

每一种数据类型都有相应的表示范围。在运算过程中，如果数据超出范围，就会产生“溢出”，中断程序运行。此时，应使用表示数据范围更大的数据类型，如：Long、Single、Double 等。

2. 字符数据类型

字符数据类型用来处理 Unicode 字符，包括两种类型：Char 和 String。

Char 类型用来存储单个字符或汉字，占两个字符。例如："A"、"0"、"数"等。

String 类型可以表示包含多个字符的字符串，例如："Visual Basic"、"2010"等。

字符类型数据用一对西文双引号“"”括起来表示，""表示空字符串，" "表示有一个空格字符。如表示的字符串中包含双引号“"”，则用连续的两个双引号表示。如：

```
s = "xyz""12"
```

则变量 s 的值为字符串：xyz"12。

3. 逻辑数据类型

Boolean 类型是逻辑类型，又称布尔类型，专门用来处理 True 和 False 这两个逻辑量。如果表示的数据仅包含一对互斥的信息(如：真/假、开/关、是/否等)，则应将其定义为 Boolean 类型。

例 1-3-1：以下程序段判断 m 是否能够被 n 整除，并将结果保存在 flag 变量中：

```
Dim m As Integer, n As Integer, flag As Boolean
m = Val(TextBox1.Text)
n = Val(TextBox2.Text)
If m Mod n = 0 Then
    flag = True
Else
    flag = False
End If
```

4. 日期时间类型

Date 类型是日期时间类型，包含日期值和时间值，表示从 0001 年 1 月 1 日凌晨 0:00:00 到 9999 年 12 月 31 日晚上 11:59:59 的时间。用“#”括起来，日期的格式为 m/d/yyyy，例如：#8/31/2009#。时间值为 12 小时或 24 小时时制，例如：#1:15:30 PM# 或 #13:15:30#。但是，如果没有指定分和秒，则必须指定 AM 或 PM。例如：#8/31/2009 1:30:00 PM# 是一个合法的日期时间值。

5. 对象类型

Object 类型以地址形式存储，可以指向任意数据类型的数据，包括应用程序中任意对象实例。因此，可以将任意类型的数据赋值给 Object 类型的变量。

二、常量和变量的命名规则

在 VB.NET 中，每一个变量或常量都有一个名字，用它来区分不同的变量或常量。常量和变量按照以下规则命名：

(1) 必须以字母、汉字或下划线开头，由字母、数字、汉字和下划线组成，长度不超过 1 023 个字符。

(2) 如果名称以下划线开头，则必须至少包含一个字母或数字。

(3) 不能使用 VB. NET 中的关键字作为常量和变量名，如：Integer、If 等。

(4) VB. NET 中不区分常量或变量名的大小写。例如，st1、St1 和 ST1 视为同一个常量或变量。为了便于阅读程序，通常变量名采用首字母大写、其余字母小写，而常量名全部采用大写。

例如，str、intSum、lngA_b 和 Sinx 等都是合法的变量名，PI、MAXI 等通常作为常量名。

以下是不合法的变量或常量名：

5x、A b、Sin、X * y

三、常量

在程序运行过程中，其值不能改变的量称为常量。在 VB. NET 中有三种常量：直接常量、用户声明符号常量和系统提供的常量。

1. 直接常量

在 VB. NET 中，直接常量可分为：数值常量、字符串常量、逻辑常量和日期常量。其表示方法在学习支持“数据类型”一节中已介绍，例如：100S 是 Short 类型的直接常量，100 是 Integer 类型的直接常量，" 0120 "是 String 类型的直接常量。

除了十进制常数以外，还有八进制、十六进制常数。八进制常数的表示方法是在数值前面加 &O(注意：是字母 O，不是数字 0)，例如：&O56。而十六进制常数的表示方法是在数值前面加 &H，例如：&H56、&HAB12。

2. 用户声明符号常量

在程序中经常遇到一些需要反复使用的常量，在 VB. NET 中将这种常量定义成符号常量，在程序中用符号常量代替这个数据。这样，可以使程序中相同的数据保持一致，并且可以增强程序的可阅读性和可维护性。

用户声明符号常量的格式如下：

Const 符号常量名 [As 类型] = 常量表达式

其中，类型见表 1-3-1 中的数据类型，也可以在常量名后加类型符表示。如果省略类型，则数据类型由常量表达式来决定。默认情况下，整数为 Integer 类型常量。浮点数为 Double 类型常量，关键字 True 和 False 为 Boolean 类型常量。

例如，以下都是正确的符号常量声明语句：

```
Const PI As Single = 3.14
Const N As Integer = 100
Const ST As String  = " sum"
Const M = N * 2
```

由于 N 已被定义为常量，N * 2 是常量表达式，Const M = N * 2 是正确的，M 的值为 200。而对于 Const s0 As Single = Sin(0)语句，由于 Sin(0)不是常量表达式，该语句不正确。

注意：默认情况下 Option Strict 为 Off，允许省略数据类型。当执行语句 Option Strict On 后，限制数据类型转换，在声明符号常量时必须指明数据类型。

3. 系统提供的常量

系统提供的常量可以分为内部常量和枚举常量两类。

内部常量存储那些在整个应用程序的执行过程中保持不变的值。它们是有意义的名称，用以代替数值或字符串，而使代码更具可读性。内部常量一般以小写字母“vb”作为前缀、后跟有意义的字母。例如，vbCrLf 是一个内部常量，其值为 Chr(13)+Chr(10)，表示回车并换行组合符。运行以下语句：

```
Label1.Text = Label1.Text & vbCrLf & TextBox2.Text
```

结果是：标签 Label1 上原来显示的内容后面另起一行显示文本框 Text Box2 的内容。

又如，以下语句中 vbExclamation 是一个内部常量，其值为 48，表示显示警告信息图标：

```
MsgBox("数据不正确,请重新输入", vbExclamation, "提示")
```

枚举提供了处理相关联的常数集的方便途径，是一个值集的符号名称。例如，在属性窗口中，许多属性值是用枚举来表示的，它直观地表示了这些离散的、有限的相关常数集。如图 1-2-4 中，列出了一些枚举常量可供选择的颜色。

在输入程序代码时，也会自动列出相应的枚举变量，供选择。如图 1-2-2 所示。

四、变量声明

所谓变量，是指运行时其值可以变化的量。在使用变量之前，一般要先声明变量名及其数据类型，以便系统为它分配存储单元。在 VB. NET 中，用以下格式声明变量：

Dim <变量名> [As <类型名称>] [=初始值]

其中，类型名称是指表 1-3-1 中列出的数据类型名称，缺省时创建的变量为 Object 类型变量。创建变量的同时可以为变量赋初值，如果没有给变量赋初值的话，采用默认的初值，见表 1-3-2。

表 1-3-2 变量的默认初值

数 据 类 型	默 认 值
数值类型	0
Char	Binary 0
所有引用类型(包括 Object、String 和所有数组)	Nothing
Boolean	False
Date	01/01/0001 12:00:00

例如，`Dim m As Integer = 100, n As Integer`

则定义了 m 和 n 两个变量，m 的初值为 100，n 的初值为默认值 0。

一条 Dim 语句可以同时定义多个变量。如果多个变量的数据类型相同，则可以在变量名之间用逗号分隔，用一个 As 来指定数据类型，但此时不能给变量赋初值。

例如，Dim i, j, k As Integer, x, y As Single, p

分别定义了 Integer 类型变量 i、j 和 k，Single 类型变量 x 和 y，p 为 Object 类型变量。

注意：在默认状态下，必须在使用变量前显式声明变量，否则将产生语法错误。当运行以下语句后，可以不声明变量而在代码中直接使用，即隐式声明变量：

```
Option Explicit On
```

虽然隐式声明变量比较方便，但会增加命名冲突和隐藏拼写错误。

五、运算符

运算符是表示实现某种运算的符号。VB. NET 提供的运算符有：算术运算符、串联运算符、关系运算符、逻辑和按位运算符等。

按运算符所作用的操作数的个数可以分为单目运算符和双目运算符，单目运算符只有一个操作数，双目运算符有两个操作数。在运算时，不同运算的运算符之间有优先级的区分，同一类运算中的不同运算符之间也有优先级的区分。

1. 算术运算符

算术运算符执行的是简单的算术运算，其操作对象是数值类型的数据。在算术运算符中除"－"(负号)运算符是单目运算符外，其余都是双目运算符。算术运算符见表 1－3－3，假设 x 为整型变量，值为 5。

表 1－3－3 算术运算符

运算符	功　能	优先级	实　例	运算结果
^	指数	1	5^2	25
－	取负值	2	－x	－5
*	乘	3	2*x	10
/	除	3	x/2	2.5
\	整除	4	x\2	2
Mod	取余数	5	x Mod 2	1
＋	加	6	x＋2	7
－	减	6	x－2	3

指数运算中的指数可以是任意的实数，例如 2.5^0.2。通常，指数运算比取负值运算的优先级高，但当指数运算符后面紧接着取负值运算符时，先进行取负值运算，然后求指数。例如，4^－2 是求 4^{-2}，计算结果为 0.0625；(－4)^－2 的计算结果为 0.0625，而－4^－2 的计算结果为－0.0625。

非整数数据进行除法运算，其结果为非整数。在进行整除运算时，先将操作数四舍五入取整，再作整除运算，其运算结果不进行四舍五入，被截断为整数。例如，12.56\2.48 的运算结果为 6。

Mod 运算是对两个操作数相除，以余数作为结果。如果有一个是非整数，则余数也为非整数。

例如，7 Mod 3 的运算结果为 1，而 7.5 Mod 3 的运算结果为 1.5、7 Mod 3.5 的运算结果为 0.0。

2. 串联运算符

串联运算符有两个："＋"和"&"，其作用都是将两个字符串连接起来，它们都是双目运算符。但这两个运算符是有区别的：

"＋"运算符既可作为字符串运算符，又可作为算术运算符。当"＋"运算符两边操作数都是字符串时，进行串联运算，将两个字符串连接起来，并作为结果。当"＋"运算符两边操作数都是数值时，进行加法运算。

当"＋"运算符一边操作数是数值、另一边是数字字符串时，如果 Option Strict 为 On 时，限制数据类型转换，则产生编译器错误。仅当 Option Strict 为 Off 时，将数字字符串隐式转换为 Double 类型，并执行加法运算，其结果为一个数值；当"＋"一边操作数是数值、另一边不是数字字符串时，则产生转换无效的错误。

"&"运算符不管两边操作数的数据类型，直接进行连接操作。要注意的是：由于 & 符号既可作为字符串运算符，又可作为 Long 类型类型符，当 & 与变量或常量连在一起时，被看作类型符。因此，& 运算符前后必须加空格。

例如，表 1-3-4 是当 Option Strict 为 Off 时的具体实例。

表 1-3-4 & 和＋运算符实例

x	y	x & y	x + y
"123"	"100"	"123100"	"123100"
"123E1"	100	"123E1100"	1330
123	100	"123100"	223
"123A"	100	"123A100"	出错，转换无效

3. 关系运算符

关系运算符都是双目运算符，其作用是对两个操作数进行比较，其结果是一个逻辑值。如果比较关系成立，则返回 True，否则返回 False。表 1-3-5 列出了 VB.NET 中的关系运算符。

表 1-3-5 关系运算符

运算符	功能	实例	结果
>	大于	123>45	True
>=	大于等于	"123">="45"	False
<	小于	"computer"<"计算机"	True
<=	小于等于	"abc"<="ab c"	False
=	等于	1.23E2 = 123	True
<>	不等于	"abc"<>"ABC"	True
Like	字符串匹配	"VB程序设计" Like "VB*"	True

在比较时应注意以下原则：

(1) 如果两个操作数都是数值型，则按数值的大小比较。

(2) 如果两个操作数都是字符型，则从左到右逐个字符比较，以其 ASCII 码值大小比较，即首先比较两个字符串的第一个字符，其 ASCII 码值大的字符串就大。如果第一个字符相同，则比较第二个字符，依此类推，直到遇到不同字符。

(3) 汉字字符大于西文字符。

(4) 比较运算符的优先级相同。

(5) Like 运算符与通配符：?、*、#、[字符列表]、[! 字符列表]结合使用。其中，? 表示任何一个字符，* 表示任意多个字符，# 表示任何一个数字(0～9)，[字符列表]表示字符列表中任意一个字符，[! 字符列表]表示不在字符列表中的任意一个字符。例如：

判断文本框 TextBox1 中输入的姓名的第二个字是否为“中”字的表达式为：TextBox1.Text Like "?中*"；

判断文本框 TextBox2 中输入的是否是 Office 的一个版本名称的表达式为：

```
TextBox2.Text Like "Office####";
```

判断变量 Letter 中存储的单个字母是否是元音字母的表达式为：Letter Like "[aeiou]"。

4. 逻辑和按位运算符

逻辑运算符的功能是对操作数进行逻辑运算(又称布尔运算)，其运算结果是逻辑值 True 或 False。逻辑运算符除了 Not 是单目运算符外，其他都是双目运算符。逻辑运算符和实例见表 1-3-6 和表 1-3-7。

表 1-3-6　逻辑运算符

运算符	功　能	优先级	说　明
Not	逻辑非	1	当操作数为 False 时，结果为 True；当操作数为 True 时，结果为 False。
And	逻辑与	2	两个操作数都为 True 时，结果才为 True，否则为 False。
AndAlso	短路逻辑与	2	如果第一个操作数为 False，则不会计算第二个操作数的值，结果为 False；如果第一个操作数为 True，则结果同第二个操作数。
Or	逻辑或	3	两个操作数中有一个为 True 时，结果为 True。
OrElse	短路逻辑或	3	如果第一个操作数为 True，则不会计算第二个操作数的值，结果为 True；如果第一个操作数为 False，则结果同第二个操作数。
Xor	逻辑异或	4	两个操作数互斥，即其中一个为 True、另一个为 False 时，结果才为 True，否则为 False。

表 1-3-7 逻辑运算实例

x	y	Not x	x And y	x Or y	x Xor y	x AndAlso y	x OrElse y
True	True	False	True	True	False	True	True
True	False	False	False	True	True	False	True
False	True	True	False	True	True	False	True
False	False	True	False	False	False	False	False

例如,判断变量 x 的值是否在[10,100]区间中的表达式为:

```
x >= 10 And x <= 100
```

又如,在 TextBox1 文本框中输入性别,TextBox2 文本框中输入年龄。判断是否达到退休年龄的表达式是:

```
TextBox1.Text = "男" And Val(TextBox2.Text) >= 60 Or TextBox1.Text = "女" And Val(TextBox2.Text) >= 55
```

也可以使用以下表达式:

```
Val(TextBox2.Text) >= 60 OrElse TextBox1.Text = "女" And Val(TextBox2.Text) >= 55
```

提示:当 AndAlso 运算的第一个操作数为 Flase、OrElse 运算的第一个操作数为 True 时,不会计算第二个操作数的值,短路可以提高运算效率。

但是,如果第二个操作数的运算中包含附加操作,短路将会跳过这些操作。例如,如果表达式包括对 Function 过程的调用,那么,如果表达式已短路,则不会调用该过程,并且 Function 中包含的任何附加代码都不会运行。如果程序逻辑依赖于任何这些附加代码,则应该避免使用短路运算符。

如果 Not、And、Or 和 Xor 运算的操作数都是数值,则以数值的二进制逐位进行逻辑运算,称为按位运算。

例如,x 变量的值为 13、y 变量的值为 6,表达式 x And y 表示将 13 和 6 的二进制 1101 和 110 进行 And 运算,得到结果为 4。如图 1-3-5 所示。

```
     0000000000001101
And  0000000000000110
---------------------
     0000000000000100
```

图 1-3-5 按位运算符 And 对数值运算

通常,利用按位运算对某些二进制位进行屏蔽和设置。And 运算常用于屏蔽某些位,Or 运算常用于设置某些位为 1。

例如,s1 是 Short 类型的变量,要将其高 8 位二进制设置为全 1,可以使用表达式 s1 Or &HFF00。假设 s1 变量值的二进制为 $a_{15}\,a_{14}\,a_{13}\,a_{12}\,a_{11}\,a_{10}\,a_9\,a_8\,a_7\,a_6\,a_5\,a_4\,a_3\,a_2\,a_1\,a_0$,其运算如图 1-3-6 所示。

$$
\begin{array}{r cccccccccccccccc}
 & a_{15} & a_{14} & a_{13} & a_{12} & a_{11} & a_{10} & a_9 & a_8 & a_7 & a_6 & a_5 & a_4 & a_3 & a_2 & a_1 & a_0 \\
\text{Or} & 1 & 1 & 1 & 1 & 1 & 1 & 1 & 1 & 0 & 0 & 0 & 0 & 0 & 0 & 0 & 0 \\
\hline
 & 1 & 1 & 1 & 1 & 1 & 1 & 1 & 1 & a_7 & a_6 & a_5 & a_4 & a_3 & a_2 & a_1 & a_0
\end{array}
$$

图 1-3-6 按位运算符 Or 对数值运算

注意：AndAlso 和 OrElse 运算符不支持按位运算。

六、表达式

1. 表达式的组成

表达式是由常量、变量、运算符、函数和圆括号组成的符号序列。表达式通过运算后得到一个结果，运算结果的数据类型由数据和运算符决定。根据运算结果将表达式分为：算术表达式、关系表达式、逻辑表达式和字符串表达式。

2. 优先级

算术运算符和逻辑运算符都有不同的优先级，关系运算符的优先级相同。当多种表达式同时在一个表达式中出现时，其优先级的顺序如下：

算术运算符>字符串运算符>关系运算符>逻辑运算符

具有相同优先顺序的运算符将按照它们在表达式中出现的顺序从左至右进行计算。当表达式中包含多个运算符时，使用圆括号，可以改变计算顺序，圆括号内的表达式优先计算。

3. 数据类型的转换

在算术运算中，如果操作数具有不同的数据类型，则系统自动将精度低的数据转换成精度高的数据，并进行运算。数据精度次序如下：

Byte<Short<Integer<Long<Decimal<Single<Double

在算术表达式中，当操作数为数字字符串或逻辑型数据时，系统自动将其转换成数值类型后参加运算。逻辑值 True 转换成数值−1，False 转换成数值 0。

例如当变量 x 的值为 10 时，表达式 20.5 + x − True 的结果为 31.5。

编程实现

图 1-3-2 中单击“计算”按钮的事件过程代码为：

```
Private Sub Button1_Click(ByVal sender As System.Object, ByVal e As System.EventArgs) _
                    Handles Button1.Click
    Const PI As Single = 3.1415              '声明符号常量
    Dim h, r As Integer, s As Single         '定义变量
    Dim ans As String = ""
    r = Val(TextBox1.Text)                   '将数字字符串转换成数值
    h = Val(TextBox2.Text)
    If h < r Then
        s = PI * (r ^ 2 - (r - h) ^ 2)
```

```
        ans = "圆环面积为：" & vbCrLf & s
    Else
        MsgBox("数据不正确,请重新输入", vbExclamation, "提示")
                                        '使用系统常量 vbExclamation
        TextBox1.Focus()
    End If
    Label3.ForeColor = Color.Blue
    Label3.Text = ans
End Sub
```

实践活动

1. 编写一个程序,具有以下功能：输入半径后,计算圆周长、圆面积、圆球表面积和圆球体积。要求将π定义为符号常量。

提示：圆周长＝$2\pi r$,圆面积＝πr^2,圆球表面积＝$4\pi r^2$,圆球体积＝$\frac{3}{4}\pi r^3$。

2. 编写一个程序,计算自由落体的位移量。

提示：已知初始速度为 v_0,重力加速度 $g=9.8\ m/s^2$,经历时间为 t,自由落体位移公式为 $s=\frac{1}{2}gt^2+v_0t$。

注意：不能以下标形式命名 v_0 变量,但可以命名为 V0。

3. 编写一个程序,具有以下功能：输入以秒为单位的时间,换算出几时几分几秒。

4. 编写一个程序,具有以下功能：在文本框中输入书名后单击"添加"按钮,如果书名中含有"计算机"三个字,将书名列在左面的标签中,否则列在右面的标签中。然后清除文本框中的内容,并将插入点重置于文本框中。如图 1-3-7 所示。

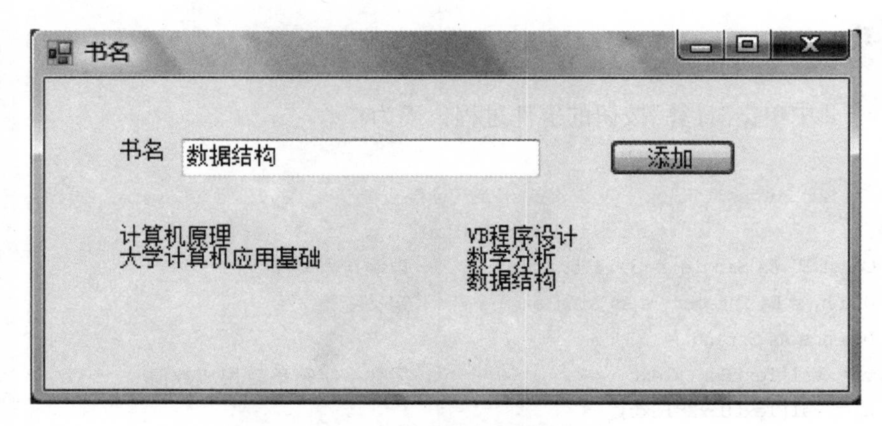

图 1-3-7 "书名"程序界面

提示：① 判断书名是否含有"计算机"三个字的表达式为：TextBox1. Text Like "*计算机*"

② 将文本框中的书名添加到标签Label2中的语句是：

```
Label2. Text = Label2. Text & vbCrLf & TextBox1. Text
```

拓展：如果要判断书名中不含"计算机"三个字，应如何编写程序？

5. 编写一个程序，具有以下功能：输入职工的姓名、性别、年龄和职务，判断他是否到达退休年龄。判断退休年龄的标准为：男性大于等于60岁，女性大于等于55岁或职务为"工人"的大于等于50岁。

活动四　简易计算器

活动说明

设计一个简易的计算器，能进行加、减、乘、除和取余数等四则运算。展开对话框后，可以计算一些常用的函数。图1-4-1和图1-4-2是"简易计算器"的折叠和展开的界面。

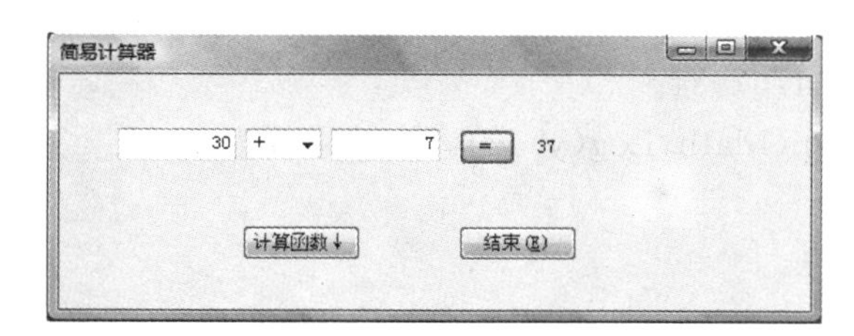

图1-4-1　"简易计算器"折叠的界面

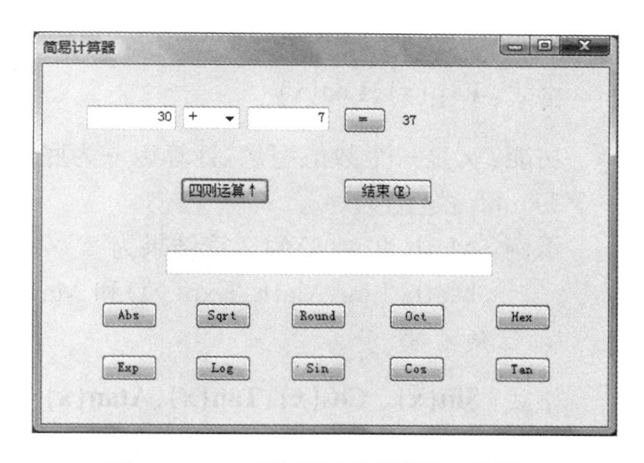

图1-4-2　"简易计算器"展开的界面

活动分析

简易计算器界面是一个对话框。在对话框中设计两个文本框，用于输入参加四则运算的操作数，使用下拉式列表框选择运算符。单击"="按钮，按运算符和操作数进行运算，并将运算结果显示在按钮后面的标签上。

单击"计算函数"按钮，展开对话框。在对话框的下半部分有一个文本框，用于输入数据、输出计算结果。下面有一系列按钮，每个按钮对应一个函数，单击函数按钮后，以文本框中数值为参数，计算相应的函数值，计算结果返回到文本框中。

学习支持

一、数学函数

在VB. NET中，数学函数包含在System. Math类中。该类中包含许多方法和常量，利用这些方法和常量可以进行各种数学运算。这些方法可以作为数学函数使用，使用时，在函数名前面加“Math.”。以下是一些常用的数学函数。

1. 绝对值函数

格式：**Abs(x)**

功能：x是一个数值型量，计算其绝对值。

示例：Math.Abs(−10.5)的运算结果为10.5。

计算|x−y|的表达式为Math.Abs(x−y)。

2. 平方根函数

格式：**Sqrt(x)**

功能：x是一个大于等于0的数值型量，计算其平方根，结果是一个Double类型值。

示例：Math.Sqrt(9)的运算结果为3。

求一元二次方程$ax^2+bx+c=0$的根的表达式为(−b+ Math.Sqrt(b * b−4 * a * c))/(2 * a)和(−b− Math.Sqrt(b * b−4 * a * c))/(2 * a)。

3. 指数和对数函数

格式：**Exp(x)、Log(x)**

功能：x是一个数值型量，计算以e为底的指数函数e^x、以e为底的自然对数ln x，结果是一个Double类型值。

示例：Math.Log(8)的运算结果为2.07944154167984。

Math.Log(Math.Exp(y))和Math.Exp(Math.Log(y))的运算结果都为y。

4. 三角函数

格式：**Sin(x)、Cos(x)、Tan(x)、Atan(x)**

功能：x是一个以弧度表示的数值型量，计算其正弦值、余弦值、正切值和余切值，结果是一个Double类型值。

示例：Math.Sin(1.57)的运算结果为0.999999682931835。

求30°的正弦函数值的表达式为Math.Sin(30 * 3.1415/180)。

5. 符号函数

格式：**Sign(x)**

功能：x是一个数值型量，返回一个整数，表示x的正负号。当x>0时，函数计算结果为1；当x=0时，函数运算结果为0；当x<0时，函数运算结果为−1。结果是一个Integer类型值。

示例：Math.Sign(−10)的运算结果为−1。

6. 四舍五入函数

格式：**Round(x[,n])**

功能：x是一个数值型量，将x值四舍五入，得到最接近的整数或指定的小数位数n的值。缺省n时，表示四舍五入取整。

示例：Math.Round(4.56)的运算结果为5，Math.Round(4.56，1)的运算结果为4.6。

提示：通常，在程序的开头，即在 Public Class Form1 语句的上面添加语句：

```
Imports System.Math
```

在程序中就可以直接使用数学函数，即：省略前面的"Math."。例如直接写 Round(4.56)。

另外，在 Math 类中还定义了两个公有字段：Math.PI 表示圆周率、Math.E 表示自然对数底。例如，求 30°的正弦函数值，更精确地可以表示为：Math.Sin(30 * Math.PI/180)。

二、随机数函数

格式：**Rnd([x])**

功能：产生一个[0,1)范围内 Single 类型的随机数，x 的值决定了 Rnd 生成随机数的方式，系统根据种子值，计算出下一个随机数。若 x<0，以 x 作为种子，则每次都得到相同的数值；若 x=0，以最近生成的随机数作为返回值；若 x>0，得到序列中的下一个随机数。缺省 x 时，得到序列中的下一个随机数。

例如，要产生一个[60,100)区间的数值，其表达式为 Rnd() * 40+60。

VB.NET 使用一个随机数生成器产生随机数，默认情况下，每次运行程序时 VB.NET 提供相同的种子值，因而产生的随机数序列是相同的。为了避免这种情况，可以使用 Randomize 语句，为随机数生成器产生一个新的种子值，从而改变随机数序列，每次运行产生不同的结果。例如，运行以下程序段：

```
Randomize
x = Rnd()
```

每次运行程序，产生的 x 值是不同的。

三、转换函数

1. 取整函数

格式：**Fix(x)、Int(x)**

功能：x 是一个数值型量，Fix(x)返回 x 的整数部分，Int(x)返回小于或等于 x 的最大整数。

示例：函数 Fix(-3.5)的运算结果为-3，Int (-3.5)的运算结果为-4。

产生[100,200]范围内的一个随机整数的表达式为：Int(Rnd() * 101)+100。

2. 进制数转换函数

格式：**Hex(x)、Oct(x)**

功能：x 是一个数值型量，Hex(x)将 x 的整数部分转换成十六进制数，Oct (x)将 x 的整数部分转换成八进制数，运算结果为字符串。

示例：Hex(29)的运算结果为"1D"，Oct(29)的运算结果为"35"。

3. 数值与数字字符串转换函数

格式：**Val(s)、Str(x)**

功能：s 是一个字符型量，x 是一个数值型量。Val 将数字字符串转换成数值型数据，当字符串中出现数值类型规定的字符以外的字符时，遇到非数值字符结束转换。Str 将数值型量转换成字符串，如果数值是非负的，转换后字符串的左边增加一个空格，表示符号位。

示例：Val("－2x+1 ")的运算结果为－2，Val(" 1.23e+1 ")的运算结果为 12.3。

Str(123.4)的运算结果为" 123.4 "，而不是" 123.4 "。

表达式 Val(TextBox1.Text) ＋ Val(TextBox2.Text)将两个文本框中的数字字符串转换成数值，相加后得到结果。

注意： 表达式 Val(TextBox1.Text) ＋ Val(TextBox2.Text)和表达式 TextBox1.Text＋ TextBox2.Text 的运算结果完全不同，后者是字符串连接。

4. 字符和 ASCII 码转换函数

格式：**Asc(c)、Chr(x)**

功能：c 是一个字符型量、x 是一个数值型量。Asc 计算出字符串的第一个字符的 ASCII 码值，Chr 则计算出以 x 为 ASCII 码的字符。表 1-4-1 中列出了字符和其 ASCII 码表。

表 1-4-1　ASCII 码表

编码	字符	编码	字符	编码	字符	编码	字符	编码	字符	编码	字符	编码	字符	编码	字符
0	NUL	16	DLE	32	SP	48	0	64	@	80	P	96	`	112	p
1	SOH	17	DC1	33	!	49	1	65	A	81	Q	97	a	113	q
2	STX	18	DC2	34	"	50	2	66	B	82	R	98	b	114	r
3	ETX	19	DC3	35	#	51	3	67	C	83	S	99	c	115	s
4	EOT	20	DC4	36	$	52	4	68	D	84	T	100	d	116	t
5	ENQ	21	NAK	37	%	53	5	69	E	85	U	101	e	117	u
6	ACK	22	SYN	38	&	54	6	70	F	86	V	102	f	118	v
7	BEL	23	ETB	39	'	55	7	71	G	87	W	103	g	119	w
8	BS	24	CAN	40	(	56	8	72	H	88	X	104	h	120	x
9	HT	25	EM	41	)	57	9	73	I	89	Y	105	i	121	y
10	LF	26	SUB	42	*	58	:	74	J	90	Z	106	j	122	z
11	VT	27	ESC	43	+	59	;	75	K	91	[	107	k	123	{
12	FF	28	FS	44	,	60	<	76	L	92	\	108	l	124	|
13	CR	29	GS	45	—	61	=	77	M	93	]	109	m	125	}
14	SO	30	RS	46	.	62	>	78	N	94	^	110	n	126	~
15	SI	31	US	47	/	63	?	79	O	95	_	111	o	127	DEL

示例：Asc(" A ")的运算结果为 65，Chr(65)的运算结果为" A "。

Asc(Chr(x))的运算结果仍然是 x，Chr(Asc(c))的运算结果仍然是 c。

随机产生一个小写字母的表达式为 Chr(Int(Rnd() * 26)+Asc(" a "))。

5. 大小写字母转换函数

格式：**Ucase(s)、Lcase(s)**

功能：s 是一个字符型量，Ucase 将字符串中的所有字母转换成大写字母，Lcase 将字符串中的所有字母转换成小写字母。

示例：Ucase(" Visual Basic 2005 ")的运算结果为" VISUAL BASIC 2005 "。

判断文本框 TextBox1 中输入的一个字符是否是字母的表达式为：

```
Ucase(TextBox1.Text)>= " A " And Ucase(TextBox1.Text)<= " Z "
```

四、日期和时间函数

1. 取得部分日期函数

格式：**Year(d)、Month(d)、Day(d)、WeekDay(d)**

功能：d 是一个日期数据，可以是日期型或字符型。Year、Month 和 Day 分别返回指定日期的年、月、日的值，WeekDay 返回指定日期是一星期中的第几天，其中星期日是 1、星期一是 2、……、星期六是 7，运算结果为数值型数据。

示例：Date 类型变量 d 的值是 8/20/2009，函数 Year(d)的运算结果为 2009，Month(d)的运算结果为 8，Microsoft. VisualBasic. Day(d)的运算结果为 20，WeekDay(d)的运算结果为 5，说明是星期四。

注意：由于 Day 在 System.Widows.Form 命名空间中被定义成了枚举类型，直接使用 Day 函数将会产生多义性。使用 Day 函数时，必须用 Microsoft.VisualBasic 命名空间对其进行限制，即使用：Microsoft.VisualBasic.Day。

获取年、月、日数值的另一个方法是通过 Date 类的属性：Year、Month 和 Day。假设变量 d 是 Date 类型的，d. Year 返回 d 变量值所在年份。

2. 月份和星期名称函数

格式：**MonthName(n)、WeekDayName(n)**

功能：n 是一个整型量，MonthName 返回月份名，WeekDayName 返回星期名称。

示例：MonthName(8)的运算结果为："八月"，WeekDayName(3)的运算结果为："星期二"。

计算今天月份名称的表达式为：MonthName(Month(Today))。

提示：取得系统日期和时间的方法是通过 Today、TimeOfDay 和 Now 属性，其中 Today 为系统日期、TimeOfDay 为系统时间、而 Now 则同时包含系统日期和时间。

示例：如果现在是 2009 年 8 月 20 日上午 9 时 58 分 35 秒，则 Today 的值为 2009/8/20，TimeOfDay 的值为 9:58:35，Now 的值为 2009/8/20 9:58:35。

3. 取得部分时间函数

格式：**Hour(t)、Minute(t)、Second(t)**

功能：t 是一个时间数据，可以是 Date 类型数据。Hour、Minute 和 Second 分别返回指定时间的小时、分钟和秒的值，运算结果为 Integer 类型数据。

示例：Hour(#3:20:58 PM#)的运算结果为 15，Minute(#3:20:58 PM#)的运算结果为 20，Second(#3:20:58 PM#)的运算结果为 58。

判断现在是否在早晨 8 时之前的表达式为：Hour(Now)<8。

4. 计算日期时间的差值函数

格式：**DateDiff(时间单位,d1,d2)**

功能：d1 和 d2 是一个日期时间值，按指定时间单位计算 d2 和 d1 之间的差值。时间单位见表 1-4-2。

表 1-4-2 时间单位表示

时间单位	yyyy	q	m	d	y	W	ww	h	n	s
含　义	年	季度	月	天数	一年的天数	一周的天数	星期	时	分	秒

示例：DateDiff("h", #8/28/2009 11:00:00 PM#, #8/29/2009 1:30:00 AM#)的运算结果为 2。

计算现在离 2010 年 5 月 1 日还有多少天的表达式为：

```
DateDiff("d", Today, #5/1/2010#)
```

5. 计算日期时间的增减

格式：**DateAdd(时间单位,n,d)**

功能：n 是一个数值型数据，d 是一个日期时间数据，返回一个加上一段时间的日期。时间单位见表 1-4-2。

示例：DateAdd("ww", 5, #9/1/2009#)的运算结果为 2009/10/6。

计算 100 天之前属于哪一年的表达式为：Year(DateAdd("d", -100, Today))。

编程实现

一、界面设计

设计界面时先设计展开的界面。

(1) 对话框界面设计：将 Form1 窗体的 FormBorderStyle 属性值设置为 FixedDialog，窗体为固定对话框，运行时不能用拖曳窗体边框的方法改变大小。

(2) 将文本框的 TextAlignment 属性值设置成 Right，使得文本框中输入的字符串右对齐。

(3) 运算符下拉式列表框的设计：单击工具箱上的 ComboBox 按钮 ComboBox，在窗体上建立下拉式列表框。单击属性窗口中 Items 属性右面的 ... 按钮，分别输入各个运算符：+、-、×、÷、Mod，每行一个运算符；设置 Text 属性值为初始值：+。

(4) 窗体设计完成后，将窗体高度减小为 180，变为图 1-4-1 的折叠界面。

二、事件过程代码

1. 单击“=”按钮的事件过程

```
Private Sub Button1_Click(ByVal sender As System.Object, ByVal e As System.EventArgs) _
                          Handles Button1.Click
    Dim s As Double
    If IsNumeric(TextBox1.Text) And IsNumeric(TextBox2.Text) And Not((ComboBox1.Text = "÷" _
            Or ComboBox1.Text = "Mod") And Val(TextBox2.Text) = 0) Then
                                        '判断两个文本框中输入的都是数值,且除数不为 0
        Select Case ComboBox1.Text      '将文本框中的数字字符转换成数值,按选择的运算符计算
            Case "+"
                s = Val(TextBox1.Text) + Val(TextBox2.Text)
            Case "-"
                s = Val(TextBox1.Text) - Val(TextBox2.Text)
            Case "×"
                s = Val(TextBox1.Text) * Val(TextBox2.Text)
            Case "÷"
                s = Val(TextBox1.Text) / Val(TextBox2.Text)
            Case "Mod"
                s = Val(TextBox1.Text) Mod Val(TextBox2.Text)
        End Select
        Label1.Text = Str(s)            '将计算结果转换成字符串,显示在标签上
    Else
        Label1.Text = "操作数错误,请重新输入!"
        If Not IsNumeric(TextBox1.Text) Then
            TextBox1.Focus()            '将插入点放回 TextBox1 文本框中
        Else
            TextBox2.Focus()            '将插入点放回 TextBox2 文本框中
        End If
    End If
End Sub
```

2. 单击“计算函数↓”或“四则运算↑”按钮的事件过程

```
Private Sub Button2_Click(ByVal sender As System.Object, ByVal e As System.EventArgs)
Handles Button2.Click
    If Button2.Text = "计算函数↓" Then
        Me.Height = 340                 '改变窗体的高度
        Button2.Text = "四则运算↑"      '改变按钮上的标题
    Else
        Me.Height = 180
        Button2.Text = "计算函数↓"
    End If
End Sub
```

注意：用 Me 来表示当前窗体，不能使用 Form1。

3. 各个函数按钮的事件过程相似，如 Abs 函数按钮的事件过程

```
Private Sub Button4_Click(ByVal sender As System.Object, ByVal e As System.EventArgs) _
        Handles Button4.Click
    TextBox3.Text = Abs(Val(TextBox3.Text))
End Sub
```

注意：在 Public Class Form1 的上面添加一行语句：

```
Imports System.Math
```

在程序中就可以直接使用 Abs 等数学函数，省略前面的“Math.”。

实践活动

1. 编写一个程序，输入 x 和 y 的值，求表达式 $\frac{|x+y|+e^5}{xy}$ 的值。

2. 编写一个程序，实现以下功能：输入直角三角形的斜边长度和一个锐角的角度，计算其面积。

提示：三角函数的参数是以弧度表示的，使用公式：角度×π÷180 得到相应的弧度。

3. 编写一个程序，实现以下功能：随机产生一个[10,20]之间的十进制偶数，并转换成八进制和十六进制数，显示这三个数值。

4. 编写一个程序，实现以下功能：输入一个 ASCII 码(32～126)，显示对应的字符；输入一个字符，显示其 ASCII 码。

5. 编写一个程序，实现以下功能：窗体上有 3 个按钮。单击“今天”按钮，显示今天的日期、星期几、是工作日还是休息日；单击“昨天”按钮，显示昨天的日期、星期几、是工作日还是休息日；单击“上月的今天”按钮，显示上个月的今天的日期、星期几、是工作日还是休息日。

拓展：若要判断是否是国定假日(如 5 月 1 日、10 月 1～3 日)，应如何编程？

活动五　图书销售

活动说明

在一些商品销售场合中，经常使用计算机逐个输入销售商品的单价和数量，最后求出合计金额。图书销售就是其中的一个例子。图 1-5-1 是图书销售的程序界面。

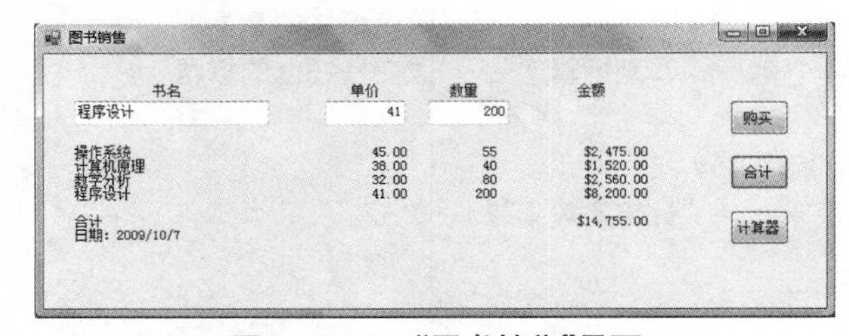

图 1-5-1　“图书销售”界面

活动分析

在图书销售的界面上有3个文本框，分别用于输入书名、单价和数量，有3个按钮："购买"、"合计"和"计算器"按钮。单击"购买"按钮后，将输入的书名、单价和数量列入清单，并计算出金额。单击"合计"按钮后，计算出合计金额。为了便于用户计算，单击"计算器"按钮，自动运行Windows的计算器程序。

为了使界面更加美观，在窗体中加上4个标签，用于输出4栏数据，使得各列数据对齐。

学习支持

一、字符串函数

1. 字符串长度

格式：**Len(s)**

功能：s是一个字符型数据。Len计算字符串所包含字符的个数。
示例：Len("Visual Basic 程序设计")的运算结果为16。

2. 字符串生成

格式：**Space(n)**

功能：n是一个整型数据。Space(n)返回由n个空格组成的字符串。
示例：Space(3)的运算结果为"□□□"(□表示1个空格)。

3. 字符串截取

格式：**Mid(s, n[, m])**、**Left(s, n)**、**Right(s, n)**

功能：s是一个字符型数据，n和m是一个整型数据。Mid返回从字符串s中的第n个字符开始的m个字符，Left返回字符串s中左边n个字符，Right返回字符串s中右边n个字符。

对于Left和Right函数，若n为0，则返回空字符串；若n大于字符串长度，返回整个字符串；对于Mid函数，若n大于字符串长度，则返回空字符串；若没有指定长度(即m省略)，则返回从第n个字符开始的所有字符。

示例：Microsoft. VisualBasic. Right("Visual Basic 2005 中文版", 3)的运算结果为"中文版", Mid("Visual Basic 2005 中文版", 8, 5) 的运算结果为"Basic"。

若文本框TextBox1中输入的是姓名，判断姓名的第二个字是否是"中"字的表达式为：Mid(TextBox1. Text, 2, 1) = "中"。

> **注意**：由于Left和Right在Windows窗体或其他一些类中作为属性，为了避免多义性，必须用Microsoft. VisualBasic命名空间对其进行限制，即使用：Microsoft. VisualBasic. Left和Microsoft. VisualBasic. Right。

4. 字符串查找

格式：**Instr([n,] s1, s2)**

功能：n 是一个整型数据，s1 和 s2 是一个字符型数据。Instr 函数在 s1 字符串中从第 n 个字符开始查找 s2 字符串，如果找到 s2 字符串，返回 s2 在 s1 中的起始位置值，否则返回 0。若省略 n，则从第一个字符开始查找。

示例：函数 InStr(15，" Visual Basic 程序设计语言是面向对象的程序设计语言"，"程序设计")的计算结果为 25，InStr(" Visual Basic 程序设计语言是面向对象的程序设计语言"，"程序设计")的计算结果为 13，InStr(" Visual Basic 程序设计语言是面向对象的程序设计语言"，" VB程序设计")的计算结果为 0。

若文本框 TextBox1 中输入的是书名，判断书名中是否含有“计算机”三个字的表达式为：InStr(TextBox1. Text，"计算机") > 0。

5. 字符串去除空格

格式：**Ltrim(s)、Rtrim(s)、Trim(s)**

功能：s 是一个字符型数据。Ltrim 的返回值是去除字符串 s 左边(前面)空格后的字符串、Rtrim 的返回值是去除字符串 s 右边(后面)空格后的字符串、Trim 的返回值是去除字符串 s 前后空格的字符串。

示例：函数 Ltrim("　边学边练　VB 程序设计　")的运算结果为"边学边练　VB 程序设计　"(不包含前面的空格、但包含后面的空格)，而函数 Trim("　边学边练　VB 程序设计　")的运算结果为"边学边练　VB 程序设计"(不包含前面和后面的空格)。

在运行“图书销售”程序时，用户在“书名”文本框中输入多余的空格，若要使得文本框中的内容没有多余空格，应加入以下事件过程代码：

```
Private Sub TextBox1_LostFocus(ByVal sender As Object, ByVal e As System.EventArgs) _
            Handles TextBox1.LostFocus
    TextBox1.Text = Trim(TextBox1.Text)
End Sub
```

6. 字符串替换

格式：**Replace(s, s1, s2[, n[, m]])**

功能：s、s1 和 s2 是一个字符型数据，n 和 m 是一个整型数据。Replace 在字符串 s 中从第 n 个字符开始，将前 m 个字符串 s1 替换为 s2，并将第 n 个字符之前的字符删除。若缺省 m，替换第 n 个字符开始的所有符合条件的字符串，若缺省 n，则从第一个字符串开始替换。

示例：Replace("abcabcabcabc"，" bc "，" 123 "，5，1)的运算结果为"123abcabc"，Replace("abcabcabcabc"，" bc "，" 123 "，，2)的运算结果为"a123a123abcabc"。

若窗体上有文本框 TextBox1、TextBox2 和 TextBox3，TextBox1 中输入了一段文字，TextBox2 中输入的是要查找的内容，TextBox3 中输入的是替换成的新内容。使用以下语句可以实现文本的替换功能：

```
TextBox1.Text = Replace(TextBox1.Text , TextBox2.Text , TextBox3.Text )
```

7. 字符串与数组元素的转换

格式：**Join(A[, d])、Split(s[, d])**

功能：A 为数组，s 和 d 是一个字符型数据。Join 以 d 为分隔符将数组 A 各元素的值连接成字符串，并作为返回值。Split 的功能与 Join 相反，它将字符串 s 以 d 为分隔符，分隔成数组元素。缺省 d 时，以空格为分隔符。

例 1-5-1：有以下程序段：

```
Dim a() As String = {"ab", "c", "defg"}
Dim s As String, b() As String
s = Join(a, "*")
b = Split(s, "*")
Label1.Text = s
```

第一行语句定义了一个名为 a 的 String 类型数组，有三个元素：a(0) = "ab"，a(1) = "c"，a(2) = "defg"；第二行语句定义了 String 类型的变量 s 和 b 数组；第三行语句将数组 a 的值连接成字符串、存入 s 变量，得到 s = "ab*c*defg"；第四行语句将 s 变量的值以“*”为分隔符，分解成数组 b 的元素，b 数组的元素值分别为：b(0) = "ab"，b(1) = "c"，b(2) = "defg"。

8. 数字字符串判断

格式：**IsNumeric(s)**

功能：s 是一个字符串。IsNumeric 判断 s 是否是一个数字字符串，若是返回 True，否则返回 False。

示例：判断文本框 TextBox1 中输入的是否是数值的表达式为 IsNumeric(TextBox1.Text)。若文本框中输入的是 1.23E10，表达式的值为 True；若输入的是 1.23A10，表达式的值为 False。

二、格式输出函数

格式输出函数 Format 可以将数值、日期和时间按指定格式转换成字符串，其格式如下：

Format(表达式，格式字符串)

其中表达式指要转换格式的数值、日期和时间表达式，格式字符串包括数值格式、日期和时间格式。格式字符串又可以分为两种：预定义格式和用户定义格式。

1. 预定义的格式

以下是部分常用的预定义格式：

(1) 不带千位分隔符的数字格式

表示不带千位分隔符的数字格式名 General Number、G 或 g 保持原有数值的小数位数，格式名 Fixed、F 或 f 则四舍五入保留两位小数。

示例：Format(1234.567,"g")和 Format(1234.567,"General Number")的运算结果都为"1234.567"；

Format(1234.567, "Fixed")的运算结果为"1234.57"；

Format(1234.5, "g")的运算结果为"1234.5"；

Format(1234.5, "f")的运算结果为"1234.50"。

(2) 带千位分隔符的数字格式

表示带千位分隔符并且四舍五入保留两位小数的数字。有两种：一种格式名是 Standard、N 或 n，另一种格式名是 Currency、C 或 c，后者与前者的区别是带有货币符号。

示例：Format(1234.567,"N")的运算结果为"1,234.57"；

Format(1234.567, "C")的运算结果为"￥1,234.57"。

(3) 百分比的数字格式

格式名 Percent 表示将数字乘以 100 后保留两位小数并加百分号(%)。

示例：Format(0.567,"Percent")的运算结果为"56.70%"。

(4) 科学表示法的数字格式

使用标准的科学表示法表示数字。格式名 Scientific 提供两个有效位，格式名 E 或者 e 提供六个有效位。

示例：Format(1234.567,"Scientific")的运算结果为"1.23E+03"；

Format(1234.567, "e")的运算结果为"1.234567E+003"。

(5) 逻辑值的格式

有三种格式名：Yes/No、True/False 和 On/Off。如果数字为 0，则显示 No(或者：否)、False、Off；否则显示 Yes(或者：是)、True、On。

(6) 日期的格式

根据区域设置显示日期。格式名 Date、Medium Date 或 D 表示长日期格式，格式名 Short Date 或者 d 表示短日期格式。

示例：假设今天是 2009 年 8 月 25 日，Format(Now, "Long Date")的运算结果为"2009 年 8 月 25 日"；

Format(Now, "Short Date")的运算结果为"2009/8/25"。

提示：区域设置是通过 Windows 的控制面板中的"区域和语言选项"进行设置的。

(7) 时间的格式

根据区域设置显示时间。格式名 Long Time、Medium Time 或 T 表示长时间格式，格式名 Short Time 或者 t 表示短时间格式。

示例：假设现在是 17 点 53 分 25 秒，Format(Now, "T")的运算结果为"17:53:25"；Format(Now, "t")的运算结果为"17:53"。

(8) 日期和时间的格式

同时显示日期和时间。格式名 General Date 或者 G，根据区域设置显示日期和时间；格式名 R 或者 r，以英语格式显示日期和时间。

示例：假设现在是 2009 年 8 月 25 日 17 点 53 分 25 秒，Format(Now, "G")的运算结果为"2009/8/25 17:53:25"；Format(Now, "R")的运算结果为"Tue, 25 Aug 2009 17:53:25 GMT"。

2. 常用的用户定义数字格式

(1) 0 和 #

符号"0"和"#"用于决定显示数值整数部分和小数部分的位数。其相同之处是：若数值整数部分的位数多于格式字符串的位数，按实际数值返回；若小数部分的位数多于格式字符串的位数，按四舍五入计算。不同之处是：当数值的位数少于格式字符串的位数时，"0"格式将不足部分补 0，而"#"则不显示。

示例：Format(123.456, "0.00")和 Format(123.456, "#.##")的运算结果都为"123.46"。

Format(123.456, "00000.0000")的运算结果为"00123.4560"。

Format(123.456, "#####.####")的运算结果为"123.456"。

(2) . 和 ,

符号"."表示加小数点，","表示加千分位。

示例：Format(1234.56，"0,000.00")的运算结果为"1,234.56"。

Format(1234，"0,000.00")的运算结果为"1,234.00"。

(3) %

将数值乘以 100 加"%"，结果为百分比形式。

示例：Format(0.12346，"##.00%")的运算结果为"12.35%"。

(4) $

在指定位置加"$"符号。

示例：Format(1234.56，"$#,##0.00")的运算结果为"$1,234.56"。

Format(0.123456，"$#,##0.00")的运算结果为"$0.12"。

3. 常用的用户自定义日期和时间格式

(1) 日期

yy 和 yyyy 显示年份，yy 以两位数显示年份，yyyy 以四位数显示年份；

M、MM 和 MMMM 显示月份，M 显示 1～12，MM 显示 01～12，MMMM 显示月份名称：一月～十二月；

d 和 dd 显示日，d 显示 1～31，dd 显示 01～31；

ddd 和 dddd 显示星期名，ddd 显示：日～六，dddd 显示：星期日～星期六。

示例：若当前日期为 2009 年 8 月 24 日，Format(Today，"MMMM")的运算结果为"八月"，而 Format(Today，"M 月 d 日 dddd")的运算结果为"8 月 24 日星期一"。

提示：M 和 d 既可作为预定义格式，又可作为用户定义格式。为了与预定义格式符区分，如果作为用户定义的格式中的唯一字符，应在前面加"%"。例如：Format(Today，"%M")、Format(Today，"%d")。

(2) 时间

h 和 hh 按 12 小时制显示小时，前者前导带 0，h 显示 0～11，hh 显示 00～11；

H 和 HH 按 24 小时制显示小时，前者前导带 0，H 显示 0～23，HH 前导带数字 00～23；

m 和 mm 显示分钟，前者前导带 0，m 显示 0～59，mm 显示 00～59；

s 和 ss 显示秒，前者前导带 0，s 显示 0～59，ss 显示 00～59；

tt 显示上午或下午。

示例：若当前时间是 2009 年 8 月 24 日 21 时 18 分 8 秒，函数 Format(Now，"M/d/yyyy H:mm")的计算结果为"8/24/2009 21:18"，而函数 Format(Now，"M/d/yyyy h:mm")的计算结果为"8/24/2009 9:18"。

三、Shell 函数

在 VB.NET 中，通过 Shell 函数可以调用 DOS 或 Windows 下的可执行程序。其格式如下：

Shell(命令字符串[，窗口类型])

其中命令字符串是要执行的应用程序命令，包括路径和文件名。窗口类型表示执行应用程序时显示窗口的大小，为 AppWinStyle 枚举成员。当函数成功调用时返回一个任务标识 ID，用于测试判断应用程序是否正常运行。

示例：执行语句 f = Shell ("c:\windows\System32\calc.exe"，AppWinStyle.

NormalFocus)将运行 Windows 的“计算器”程序。

如果在文本框 TextBox1 中输入了要打开的文本文件的路径和文件名，使用下列语句将运行 Windows 的“记事本”程序，并打开指定的文本文件，窗口以最大化显示：

```
i = Shell("c:\windows\System32\notepad.exe " + TextBox1.Text, AppWinStyle.MaximizedFocus)
```

编程实现

一、界面设计

在窗体界面中，输入单价和数量的文本框的 TextAlign 属性值为 Right，用 4 个标签分别显示书名、单价、数量和金额 4 栏内容，显示书名内容的标签的 TextAlign 属性值为 TopLeft，右面 3 个标签的 TextAlign 属性值为 TopRight。

二、事件过程代码

1. 通用声明段的程序代码

```
Dim sum As Single
```

提示：在通用声明段声明的变量可以被窗体中任何过程调用。

2. 窗体的 Load 事件过程代码

```
Private Sub Form1_Load(ByVal sender As System.Object, ByVal e As System.EventArgs) _
        Handles MyBase.Load
    sum = 0                              '为变量 sum 赋初值，用于保存合计金额
End Sub
```

3. 单击“购买”按钮的事件过程代码

```
Private Sub Button1_Click(ByVal sender As System.Object, ByVal e As System.EventArgs) _
        Handles Button1.Click
    Dim s As Single
    If IsNumeric(TextBox2.Text) And IsNumeric(TextBox3.Text) Then
        Label2.Text = Label2.Text & TextBox1.Text & vbCrLf
        Label3.Text = Label3.Text & Format(Val(TextBox2.Text), "###.00") & vbCrLf
                                          '显示两位小数
        Label4.Text = Label4.Text & Val(TextBox3.Text) & vbCrLf
        s = Val(TextBox2.Text) * Val(TextBox3.Text)
        sum = sum + s                     '将计算出的金额累加到 sum 变量中
        Label5.Text = Label5.Text & Format(s, "$##,###.00") & vbCrLf
                                          '数字前加$符号，并加千分位
    Else
        If Not IsNumeric(TextBox2.Text) Then
            TextBox2.Focus()
        Else
            TextBox3.Focus()
        End If
    End If
End Sub
```

4. 单击“合计”按钮的事件过程代码

```
Private Sub Button2_Click(ByVal sender As System.Object, ByVal e As System.EventArgs) _
        Handles Button2.Click
    Label2.Text = Label2.Text & vbCrLf & "合计" & vbCrLf & "日期: " & Format(Now, "d")
    Label5.Text = Label5.Text & vbCrLf & Format(sum, "$###,###.00")
End Sub
```

5. 单击“计算器”按钮的事件过程代码

```
Private Sub Button3_Click(ByVal sender As System.Object, ByVal e As System.EventArgs) _
        Handles Button3.Click          '单击“计算器”按钮
    Dim f As Integer
    f = Shell("c:\windows\System32\calc.exe", AppWinStyle.NormalFocus)
                                       '运行计算器程序
End Sub
```

实践活动

1. 编写一个显示成绩单的程序。输入课程名称和成绩后，单击“显示”按钮，检查成绩是否是数字，若是数字，则显示课程名称和成绩；否则清除成绩，将焦点移到“成绩”文本框，重新输入。“成绩”文本框中最多输入3位数字。单击“清除”按钮，清除窗体上显示的课程名称和成绩，并清除“课程名称”和“成绩”文本框中的内容。如图1-5-2所示。

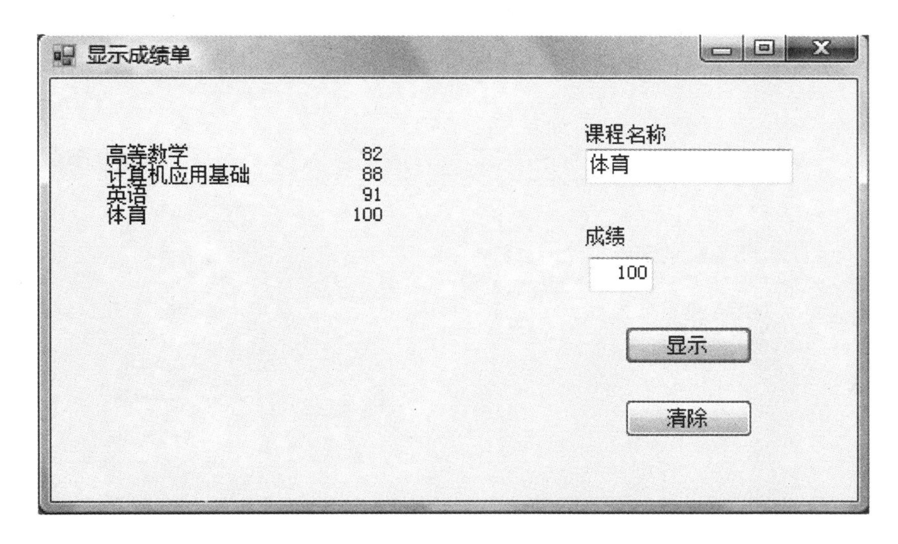

图1-5-2 “显示成绩单”程序界面

2. 编写一个程序，其窗体上有2个文本框和1个标签，当在左面的文本框中输入一个字符，则在右面的文本框中立即显示出该字符，并将该字符插入到最前面，同时在标签上显示出共输入了几个字符。例如，依次输入字母a、b、c，在右面的文本框中依次显示：a、ba、cba，在标签上先后显示：输入了1个字符、输入了2个字符、输入了3个字符。如图1-5-3所示。

图 1-5-3 “倒序的字符”程序界面

提示：在文本框的 KeyPress 事件过程中编写程序，用 e.KeyChar 获得当时按键的字符。

思考：在文本框的 KeyPress 事件过程中，Len(TextBox1.Text)和 Len(TextBox2.Text)得到的值是否相同？为什么？

3. 编写一个程序，具有以下功能：窗体上有 1 个标签、3 个文本框和 2 个按钮，3 个文本框中依次输入文本内容、要查找的内容和替换成新的内容。单击“替换”按钮，在第 1 个文本框中查找是否存在要查找的内容，如果存在，则全部替换成新的内容；否则，在标签上显示“没找到”字样。单击“退出”按钮，结束程序的运行。

拓展：如果要逐个替换，应该如何编程？

4. 编写一个程序，统计某位职工加班时间，并计算加班补贴。要求：单击“登记”按钮后，把加班信息显示在标签上，日期左对齐、时间右对齐。单击“合计”按钮，显示合计天数和加班补贴（假设一天加班补贴为 300 元），加班补贴金额以千分位、保留两位小数、带货币符号形式显示。如图 1-5-4 所示。

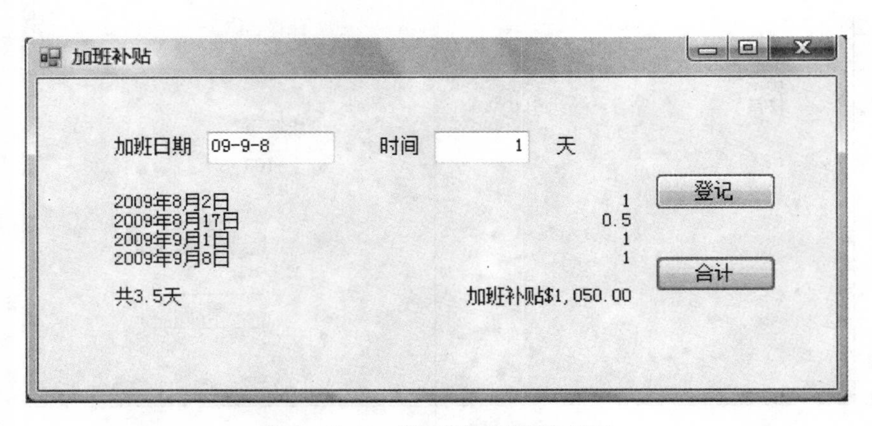

图 1-5-4 “加班补贴”程序界面

提示：定义一个日期型变量，将“加班日期”文本框的内容赋值给日期变量，通过 Format 函数将日期变量的值显示为图 1-5-4 中的日期格式。

5. 编写一个程序，具有以下功能：在文本框中输入文本文件的文件名和路径，单击“记事本”按钮，运行 Windows 的“记事本”应用程序，并打开文本文件。单击“画图”按钮，运行 Windows 的“画图”应用程序，并且使窗口最大化。如图 1－5－5 所示。

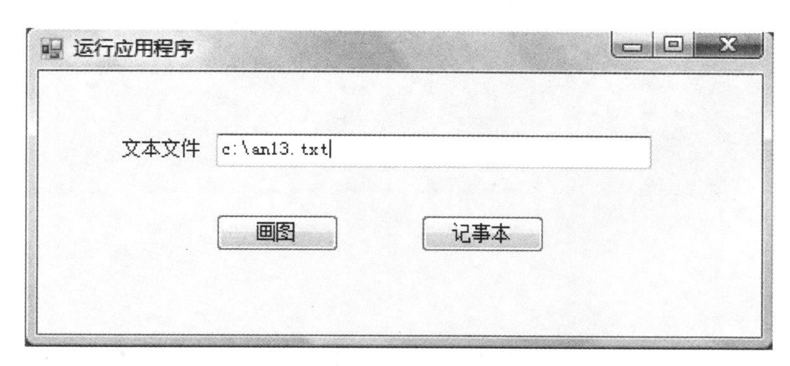

图 1－5－5　“运行应用程序”程序界面

提示：查找“画图”应用程序的文件名和路径的方法是：选择“开始”→“所有程序”→“附件”，将鼠标指向“画图”选项并右单击，选择“属性”命令，在打开的对话框“快捷方式”选项卡中查看目标文件名和路径。

项目二　经典计算

与任何程序设计语言一样，对于 VB.NET 具体的程序设计本身，仍然要用到结构化程序设计的方法。结构化程序设计就是把一个应用程序划分成若干个基本结构，用以控制程序执行的流程。结构化程序设计提供了 3 种基本控制结构——顺序结构、分支结构和循环结构。使用这 3 种基本控制结构可以解决任何复杂的问题。算法是对具体问题求解过程的描述，程序是用计算机语言表述的算法。对计算机程序设计语言初学者，应掌握一些常用算法，因为它是编程的基础。

活动一　数字求和

活动说明

从键盘上输入一个正整数 x(不超过 3 位)，单击“计算”命令按钮，计算该数每位数字之和。输出界面如图 2-1-1 所示。

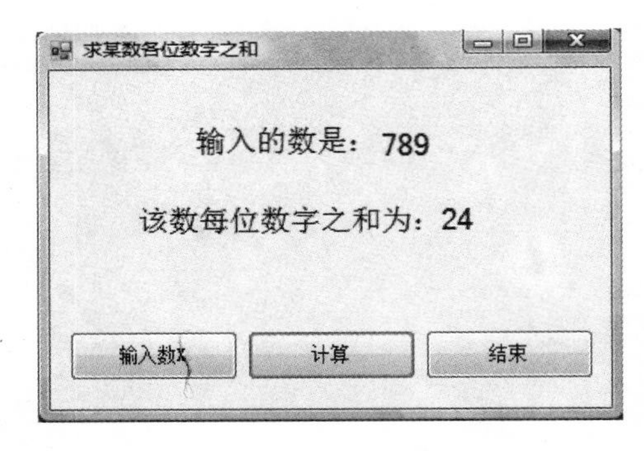

图 2-1-1　“数字求和”程序界面

活动分析

在窗体上添加 4 个标签，3 个命令按钮，各控件的属性设置见图 2-1-1。程序开始运行，单击“输入数 x”按钮，打开输入对话框，在输入框中输入一个数，单击“确定”按钮，如图 2-1-2 所示。若输入的数超过 3 位，则显示输入错误的输出对话框，如图 2-1-3 所示。单击“计算”按钮，将每位数字相加，结果显示在相应的控件上。单击“结束”按钮，结束程序运行。

本活动要求计算正整数 x 各位上的数字，若 x 的值为 789，通过语句 a=x\100，b=x\10 Mod 10，c=x Mod 10 可以计算出其百位、十位和个位上的数字。其中语句 b=x\10 Mod 10 的计算过程是：先计算 789\10，得到值 78，然后计算 78 Mod 10，结果为 8；最后把 8 赋给变量 b，s 变量表示回车换行符。

本活动中使用了赋值语句、InputBox 函数、MsgBox 函数、If 条件语句。语句“If

x > 999　Then MsgBox (" x 超过 3 位了,错误!, 点击" "确定" "按钮重新输入")”为 If 条件语句,其语法及作用将在活动二中详细介绍。

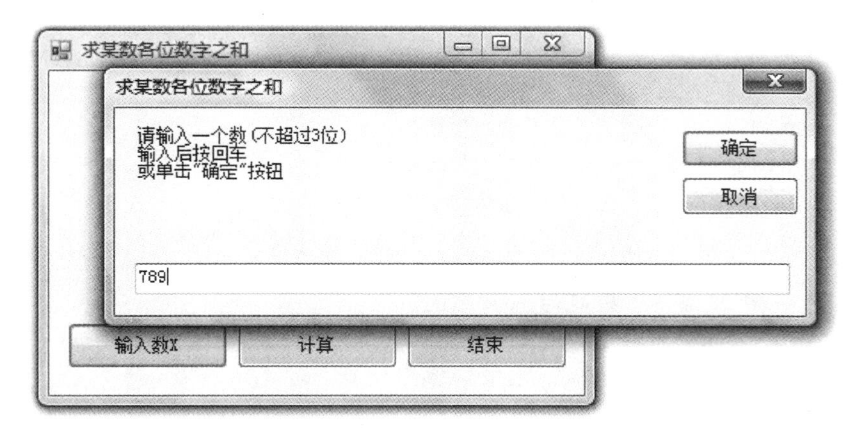

图 2-1-2　输入对话框

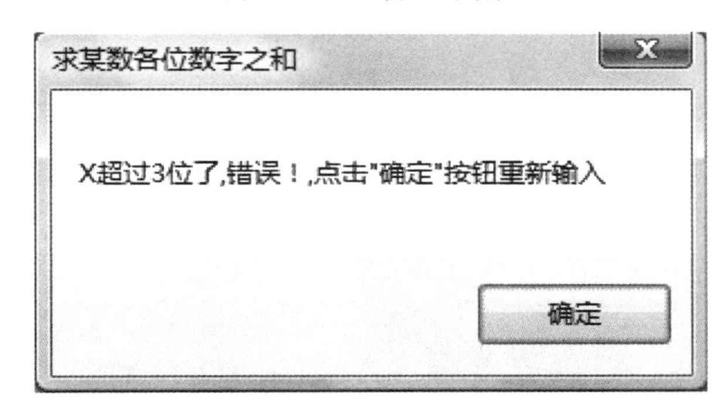

图 2-1-3　显示错误信息框

学习支持

一、顺序结构

在程序设计中,顺序结构是一类最简单的结构。顺序结构的特点是:程序按照语句在代码中出现的顺序自上而下地逐条执行;顺序结构中的每一条语句都被执行,而且只能被执行一次,各语句按出现的先后次序执行。

顺序结构流程图如图 2-1-4 所示。

在顺序结构程序设计中用到的典型语句是:赋值语句、输入和输出语句。

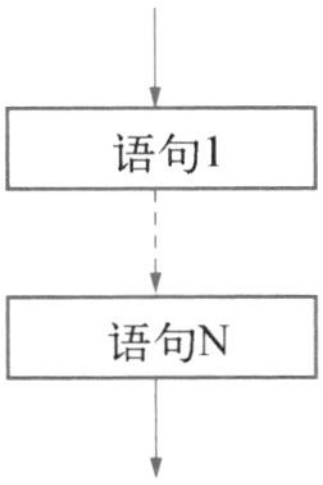

语句1

语句N

图 2-1-4　顺序结构流程图

二、赋值语句

本活动中使用到一个程序设计中最基本的语句:赋值语句。

赋值语句的一般形式为:

[Let] 变量名=表达式

其中:“Let”表示赋值,通常省略。“=”称为赋值号。“表达式”可以是任何类型的表达式,一般其类型应与变量的类型一致。赋值语句的作用是：计算赋值号右侧表达式的值，然后将计算结果赋给左侧的变量或属性。

例 2-1-1：

```
1. Dim x, a,b,c As Integer
   x = 789                        '给变量 x 赋值
   a = x \ 100                    '求百位数 7
   b = x \ 10 Mod 10              '求十位数 8
   c = x Mod 10                   '求个位数 9
2. TextBox1.Text = "Hello"        '给文本框的 Text 属性赋值
```

提示：1. 一个赋值语句只能对一个变量赋值。

2. 赋值号左边的变量只能是变量，不能是常量、符号常量、表达式。

3. 不能把非数值字符串的值赋值给数值型变量。

4. 赋值号两边同为数值型，将右边的表达式值转换成左边变量的类型后赋值。

5. 要在一行中给多个变量赋值，可以用冒号将语句与语句之间隔开，如：

```
x = 1: y = 1: z = 1
```

6. "="在赋值语句中作为赋值号，而在表达式中作为关系运算符。

假设 a 是字符型变量，x 和 y 是整型变量。下列语句不是合法的赋值语句：

x+y=a　　　　（等号左边是表达式）；

x=" Visual Basic . NET "　　　　（数据类型不匹配）；

x=y=1　　　　（不能同时对多个变量赋值）。

提示：给变量赋值和设置属性值是 VB. NET 编程中常见的两个任务。以下是常用的赋值语句形式：

1. Sum = Sum + x　　与循环结构结合使用，起到累加作用；
2. i = i + 1　　与循环结构结合使用，起到计数器作用；
3. t = x
x = y
y = t　　交换两个变量中的值；
4. 对象名.属性名 = 属性值　　在程序中设置对象属性。

三、复合赋值语句

在 VB. NET 中增加了复合赋值运算符及复合赋值语句，复合赋值语句的形式为：

变量名　复合赋值运算符＝表达式

其中，复合赋值运算符有：+=、-=、*=、\=、/=、^=、&=

作用：计算赋值号右边表达式的值，然后与赋值号左边的变量进行相应的运算，最后赋值给赋值号左边的变量。

复合赋值语句常用于以下几个方面：

1. 累加

```
sum += s      等价于      sum = sum + s
```

表示将变量 s 的值与变量 sum 的值相加，结果赋值给变量 sum。通常与循环结构结合使用，起到累加的作用。

2. 连乘

```
n *= i    等价于    n = n * i
```

表示将变量 i 的值与变量 n 的值相乘，结果赋值给变量 n。通常与循环结构结合使用，起到连乘的作用，如求阶乘。

3. 显示多行信息

复合赋值语句使用得最多的是“&=”运算符。要显示多行信息，一般是利用文本框、标签，通过“&=”来实现显示。

例 2-1-2：

```
Label1.Text = "大家好！" & vbCrlf
Label1.Text &= "欢迎选修 VB.NET"
```

其中，“& vbCrlf”表示另起一行，“&=”表示在 Label 1 控件中的内容后面连上字符串内容，并在 Label 1 控件中显示。这种方法在数据显示中经常用到，也可以用于文本框 TextBox，效果如图 2-1-5 所示。

图 2-1-5　显示多行信息

四、输入语句

VB. NET 的输入有着十分丰富的内容和形式，在 VB. NET 中，一般使用文本框、输入框（InputBox 函数）等实现输入操作。如：

```
a = TextBox1.Text
x = InputBox("输入 x：")
```

InputBox 是提供从键盘输入数据的函数。它可以产生一个对话框，这个对话框作为输入数据的界面，等待用户输入数据，并返回所输入的内容。其一般形式为：

InputBox(提示信息[,[对话框标题][,[默认内容][,[x 坐标位置][,[y 坐标位置]]]]])

其中：

“提示信息”：必需的。字符串表达式，在对话框中作为信息显示，用来提示用户输入。

“对话框标题”：可选的。字符串表达式，显示对话框标题。如果省略，则把应用程序名放入标题栏中。

“默认内容”：可选的。字符串表达式，显示文本框中。在没有其他输入时作为缺省值。如果省略，则文本框为空。

“x 坐标位置”、“y 坐标位置”：可选的。数值表达式，坐标确定对话框左上角在屏幕上的位置，屏幕左上角为坐标原点，单位为 twip。

InputBox 函数的作用是：打开一个对话框，等待用户输入内容，当用户单击“确定”按钮或按回车键时，函数返回字符串类型的输入值。

InputBox 函数的用法是：

变量名= InputBox(提示信息[,[对话框标题][,[默认内容][,[x 坐标位置][,[y 坐标位置]]]]])

例 2-1-3：在活动说明里“求各位数字之和”中如图 2-1-2 所示的打开输入对话框，在输入框中输入一个数的程序段为：

```
Dim c1 As String, c2 As String, c3 As String, s As String,X As Integer
s  = Chr(13) + Chr(10)                     ' Chr(13)为回车符,Chr(10)为换行符
c1 = "请输入一个数(不超过3位)"
c2 = "输入后按回车"
c3 = "或单击"确定"按钮"
x  = Val(InputBox(c1 + s  + c2 + s  + c3))
```

提示：① InputBox 的返回值是一个字符串。如果需要将输入的数值参加算术运算，必须在进行运算前用 Val 函数把它转换为数值类型。

② 每执行一次 InputBox 函数只能输入一个值，如果需要输入多个值，则必须多次调用 InputBox 函数。这时，通常与循环语句、数组结合使用。

③ 对话框显示的信息，若要分多行显示，必须加回车换行符，即 Chr(13)＋Chr(10) 或 VB 系统常量 vbCrLf。

例 2-1-4：求解鸡兔同笼问题：已知在同一笼子里有鸡和兔共 H 只，鸡和兔脚的总数为 F，问笼中鸡和兔各多少只？

分析：设 x 为鸡的只数，y 为兔的只数，根据题意得：

$$x+y=H$$

$$2x+4y=F$$

即

$$x=H-y$$

$$y=F/2-H$$

用 InputBox 函数输入 H 和 F 的值，即可求得结果。为了减少程序量，本程序规定输入的总脚数是偶数并且脚数大于头数的 2 倍。

编程如下：

```
Public Class Form1
    Private Sub Button1_Click(ByVal sender As System.Object, ByVal e As System.EventArgs) _
            Handles Button1.Click
        Dim H, F, x, y As Integer
        H = Val(InputBox("请输入鸡和兔的总头数"))
        F = Val(InputBox("请输入鸡和兔的总脚数"))
        y = F / 2 - H
        x = H - y
        Label1.Text = "有" & x & "只鸡," & y & "只兔"
    End Sub
End Class
```

五、输出语句

用 VB.NET 解决问题后，应将执行的结果显示给用户，这就需要进行数据的输出操作。在 VB.NET 中，一般使用文本框、标签、MsgBox 函数、MsgBox 方法、Write 方法、WriteLine 方法等实现输出操作。Write 和 WriteLine 方法将在项目八中详细叙述。

MsgBox 用于输出数据，它会在屏幕上显示一个对话框。它可以向用户传递信息，并可通

过用户在对话框上的选择接收用户所作的响应，作为程序继续执行的依据。

1. MsgBox 函数

MsgBox 函数的一般形式为：

MsgBox(提示信息[,[按钮][,标题]])

其中：

“提示信息”：该项是必需的。字符串表达式，作为在对话框中的信息显示。

“按钮”：该项是可选的。是一个枚举类型的 MsgBoxStyle 值，决定信息框按钮的数目、形式及出现在信息框上的图标类型，其设置见表 2-1-1。

表 2-1-1 “按钮”设置值及意义

分类	内部常数	枚举值	值	描述
按钮类型	vbOKOnly	OKOnly	0	只显示“确定”按钮。
	VbOKCancel	OKCancel	1	显示“确定”、“取消”按钮。
	VbAbortRetryIgnore	AbortRetryIgnore	2	显示“终止”、“重试”、“忽略”按钮。
	VbYesNoCancel	YesNoCancel	3	显示“是”、“否”、“取消”按钮。
	VbYesNo	YesNo	4	显示 “是”、“否”按钮。
	VbRetryCancel	RetryCancel	5	显示 “重试”、“取消”按钮。
图标类型	VbCritical	Critical	16	显示关键信息图标
	VbQuestion	Question	32	显示询问信息图标
	VbExclamation	Exclamation	48	显示警告信息图标
	VbInformation	Information	64	显示信息图标
默认按钮	VbDefaultButton1	DefaultButton1	0	默认按钮为第 1 个按钮
	VbDefaultButton2	DefaultButton2	256	默认按钮为第 2 个按钮
	VbDefaultButton3	DefaultButton3	512	默认按钮为第 3 个按钮

“标题”：该项是可选的。字符串表达式，作为对话框的标题。如果省略，则把应用程序名放入标题栏中。

MsgBox 函数作用：打开一个信息框，在对话框中显示提示信息，等待用户选择一个按钮，并返回相应的值。MsgBox 函数的返回值用整型或 MsgBoxResult 的枚举值表示，意义见表 2-1-2。

表 2-1-2 MsgBox 函数返回值的意义

被单击的按钮	内部常数	枚举值	返回值
确定	vbOK	OK	1
取消	vbCancel	Cancel	2
终止	vbAbort	Abort	3

续 表

被单击的按钮	内部常数	枚举值	返回值
重试	vbRetry	Retry	4
忽略	vbIgnore	Ignore	5
是	vbYes	Yes	6
否	vbNo	No	7

提示：① MsgBox 函数用法如下：

变量名＝MsgBox(提示信息[,按钮][,标题])

② MsgBox 函数作为函数调用，返回用户在对话框中所选的按钮值，通常用来作为继续执行程序的依据，根据该返回值决定其后的操作。

例 2-1-5：下列程序当点击“数据验证”按钮时，在消息框中提供“是”和“否”两个按钮供用户选择，并显示询问信息图标 ?。单击“是”表示正确，显示正确信息框，单击“否”表示不正确，并结束程序运行，界面如图 2-1-6 所示。

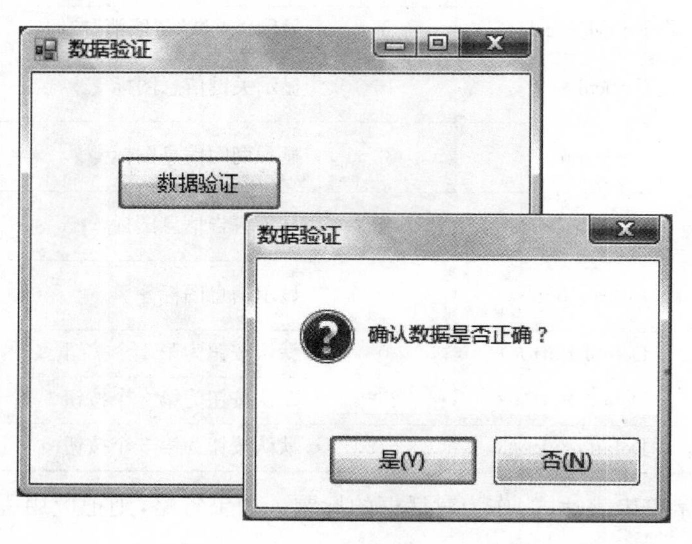

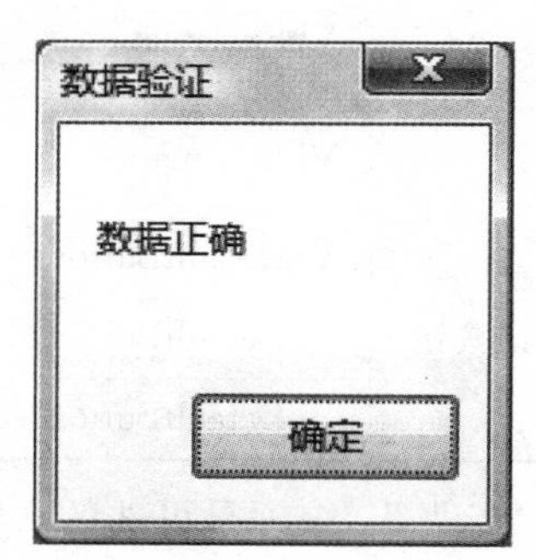

图 2-1-6　信息对话框

程序代码如下：

```
Public Class Form1
    Private Sub Button1_Click(ByVal sender As System.Object, ByVal e As System.EventArgs) _
            Handles Button1.Click
        Dim i As Integer
        i = MsgBox("确认数据是否正确? ", MsgBoxStyle.YesNo + MsgBoxStyle.Question, "数据验证")
        If i =  MsgBoxResult.Yes Then
```

```
            MsgBox("数据正确","数据验证")
        Else
            End
        End If
    End Sub
End Class
```

提示：① 上述程序段中语句：

i = MsgBox（"确认数据是否正确？"，MsgBoxStyle.YesNo + MsgBoxStyle.Question，"数据验证"）等价于：i = MsgBox（"确认数据是否正确？"，vbYesNo + vbQuestion，"数据验证"）

又等价于：i = MsgBox("确认数据是否正确？"，4 + 32，"数据验证")

也等价于：i = MsgBox("确认数据是否正确？"，36，"数据验证")

② 语句行：If i = MsgBoxResult.Yes Then

等价于：If i = 6 Then

2. MsgBox 方法

MsgBox 方法一般形式为：

MsgBox（提示信息[,[按钮][,标题]]）

其参数的意义与 MsgBox 函数相同。

MsgBox 语句作用：打开一个信息框对话框，在对话框中显示消息，等待用户选择一个按钮，但不返回值。

提示：MsgBox 语句作为过程调用，无返回值，一般用于简单信息显示。

3. Write 和 WriteLine 方法

Write 和 WriteLine 方法可在调试窗口输出信息。

Write 输出时不换行、WriteLine 输出时换行。

输出方法：

Debug. WriteLine(表达式)

Debug. Write（表达式）

编程实现

事件过程代码如下：

```
Public Class Form1
    Dim x As Integer
```

提示：为了使得输入数 x 的值能够在另一个事件过程（单击“计算”按钮的事件过程）中使用，应在窗体声明段中先声明变量。

```
    Private Sub Button1_Click(ByVal sender As System.Object, ByVal e As System.EventArgs) _
            Handles Button1.Click                                         '单击"输入数X"按钮
        Dim c1 As String, c2 As String, c3 As String, s As String
        s = Chr(13) + Chr(10)
        c1 = "请输入一个数(不超过3位)"
        c2 = "输入后按回车"
        c3 = "或单击" "确定" "按钮"
        x = Val(InputBox(c1 + s + c2 + s + c3))
        If x > 999 Then MsgBox(" x超过3位了,错误!,点击" "确定" "按钮重新输入")
    End Sub

    Private Sub Button2_Click(ByVal sender As System.Object, ByVal e As System.EventArgs) _
            Handles Button2.Click                                         '单击"计算"按钮
        Dim a, b, c As Integer
        a = x \ 100            '求百位数
        b = x \ 10 Mod 10      '求十位数
        c = x Mod 10           '求个位数
        Label1.Text = "输入的数是:"
        Label2.Text = x
        Label3.Text = "该数每位数字之和为:"
        Label4.Text = a + b + c
    End Sub

    Private Sub Button3_Click(ByVal sender As System.Object, ByVal e As System.EventArgs) _
            Handles Button3.Click                                         '单击"结束"按钮
        End
    End Sub
End Class
```

实践活动

1. 编程计算二次函数 $y=6x^2+5x+12$ 的值，x 由键盘输入，其值在(0,10)之间，默认值为 0。输出界面如图 2-1-7 和图 2-1-8 所示。

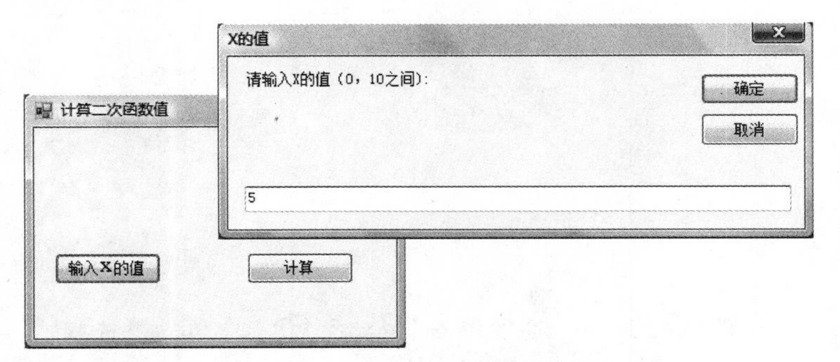

图 2-1-7　输入 x 值的输入框

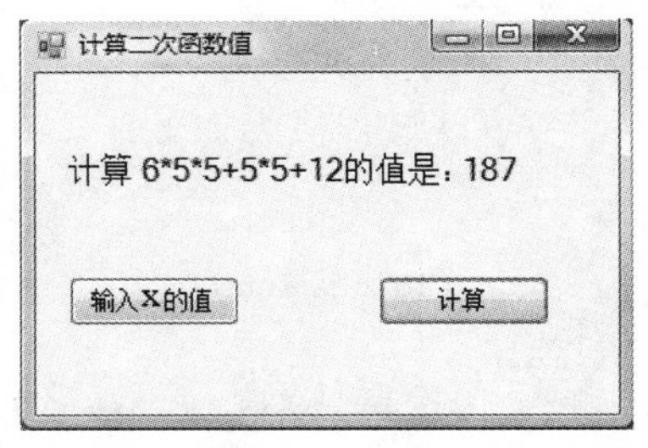

图 2-1-8　输出界面

提示：① 在声明段定义变量 x，即 Dim x As Single。

② 单击“输入 x”命令按钮的事件过程程序代码为：

```
Private Sub Button1_Click(ByVal sender As System.Object, ByVal e As System.EventArgs) _
Handles Button1.Click
    Label1.Text = " "
    Label2.Text = " "
    x = Val(InputBox("请输入 X 的值(0,10 之间)：", "X 的值", 0))
    Label1.Text = "计算 6 *" & x & "*" & x & "+" & "5 *" & x & "+12 的值是："
End Sub
```

③ 单击“计算”命令按钮的事件过程程序代码为：

```
Private Sub Button2_Click(ByVal sender As System.Object, ByVal e As System.EventArgs) _
Handles Button2.Click
    Label2.Text = 6 * x * x + 5 * x + 12
End Sub
```

2. 编写程序。交换两个文本框中的内容，输出界面如图 2-1-9(a)和(b)所示。

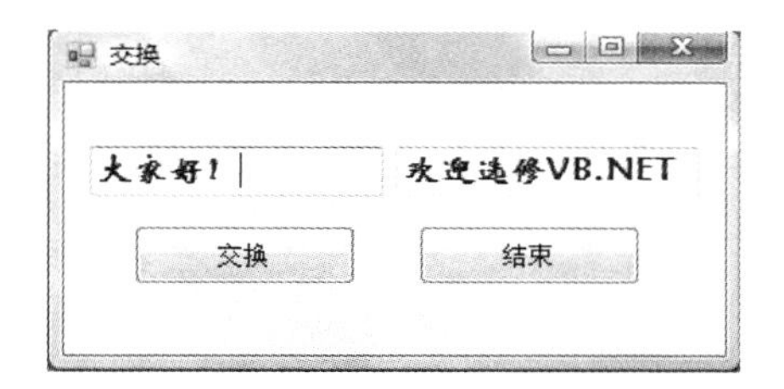

图 2-1-9(a)　交换之前的界面

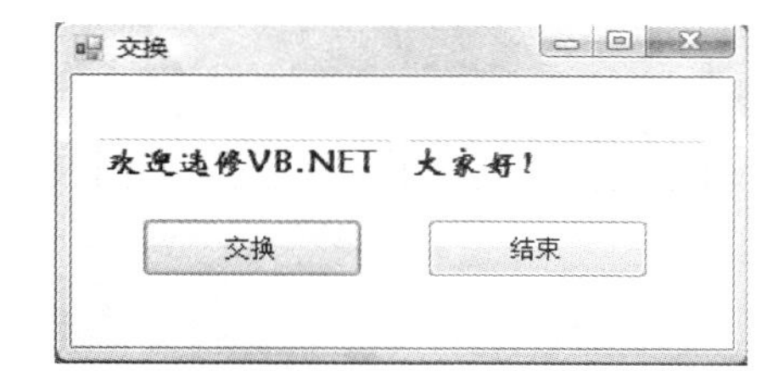

图 2-1-9(b)　交换之后的界面

提示：为了实现文本框中内容的交换，需要设置一个临时变量 S，用以下程序代码实现交换：

```
Dim s As String
s = TextBox1.Text
TextBox1.Text = TextBox2.Text
TextBox2.Text = s
```

拓展：编写一个程序，用 InputBox 从键盘输入两个数，实现两数交换。

3. 编写程序。随机产生 3 个两位正整数，统计并输出平均值。要求 3 个随机数在文本框中显示，单击“计算”按钮，显示计算结果，单击“下一题”按钮产生下一组随机数，单击“退出”按钮，结束程序运行。如图 2-1-10 所示。

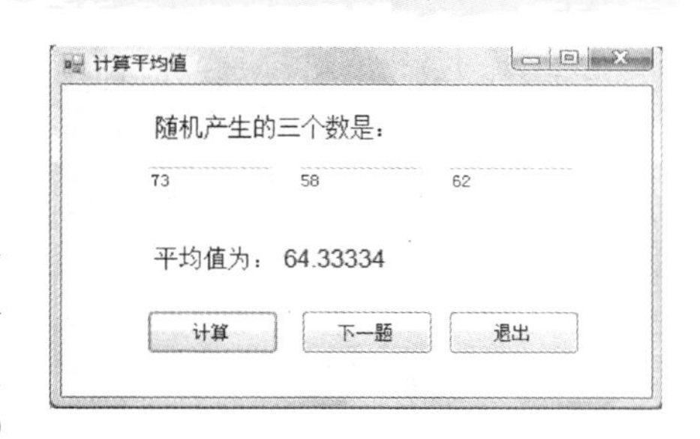

图 2-1-10　“计算平均值”程序界面

提示：① 随机产生两位正整数：

```
Private Sub Form1_Load(ByVal sender As System.Object, ByVal e As System.EventArgs) _
        Handles MyBase.Load
    TextBox1.Text = Int(Rnd() * 90) + 10
    TextBox2.Text = Int(Rnd() * 90) + 10
    TextBox3.Text = Int(Rnd() * 90) + 10
End Sub
```

② 单击"计算"按钮的事件过程程序代码为：

```
Private Sub Button1_Click(ByVal sender As System.Object, ByVal e As System.EventArgs) _
        Handles Button1.Click
    Dim ave As Single
    ave = (Val(TextBox1.Text) + Val(TextBox2.Text) + Val(TextBox3.Text)) /3
    Label3.Text = ave
End Sub
```

③ 单击"下一题"按钮的事件过程程序代码为：

```
Private Sub Button2_Click(ByVal sender As System.Object, ByVal e As System.EventArgs) _
        Handles Button2.Click
    TextBox1.Text = Int(Rnd() * 90) + 10
    TextBox2.Text = Int(Rnd() * 90) + 10
    TextBox3.Text = Int(Rnd() * 90) + 10
    Label3.Text = " "
End Sub
```

拓展：使用 MsgBox 方法编程，将结果输出。

活动二　模拟出租车收费

活动说明

编写一个模拟出租车收费的程序。假设：当里程数<=3 公里，车价=起步价(11 元)；当 3 公里<里程数<=10 公里，车价=起步价(11 元)+(里程数 － 起步里程数(3 公里))×每公里单价(2.1 元)；

当里程数>10 公里，车价=起步价(11 元)+(远程里程标准(10 公里)－ 起步里程数(3 公里))×每公里单价(2.1 元)+ (里程数 － 远程里程标准(10 公里)) ×远程每公里单价(3.2 元)；

等候时间 5 分钟算 1 公里，但满 2.5 分钟计价 1 元。

为了简化程序，本题计费时间段为早上 5 点到晚上 11 点之间，对等候时间只作简单处理，即只计算等候时间 5 分钟算 1 公里的情况，其他忽略。程序运行界面如图 2-2-1 所示。

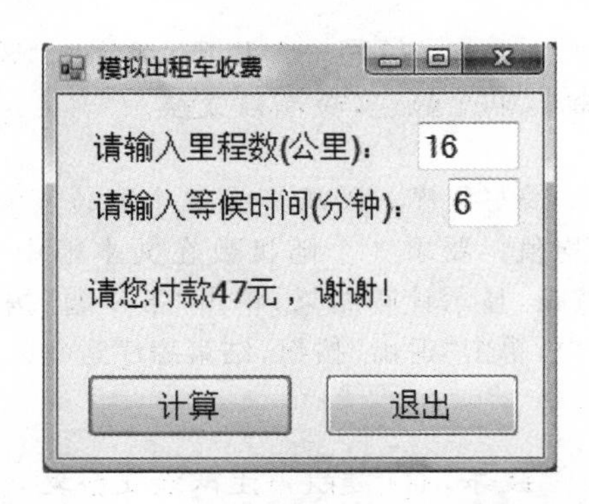

图 2-2-1　"模拟出租车收费"窗口界面

活动分析

在程序界面中，设置3个标签，其中2个用于提示信息，如"请输入里程数(公里)："和"请输入等候时间(分钟)："；2个文本框用于输入信息，分别输入里程数及等候时间；2个命令按钮，分别用于计算及退出。设变量x表示里程数，变量s表示等候时间，变量y表示付款金额。单击"计算"按钮：

a) 根据所输入的里程数x，由对应的公式计算出相应的金额y。

b) 若有等候时间，则根据s的值，由公式(s \ 5) * 2.1 计算出对应的金额。

c) 出租车收费总金额：y=y+(s \ 5) * 2.1

单击"退出"按钮，结束程序。

本活动使用了分支结构来进行判断。

学习支持

一、分支结构

分支结构又称选择结构，用来解决有选择、有转移的诸多问题。分支结构的特点是：在程序执行时，根据不同的"条件"，选择执行不同的程序语句。VB中提供了多种形式的条件语句来实现分支结构。

二、If条件语句

If条件语句有多种形式：单分支、双分支和多分支等。

1. If ... Then语句(单分支结构)

If ... Then语句一般形式为：

(1) **If** <条件表达式> **Then**

<语句块>

End If

(2) **If** <条件表达式> **Then** <语句>

其中："条件表达式"是一个关系表达式或逻辑表达式。

"语句块"可以是一条或多条语句。

If条件语句的作用：当表达式的值为True或非零时，执行Then后面的语句块(或语句)，否则执行End If语句后面的语句。单分支结构流程图如图2-2-2所示。

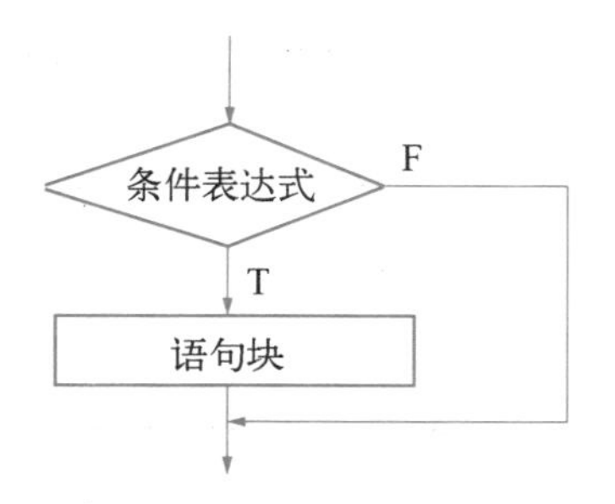

图2-2-2 单分支结构流程图

提示：若用形式(2)单行简单的形式表示，则Then后面只能是一条语句。若要写几条语句，应使用冒号分隔，并且几条语句必须写在同一行上。

例2-2-1：输入3个整数，编程求最大值与最小值，输出界面如图2-2-3(a)和2-2-3(b)所示。

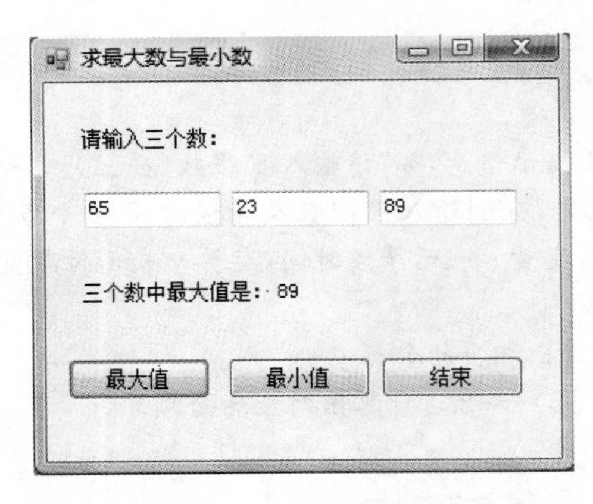

图 2-2-3(a)　求最大值界面

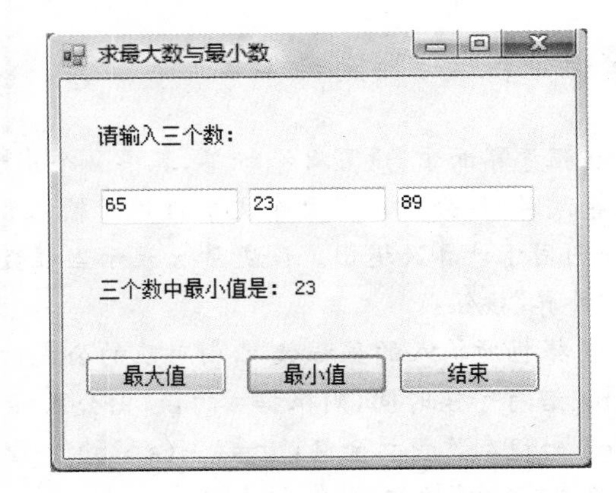

图 2-2-3(b)　求最小值界面

分析：(以求最大数为例)

(1) 定义一个变量用于存放比较过程中当前的最大值，并将第一个数作为当前最大值存放到这个变量中。

(2) 将该变量与第二个数进行比较，如果第二个数比变量中的值大，则用第二个数替换该值，否则不替换，此时变量中已是前两个数中的较大值。

(3) 同理，再将该变量与第三个数进行比较，如果第三个数大，则替换，否则不替换，此时变量中已是三个数中的最大值。

编程如下：

```
Public Class Form1
    Private Sub Button1_Click(ByVal sender As System.Object, ByVal e As System.EventArgs) _
            Handles Button1.Click
        Dim max As Integer
        max = Val(TextBox1.Text)
        If max < Val(TextBox2.Text) Then max = Val(TextBox2.Text)
        If max < Val(TextBox3.Text) Then max = Val(TextBox3.Text)
        Label2.Text = "最大值是："
        Label3.Text = max
    End Sub
End Class
```

拓展：求最小数，程序实现由读者自己完成。

2. If ... Then ... Else 语句(双分支结构)

If ... Then ... Else 语句一般形式为：

(1) **If**　<条件表达式>　**Then**
　　<语句块 1>
　Else
　　<语句块 2>
　End　If

(2) **If　<条件表达式>　Then　<语句 1>　Else　<语句 2>**

If... Then... Else语句的作用：当条件表达式的值为True或非零时，执行Then后面的语句块1(或语句1)，否则执行Else后面的语句块2(或语句2)。双分支结构流程图如图2-2-4所示。

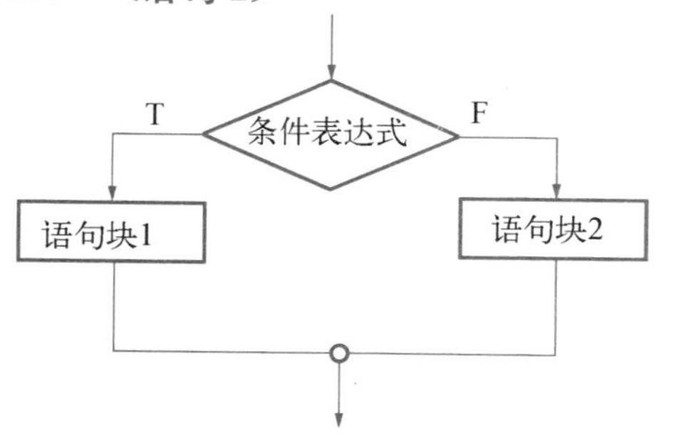

图 2-2-4　双分支结构流程图

例2-2-2：输入一个年份，判断它是否为闰年，并显示有关信息，输出界面如图2-2-5所示。

分析：判断闰年的条件是：年份能被4整除但不能被100整除，或者能被400整除。

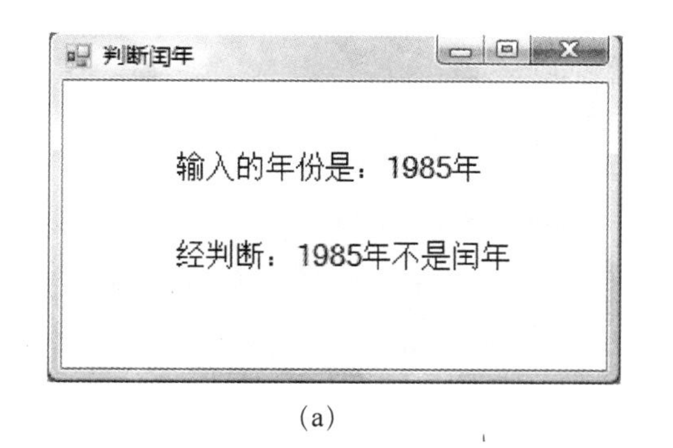

(a)

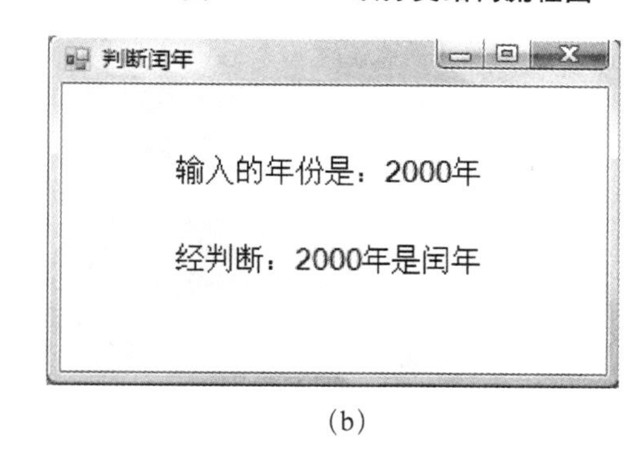

(b)

图 2-2-5　"判断闰年"程序界面

编程如下：

```
Public Class Form1
    Private Sub Form1_Load(ByVal sender As System.Object, ByVal e As System.EventArgs) _
            Handles MyBase.Load
        Dim y As Integer
        y = Val(InputBox("请输入年份"))
        Label1.Text = "输入的年份是：" & y & "年"
        If y Mod 400  = 0 Or (y Mod 4 = 0 And y Mod 100 <> 0) Then
            Label2.Text = "经判断：" & y & "年是闰年"
        Else
            Label2.Text = "经判断：" & y & "年不是闰年"
        End If
    End Sub
End Class
```

3. If... Then... ElseIf语句(多分支结构)

If... Then... ElseIf语句一般形式为：

If　<条件表达式 1>　Then

**　　<语句块 1>**

ElseIf　<条件表达式 2>　Then

**　　<语句块 2>**

…

[Else

<语句块 n+1>]

End If

If ... Then ... ElseIf 语句的作用：根据不同的条件表达式值确定执行哪个语句块，VB测试条件的顺序为表达式 1、表达式 2、……，一旦遇到表达式值为 True(非零)，则执行该条件下的语句块。多分支结构流程图如图 2-2-6 所示。

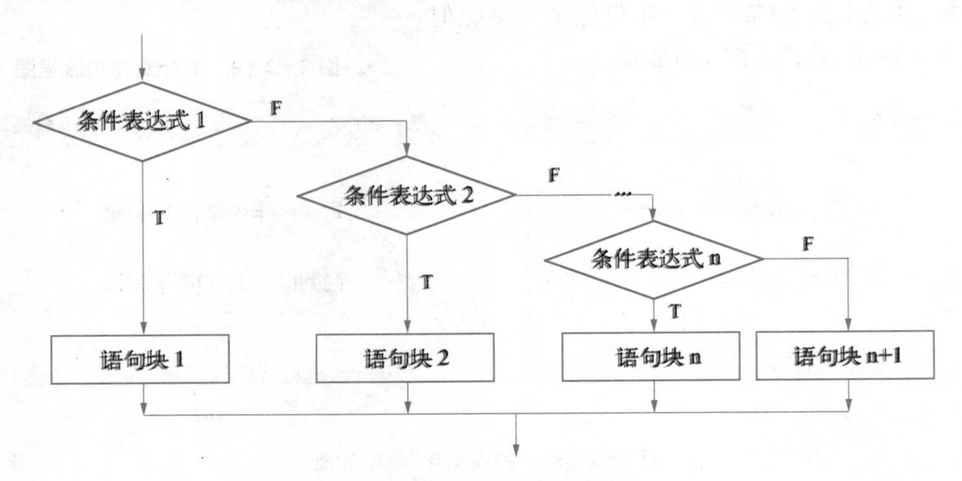

图 2-2-6　多分支结构流程图

提示：① 不管有几个分支，依次判断当某条件满足，执行相应的语句块，其余分支不再执行。

② Elself 不能写成 Else If。

③ 当多分支中有多个表达式同时满足时，则只执行第一个与之匹配的语句块。因此要注意对多分支表达式的书写次序，防止某些值被过滤掉。例如，以下程序段：

```
If mark >= 60 Then
    Label1.Text = "及格"
ElseIf mark >= 70 Then
    Label1.Text = "中"
ElseIf mark >= 80 Then
    Label1.Text = "良"
ElseIf mark >= 90 Then
    Label1.Text = "优"
Else
    Label1.Text = "不及格"
End If
```

执行后只有两种结果："及格"和"不及格"。

例 2-2-3：模拟出租车收费的程序，根据输入的里程数 x，可作如下判断：

```
If x <= 3 Then
    y = 11
ElseIf x > 3 And x <= 10 Then
    y = 11 + (x - 3) * 2.1
ElseIf x > 10 Then
    y = 11 + (10 - 3) * 2.1 + (x - 10) * 3.2
End If
```

4. If 语句的嵌套

If 语句的嵌套是指 If 或 Else 后面的语句块中又包含 If 语句。语句形式如下：

```
If <条件表达式 1> Then
    If  <条件表达式 11> Then
        ……
    End If
    ……
End If
```

提示：If 嵌套中，应有配对的 End If 语句。

例 2-2-4：已知 x,y,z 三个变量中存放了三个不同的数，比较它们的大小并进行排序，使得 x>y>z，输出界面如图 2-2-7 所示。

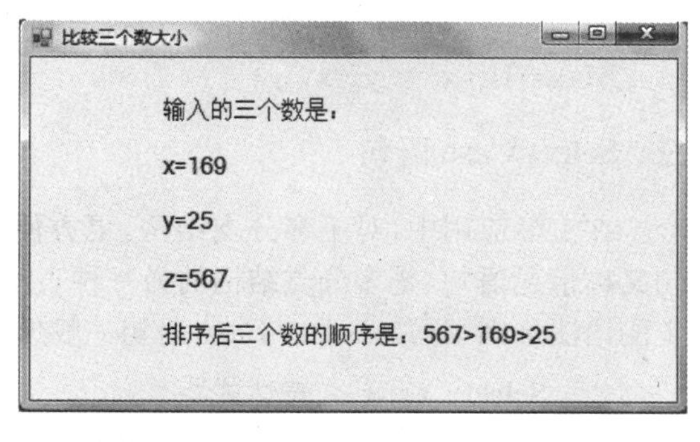

图 2-2-7　"比较三个数大小"界面

分析：在计算机中要使三个数有序排列，只能依次通过多次两两相比较才能实现。

编程如下：

事件过程代码如下：

```
Public Class Form1
  Dim x, y, z, t As Integer
  Private Sub Form1_Load(ByVal sender As System.Object, ByVal e As System.EventArgs) _
          Handles MyBase.Load
      x = Val(InputBox("请输入 X"))
      y = Val(InputBox("请输入 Y"))
      z = Val(InputBox("请输入 Z"))
      Label1.Text = "输入的三个数是："
      Label2.Text = "x=" & x
      Label3.Text = "y=" & y
      Label4.Text = "z=" & z
      If x < y Then t = x : x = y : y = t
      If y < z Then
          t = y : y = z : z = t
          If x < y Then
```

```
                t = x : x = y : y = t
            End If
        End If
        Label5.Text = "排序后三个数的顺序是: " & x & ">" & y & ">" & z
    End Sub
End Class
```

5. IIf 函数

IIf 函数可用来控制简单的分支操作,它是 If... Then ... Else 语句结构的另一种形式。

IIf 函数一般形式为:

IIf(<表达式 1>, <表达式 2>, <表达式 3>)

IIf 函数的作用:先计算<表达式 1>的值,当<表达式 1>的值为 True 时,返回执行<表达式 2>的结果;否则,返回执行<表达式 3>的结果。

提示:① <表达式 1>必须是关系表达式或逻辑表达式。
② <表达式 2>和<表达式 3>可以是任意表达式。

例如:将 x,y 中大的数,存入 Max 变量中,则语句为:

Max=IIf(x > y, x, y)

三、Select Case 语句

在实际应用中,对于多分支结构,更方便的方法是使用 Select Case 语句。Select Case 语句又称情况语句,是多分支结构的另一种表示形式,这种语句条件表示直观,但必须符合其规定的语法规则书写。Select Case 语句一般形式为:

```
Select  Case <表达式>
        Case <表达式列表 1>
            <语句块 1>
        Case <表达式列表 2>
            <语句块 2>
            ...
        [Case Else
            <语句块 n+1>]
End Select
```

其中:<表达式>可以是数值型或字符串表达式

<表达式列表 i>与<表达式>的类型必须相同,可以是下面四种形式之一:

(1) <表达式>,例:" A ";

(2) 一组用逗号分隔的枚举值,例:2,4,6,8;

(3) <表达式 1> To <表达式 2>,例:60 To 100;

(4) Is <关系运算符> <表达式>,例:Is < 60。

Select Case 语句的作用:

先对<表达式>求值,然后测试该值与哪个 Case 子句中的表达式列表相匹配;如找到了,则执行与该 Case 子句下面的语句块，并把控制转移到 End Select 后面的语句；如没找到，则执行与 Case Else 子句有关的语句块，然后把控制转移到 End Select 后面的语句。

提示：① Select Case 后面的表达式中不能出现多个表达式。
② "表达式列表 i"中不能出现变量及有关运算符。

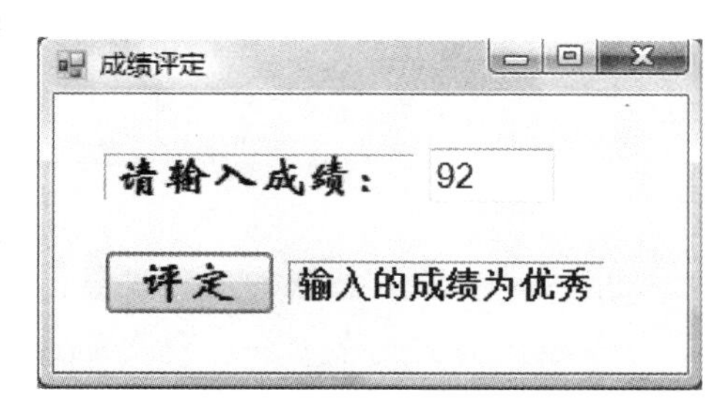

图 2-2-8　"成绩评定"程序界面

例 2-2-5：输入某门课程的百分制成绩，要求显示对应的评定等级。等级评定标准是：90～100 分为"优秀"；80～89 分为"良好"；60～79 分为"中等"；60 分以下为"差"，输出界面如图 2-2-8 所示。

编程如下：

```
Public Class Form1
    Private Sub Button1_Click(ByVal sender As System.Object, ByVal e As System.EventArgs) _
            Handles Button1.Click
        Dim mark As Integer
        mark = Val(TextBox1.Text)
        Select Case Int(mark / 10)
            Case 9, 10
                Label2.Text = "输入的成绩为优秀"
            Case 8
                Label2.Text = "输入的成绩为良好"
            Case 6 To 7
                Label2.Text = "输入的成绩为中等"
            Case Is < 6
                Label2.Text = "输入的成绩为差"
        End Select
    End Sub
End Class
```

编程实现

1. 单击"计算"按钮的事件过程代码

```
Private Sub Button1_Click(ByVal sender As System.Object, ByVal e As System.EventArgs) _
        Handles Button1.Click
    Dim x, s As Single, y As Integer
    x = Val(TextBox1.Text)
    s = Val(TextBox2.Text)
    If x <= 3 Then
        y = 11
    ElseIf x > 3 And x <= 10 Then
        y = 11 + (x - 3) * 2.1
```

```
        ElseIf x > 10 Then
            y = 11 + (10 - 3) * 2.1 + (x - 10) * 3.2
        End If
        y = y + (s \ 5) * 2.1
        Label3.Text = "请您付款" & y & "元" & ",谢谢!"
    End Sub
```

2. 单击"退出"按钮的事件过程代码

```
Private Sub Button2_Click(ByVal sender As System.Object, ByVal e As System.EventArgs)
        Handles Button2.Click
    End
End Sub
```

实践活动

1. 函数 y 的表达式如下：

$$y=\begin{cases} x & x<0 \\ x^2 & 0<x<=10 \\ 10 & 10<x<=20 \\ 0.5x+20 & 20<x<=40 \end{cases}$$

编写程序，当输入 x 的值后计算输出 y 的值，分别用 If 语句和 Select Case 语句编写程序。

2. 编写一个程序，判断文本框 TextBox1 中输入的数据。如果该数据大于 100 且能被 5 整除，则清除文本框 TextBox2 中的内容；否则将焦点定位在文本框 TextBox1 中，选中其中的数值并复制到文本框 TextBox2 中。设置文本框 TextBox2 中初始值为"12345"，程序运行界面如图 2-2-9 所示。

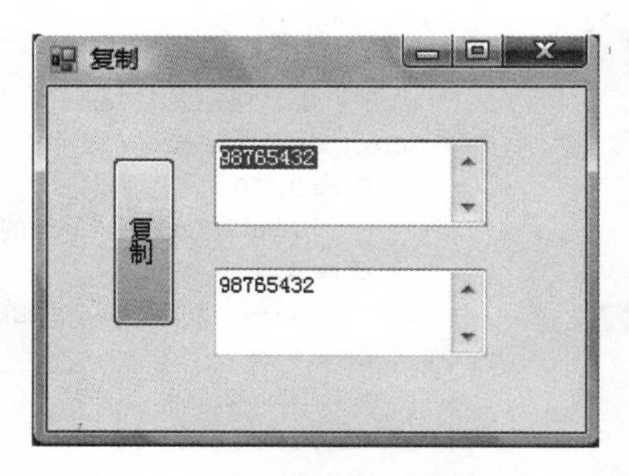

图 2-2-9 "复制"程序界面

提示：单击"复制"按钮的事件过程程序代码为：

```
Private Sub Button1_Click(ByVal sender As System.Object, _
        ByVal e As System.EventArgs) Handles Button1.Click
    Dim x As Long
    x = Val(TextBox1.Text)
    If x > 100 And x Mod 5 = 0 Then
        TextBox2.Text = ""
    Else
        TextBox1.Focus()
        TextBox1.SelectionStart = 0
        TextBox1.SelectionLength = Len(x)
        TextBox2.Text = TextBox1.SelectedText
    End If
End Sub
```

3. 编写一个选课系统登录时检验学号和密码的程序。要求：

(1) 学号合法性检验：不超过 11 位数字，当输入的学号为非数字字符，显示有关信息，清除所输入的学号,并将插入点定位于“学号”文本框中。

(2) 密码检验:输入密码时在文本框中以“*”代替输入的字符,单击“确认”按钮检验密码是否正确(密码由编程者定义)。若密码错,提示用户是否重新输入。选择“重试”按钮,清除输入的密码,并将插入点定位于“密码”文本框中;选择“取消”按钮,停止运行,程序运行界面如图2-2-10、图2-2-11和图2-2-12所示。

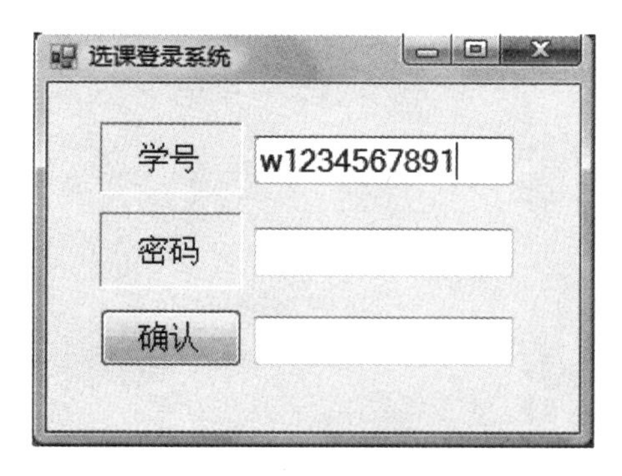

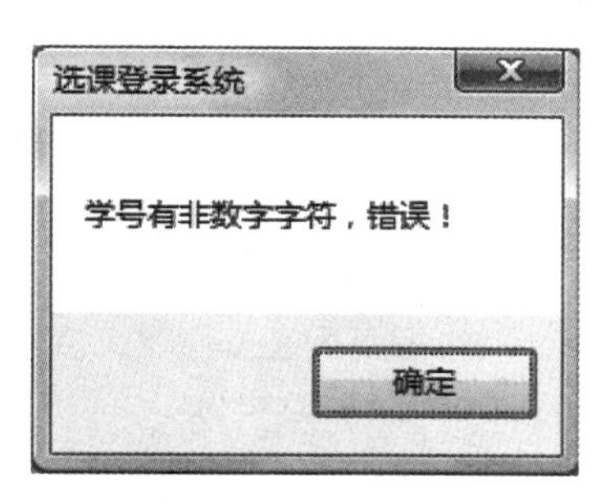

图 2-2-10　实践活动题 3 界面 1

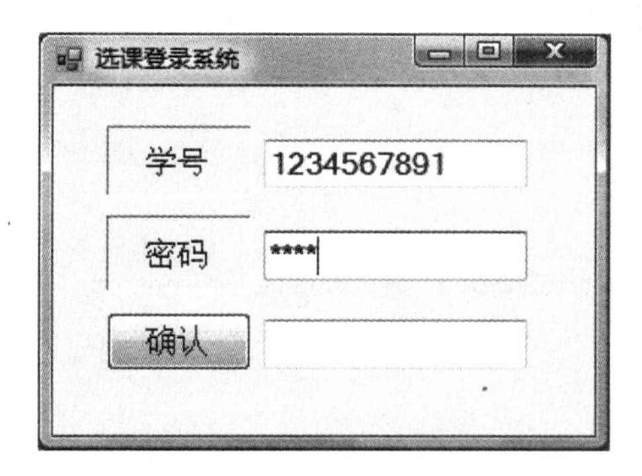

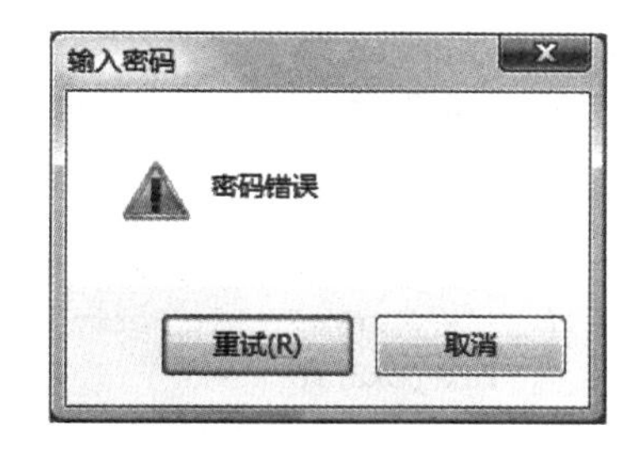

图 2-2-11　实践活动题 3 界面 2

图 2-2-12　实践活动题 3 界面 3

提示:① 学号最多11位,设置MaxLength属性为11;
② 判断数字用IsNumeric函数;
③ 密码显示:设置PassWordChar属性为“*”;
④ 用MsgBox函数显示密码错误的对话框;
⑤ 参考答案如下:

```
Private Sub Form1_Load(ByVal sender As Object, ByVal e As System.EventArgs) _
        Handles Me.Load
    TextBox1.Text = " "
    TextBox2.PasswordChar = "*"
    TextBox2.Text = " "
End Sub

Private Sub TextBox1_LostFocus(ByVal sender As Object, ByVal e As System.EventArgs) _
        Handles TextBox1.LostFocus
    If Not IsNumeric(TextBox1.Text) Then
        MsgBox("学号有非数字字符,错误!")
        TextBox1.Text = " "
        TextBox1.Focus()
    End If
End Sub

Private Sub Button1_Click(ByVal sender As System.Object, ByVal e As System.EventArgs) _
        Handles Button1.Click
    Dim i As Integer
    If TextBox2.Text = "Wang" Then
        TextBox3.Text = "正确!"
    Else
        i= MsgBox("密码错误", MsgBoxStyle.RetryCancel + MsgBoxStyle.Exclamation, "输入密码")
        If  i = MsgBoxResult.Retry Then
            TextBox2.Text = " "
            TextBox2.Focus()
        Else
            End
        End If
    End If
End Sub
```

4. 输入若干字符,统计有多少个元音字母,有多少个其他字母。按回车键后显示统计结果。输出界面如图 2-2-13 所示。

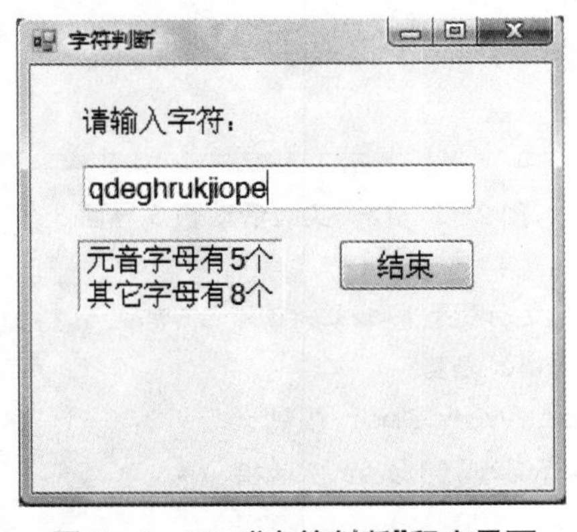

图 2-2-13 "字符判断"程序界面

提示：① 在常规声明段定义变量 CountY 、CountC ，即：Dim CountY，CountC As Integer；

② 变量 CountY 中存放元音字母的个数，变量 CountC 中存放其他字母的个数；

③ 在 TextBox1 中按键的事件过程程序代码为：

```
Private Sub TextBox1_KeyPress(ByVal sender As Object, _
        ByVal e As System.Windows.Forms.KeyPressEventArgs) Handles TextBox1.KeyPress
    Dim C As String
    C = UCase(e.KeyChar)
    If "A" <= C And C <= "Z" Then
        Select Case C
         Case "A", "E", "I", "O", "U"
            CountY = CountY + 1
        Case Else
            CountC = CountC + 1
        End Select
    End If
    If Asc(e.KeyChar) = 13 Then
        Label2.Text = "元音字母有" & CountY & "个" & vbCrLf
        Label2.Text &= "其他字母有" & CountC & "个"
    End If
End Sub
```

思考：若将通用声明段中的变量 CountY、CountC 声明放在 Text1_ KeyPress 内声明，程序会产生什么结果？

5．请用 KeyPress 事件和 GotFocus 事件对“简单模拟计算器”编程。

简单模拟计算器：对输入的两个数进行加、减、乘、除运算。在“输入运算式”文本框中输入运算式，当焦点移到“结果”文本框时，在“结果”文本框中显示运算式的计算结果；单击“清除”按钮，清空两个文本框的内容，并将焦点设置到“输入运算式”文本框中；单击“结束”按钮，结束程序运行。输出界面如图 2-2-14 所示。

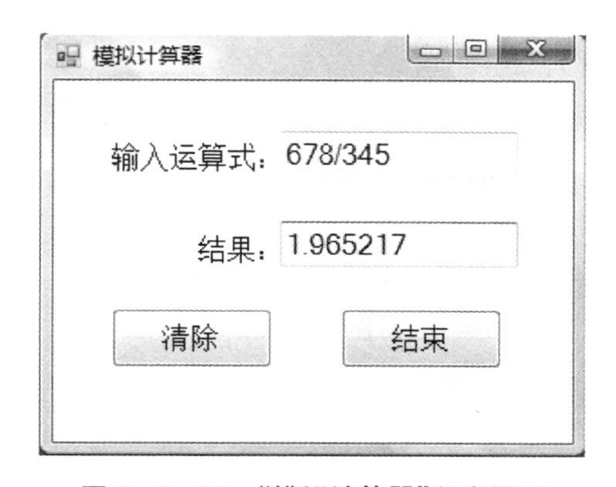

图 2-2-14 “模拟计算器”程序界面

提示：利用 Val(TextBox1.Text)得到运算式中第一个操作数 a，再用 Len(a) 求出第一个操作数的长度 n，由 Mid 函数求出第二个操作数 b(在输入文本框 TextBox1 中从 n + 2 开始取到最后)及操作运算符 p (在输入文本框中取第 n+1 个字符)。当运算符 p 分别为加、减、乘、除时，求得最后结果。为了减少程序量，本程序没有考虑输入非法数据，也没有考虑做除法时分母为零的情况。

编程如下：

```
Private Sub TextBox1_LostFocus(ByVal sender As Object, ByVal e As System.EventArgs)_
        Handles TextBox1.LostFocus
    Dim x As String, p As String
    Dim a, b, y As Single, n As Integer
    x = LTrim(TextBox1.Text)
    a = Val(x)
    n = Len(LTrim(a))
    p = Mid(x, n + 1, 1)
    b = Val(Mid(x, n + 2))
    If p = "+" Then
        y = a + b
    ElseIf p = "-" Then
        y = a - b
    ElseIf p = "*" Then
        y = a * b
    ElseIf p = "/" Then
        y = a /b
    End If
    TextBox2.Text = y
End Sub
```

活动三　累加和连乘

活动说明

编写程序，求 S＝1！＋2！＋3！＋…＋N！(1≤N≤10)的值。在窗体上添加 3 个标签、1 个文本框和 1 个命令按钮。在文本框中输入数值 N，单击“计算”按钮，在标签中显示计算结果。程序界面如图 2-3-1所示。

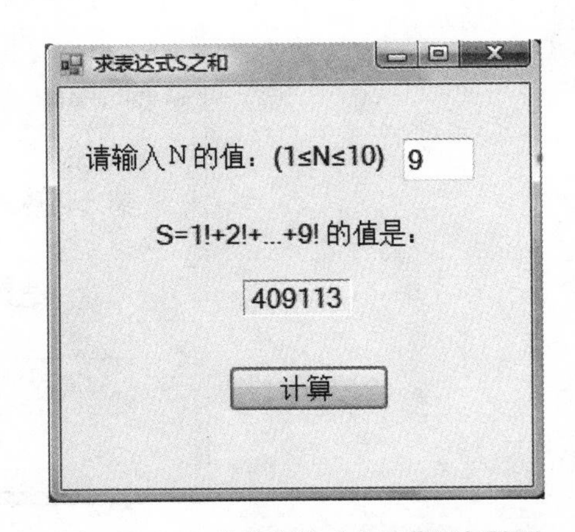

图 2-3-1　“求表达式之和”程序界面

活动分析

这是一道求表达式之和的题。该表达式包含了两类运算，一类是计算某数的阶乘，即1!、2!、... N!，另一类是计算阶乘之和，即1! +2! +3! +…+N!。

(1) 求阶乘计算，实际就是计算$1\times2\times3\times\cdots\times N$的值，可以通过t=t*i语句实现，其中t存放连乘的积，变量i可以从1变化到N，不断重复执行t=t*i。

(2) 计算阶乘之和，实际就是使用累加算法。可以通过s=s+t语句实现，每当得到一个连乘值t就对s进行累加，如此重复。

(3) 变量t和s分别存放连乘和累加的结果，因此变量t和s的初值分别为t=1和s=0。

学习支持

一、循环结构

循环是在指定的条件下多次重复执行一组语句。顺序结构和分支结构的程序执行时，每条语句只能执行一次，循环结构则可以使计算机在一定条件下反复多次执行同一段程序。VB中提供了两种类型的循环语句：一种是计数型循环语句；另一种是条件型循环语句。

二、For 语句

For循环语句又称“计数”型循环控制语句，通常用于循环次数已知的程序结构中。

For语句的一般形式为：

For　＜循环变量＞＝＜初值＞　To　＜终值＞　[Step　＜步长＞]

**　　＜循环体＞**

**　　[Exit　For]**

Next＜循环变量＞

其中：

循环变量：必须为数值型，用于控制循环是否执行。每执行一次循环体语句后，循环变量的值自动按指定的步长变化。

初值、终值、步长：数值型表达式。

步长：可正可负。若为正，循环变量从小到大变化(初值小于等于终值)；若为负，循环变量从大到小变化(初值大于等于终值)；缺省时步长为1。

循环体：可以是一句或多句语句，是被重复执行的部分。

Exit　For：表示当遇到该语句时，提前结束循环，执行Next的下一语句，通常与条件判断语句(如If)联合使用。

For语句的作用：用循环计数器＜循环变量＞来控制＜循环体＞内的语句的执行次数。

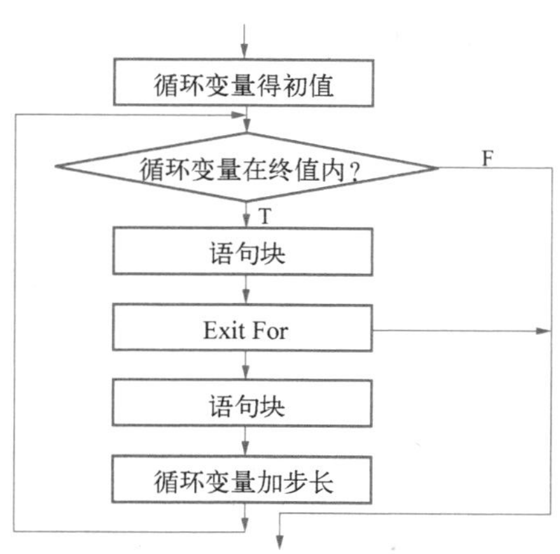

图2-3-2　For循环语句的流程图

对于For循环，VB的执行过程如下(流程见图

2-3-2)：

(1) 计算初值、终值及步长表达式的值，并将初值赋给循环变量；

(2) 判断循环变量的值是否在终值内，如果是，执行循环体；如果否，退出循环，执行 Next 的下一句语句；

(3) 执行 Next 语句，循环变量增加一个步长；

(4) 重复步骤(2)～(3)，继续循环。

提示：① 步长为 0 时，必须有 Exit For 语句，否则会发生“死循环”。

② 循环变量被赋初值，它仅被赋值一次。

③ 循环变量的值是否在终值内：当步长为正时，指循环变量的值>终值，结束循环；当步长为负时，指循环变量的值<终值，结束循环。

④ 循环次数：n=Int((终值－初值)/步长＋1)。

⑤ 在循环体内对循环控制变量可多次引用，但不要对其赋值，否则影响原来的循环控制规律。

例 2-3-1：一个由 30 个数组成的数列，它的开头两个数为 1 和 2，从第 3 个数起是前 2 个数之和。用 For 循环编程在窗体中输出该数列(一行输出 4 列)，输出界面如图 2-3-3 所示。

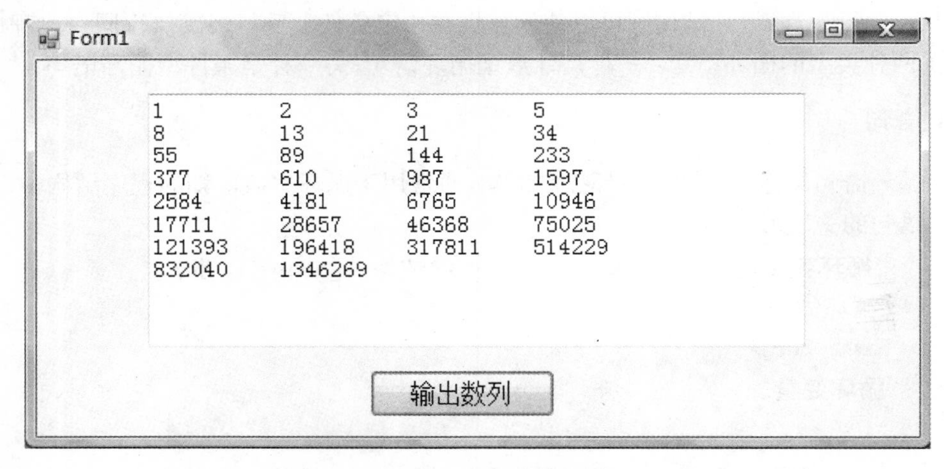

图 2-3-3　数列输出程序界面

程序如下：

```
Public Class Form1
    Private Sub Button1_Click(ByVal sender As System.Object, ByVal e As System.EventArgs) _
            Handles Button1.Click
        Dim a As Single , b As Single , i As Integer , s As Integer
        s = 0
        a = 1
        b = 2
        TextBox1.Text = " "
        For i = 1 To 15
            TextBox1.Text &= a & Space(10 - Len(CStr(a))) & b & Space(20 - Len(CStr(b)))
            a = a + b
```

```
                b = b + a
                s = s + 1
                If s = 2 Then
                    s = 0
                    TextBox1.Text &= vbCrLf
                End If
            Next i
        End Sub
    End Class
```

三、Do 语句

Do 循环语句又称“循环条件”控制语句，通常用于循环次数未知的循环结构。此种语句有两类语法形式。

Do 语句的一般形式为：

格式一：

Do｛ While | Until ｝<循环条件>

　　<循环体>

　[Exit　Do]

Loop

其中：循环条件是一个逻辑表达式；

　While 是当条件为 True 时执行循环；

　Until 是在条件变为 True 之前执行循环。

Do 语句的作用：当指定的“循环条件”为 True 或直到指定的“循环条件”变为 True 之前重复执行一组语句(即循环体)。

Do　While…Loop 语句的执行过程如图 2 - 3 - 4 所示。

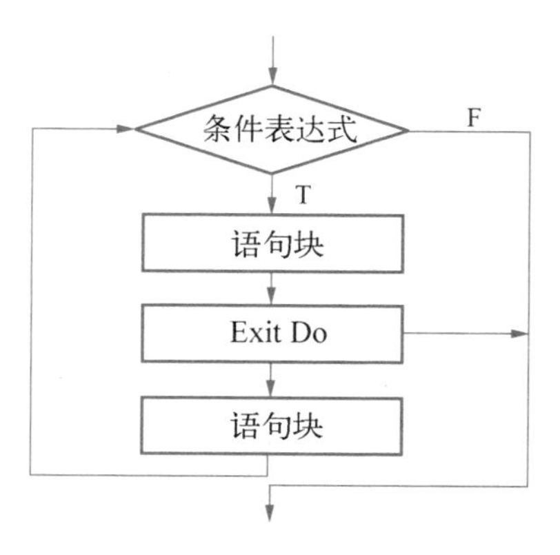

图 2 - 3 - 4　Do While…Loop 循环语句的流程图

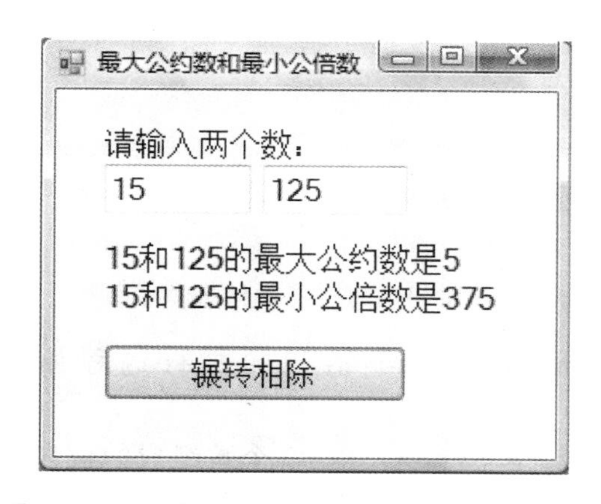

图 2 - 3 - 5　“最大公约数和最小公倍数”程序界面

例 2 - 3 - 2：用辗转相除法求两自然数 m、n 的最大公约数和最小公倍数，输出界面如图 2 - 3 - 5 所示。

求最大公约数的算法思想：

(1) 对于已知两数 m、n，使得 m>n；

(2) m 除以 n 得余数 r；

(3) 若 r=0 则 n 为求得的最大公约数，算法结束，否则执行步骤 4；

(4) m=n，n=r；再重复执行步骤 2。

求得了最大公约数后，最小公倍数就可以很方便地求出，即将原两数相乘除以最大公约数。程序如下：

```
Public Class Form1
    Private Sub Button1_Click(ByVal sender As System.Object, ByVal e As System.EventArgs) _
            Handles Button1.Click
        Dim m, n, r, t, mn As Integer
        m = Val(TextBox1.Text)
        n = Val(TextBox2.Text)
        mn = m * n                              ' 为求最小公倍数作准备
        If m < n Then t = m : m = n : n = t     ' 使得 m>n
        r = m Mod n
        Do While (r <> 0)                       ' 用 Do While…Loop 结构实现求最大公约数
            m = n
            n = r
            r = m Mod n
        Loop
        Label2.Text = Val(TextBox1.Text) & "和" & Val(TextBox2.Text) & "的最大公约数是" _
                & n & vbCrLf
        Label2.Text &= Val(TextBox1.Text) & "和" & Val(TextBox2.Text) & "的最小公倍数是" _
                & mn \ n
    End Sub
End Class
```

格式二：

Do

<语句块>

[**Exit Do**]

<语句块>

Loop { **While**|**Until**} <条件表达式>

Do… Loop Until 语句的执行过程如图 2-3-6 所示。

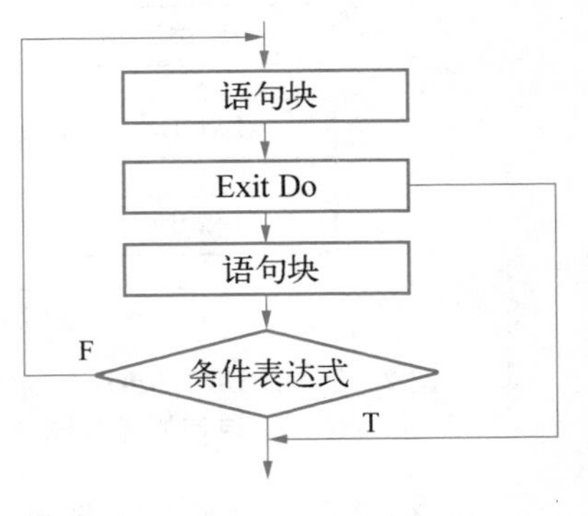

图 2-3-6 Do…Loop Until 语句的流程图

例 2-3-3：一个由 30 个数组成的数列，它的开头两个数为 1 和 2，从第 3 个数起是前 2 个数之和。用 Do 循环编程在窗体中输出该数列(一行输出 4 列)，如图 2-3-7 所示。

程序如下：

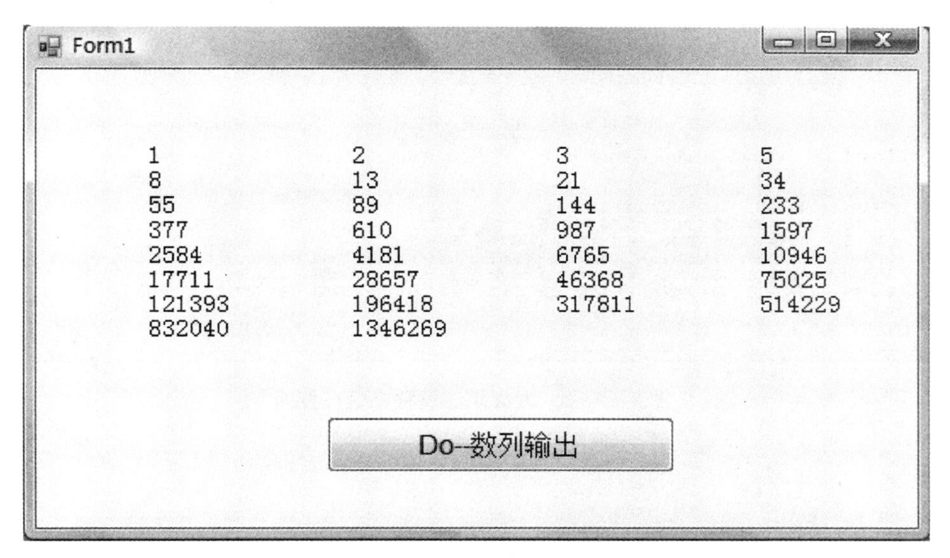

图 2-3-7　Do…Loop Until 语句实现数列输出程序界面

```
Public Class Form1
    Private Sub Button1_Click(ByVal sender As System.Object, ByVal e As System.EventArgs) _
            Handles Button1.Click
        Dim a, b As Single, i As Integer
        a = 1
        b = 2
        i = 1
        Do
            Label1.Text &= a & Space(15 - Len(CStr(a))) & b & Space(15 - Len(CStr(b)))
            a = a + b
            b = b + a
            If i Mod 2 = 0 Then Label1.Text &= vbCrLf     '一行输出列
            i = i + 1
        Loop Until i > 15
    End Sub
End Class
```

四、循环的嵌套

在一个循环结构的循环体内含有另一个循环结构，这就构成了循环的嵌套，又称多重循环。循环嵌套对 For 循环语句和 Do…Loop 循环语句均适用。

提示：① 外层循环必须完全包含内层循环，循环体之间不能交叉。
② 对于 For 循环的嵌套，内循环变量与外循环变量不能同名。

例 2-3-4：打印九九乘法表，运行界面如图 2-3-8 所示(呈下三角)。

分析：打印九九乘法表，只要利用循环变量，将其作为乘数和被乘数就可方便地解决，程序如下：

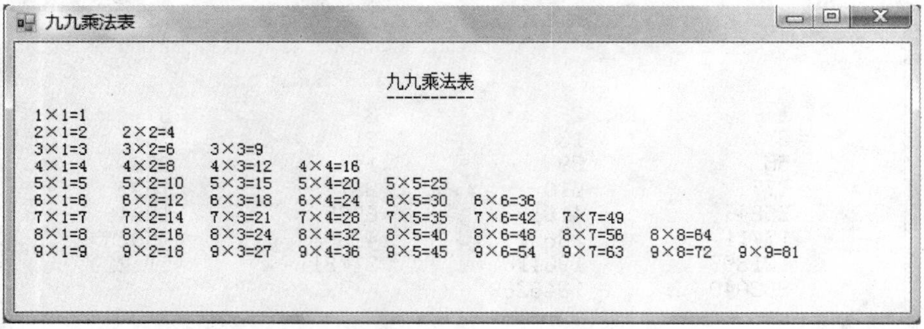

```
九九乘法表

                                    九九乘法表
                                    ----------
1×1=1
2×1=2     2×2=4
3×1=3     3×2=6     3×3=9
4×1=4     4×2=8     4×3=12    4×4=16
5×1=5     5×2=10    5×3=15    5×4=20    5×5=25
6×1=6     6×2=12    6×3=18    6×4=24    6×5=30    6×6=36
7×1=7     7×2=14    7×3=21    7×4=28    7×5=35    7×6=42    7×7=49
8×1=8     8×2=16    8×3=24    8×4=32    8×5=40    8×6=48    8×7=56    8×8=64
9×1=9     9×2=18    9×3=27    9×4=36    9×5=45    9×6=54    9×7=63    9×8=72    9×9=81
```

图 2-3-8　九九乘法表程序运行界面

```
Public Class Form1
    Private Sub Form1_Load(ByVal sender As System.Object, ByVal e As System.EventArgs) _
            Handles MyBase.Load
        Dim yy As String, i, j As Integer
        Label1.Text = vbCrLf & Space(40) & "九九乘法表" & vbCrLf
        Label1.Text &= Space(40) & "---------------" & vbCrLf
        For i = 1 To 9
            For j = 1 To i
                yy = i & "×" & j & "=" & i * j
                Label1.Text &= yy & Space(9 - Len(yy))
            Next j
            Label1.Text &= vbCrLf
        Next i
    End Sub
End Class
```

注意：标签 Label1 的字体设置为宋体。

五、GoTo 语句

GoTo 语句又称条件转移语句，它通过与语句“标号”的结合来控制程序的流程。

GoTo 语句的一般形式为：

GoTo {标号|行号}

GoTo 语句的作用：当程序执行该语句时，无条件地将程序转移到标号或行号所标识的语句行上，并从该行向下执行。

提示：① “标号”是一个以冒号结束的标识符，用以标明 GoTo 语句转移的位置。
② GoTo 语句可以改变程序的执行顺序，由它可以构成分支结构的循环结构。
③ 通常 GoTo 语句与 If 语句共同使用，否则会出现“死”循环。
④ 为了保证程序有一个良好的可读性，建议尽量少用或者最好不用 GoTo 语句。

例 2-3-5：计算 2～100 的偶数和，程序段如下：

```
Public Class Form1
    Private Sub Button1_Click(ByVal sender As System.Object, ByVal e As System.EventArgs) _
              Handles Button1.Click
        Dim i As Integer, s As Integer
        s = 0
        i = 2
re:     If i <= 100 Then
            s = s + i
            i = i + 2
            GoTo re
        End If
        Label1.Text = "2～100 的偶数和是：" & s
    End Sub
    End Class
```

编程实现

本活动(如图 2-3-1)事件过程代码如下：

```
Public Class Form1
    Private Sub Button1_Click(ByVal sender As System.Object, ByVal e As System.EventArgs) _
              Handles Button1.Click
        Dim n, i As Integer, s, t As Single
        s = 0
        t = 1
        n = Val(TextBox1.Text)
        Label2.Text = "S=1!+2!+...+" & n & "!之和是："
        For i = 1 To n
            t = t * i
            s = s + t
        Next i
        Label3.Text = s
    End Sub
End Class
```

实践活动

1. 编写程序,循环显示字符“ABCDE”,显示内容格式如图 2-3-9 所示。

提示：

```
Dim ch As String, i, j As Integer
For i = 0 To 4
    ch = Chr(Asc("A") + i)
    For j = 0 To 4
        If ch > "E" Then ch = "A"
```

```
            Label1.Text &= ch & Space(2)
            ch = Chr(Asc(ch) + 1)
        Next j
        Label1.Text &= vbCrLf
    Next i
```

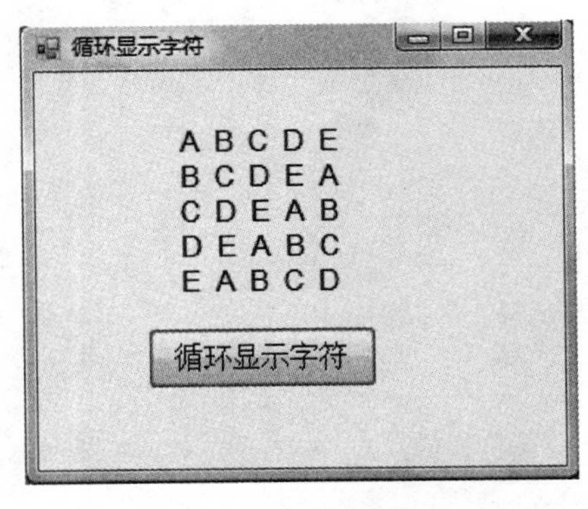

图 2-3-9　实践活动题 1 程序界面

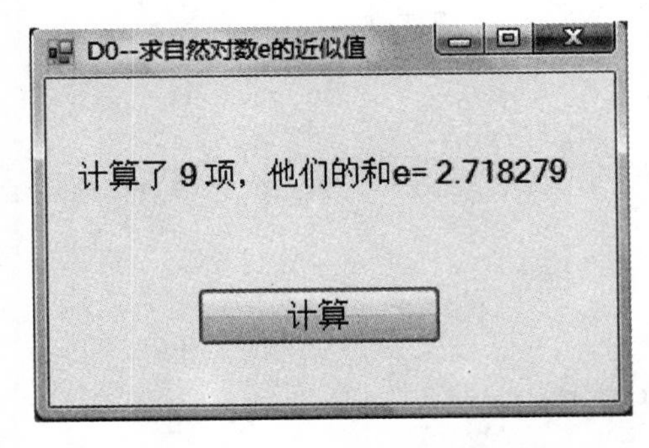

图 2-3-10　实践活动题 2 程序界面

2. 用两种方式求自然对数 e 的近似值，近似公式为：

e=1+1/1!+1/2!+1/3!+…+1/n!+…

(1) 要求某项值其误差小于 0.000 01

(2) 直到第 50 项

界面如图 2-3-10 所示。

提示：该例题涉及两个问题：

(1) 用循环结构求级数和的问题。

(2) 累加：s = s + t

连乘：n = n * i

循环体外变量的初始化

s = 0

n = 1

根据某项值的精度来控制循环的结束与否，编程如下：

编程 1：

```
Private Sub Button1_Click(ByVal sender As System.Object, ByVal e As System.EventArgs) _
        Handles Button1.Click
    Dim i As Integer, n As long, t, s As Single
    s = 0 : n = 1                          's 存放累加和、n 存放阶乘
    i = 0 : t = 1                          'i 计数器、t 第 n 项的值
    Do While t > 0.00001
        s = s + t                          '累加、连乘
        i = i + 1
        n = n * i
        t = 1 / n
```

```
        Loop
      Label1.Text = "计算了" & i & " 项,他们的和 e= " & s
End Sub
```

编程 2:

```
Private Sub Button1_Click(ByVal sender As System.Object, ByVal e As System.EventArgs) _
          Handles Button1.Click!
    Dim t, s As Single, i As Integer
    s = 0                    's 存放累加和、n 存放阶乘
    i = 0 : t = 1            'i 计数器、t 第 n 项的值
    Do While t > 0.00001
        s = s + t            '累加、连乘
        i = i + 1
        t = t/i
    Loop
    Label1.Text = "计算了" & i & " 项,他们的和 e= " & s
End Sub
```

根据项数来控制循环的结束与否编程如下:

```
Private Sub Button1_Click(ByVal sender As System.Object, ByVal e As System.EventArgs) _
          Handles Button1.Click
    Dim s As Double, t As Double
    Dim n As Integer
    s = 1 : t = 1
    For n = 1 To 50
        t = t /n
        s = s + t
    Next n
    Label1.Text = " e=" & s
End Sub
```

3. 搬砖问题:72 块砖,共 72 人搬,每次男的搬 4 块,女的搬 3 块,2 个小孩抬 1 块,要求一次全部搬完,问男、女、小孩各多少人?

分析:本题是一类比较常见的使用"穷举法"解题的题型。"穷举法"也称为"枚举法",即将可能出现的各种情况一一测试,判断是否满足条件,一般采用循环来实现。

题目要求 72 人一次搬完 72 块砖,但不同的人一次搬砖的数量不一样。用 M、F、B 分别表示男、女、小孩,则根据题目要求可得:

M+F+B=72

M*4+F*3+B*0.5=72

提示:利用三重循环编程

```
For M = 1 To 18              '如果全部都是男人,最多 18 人
    For F = 1 To 24          '如果全部都是女人,最多 24 人
```

```
            For B = 2 To 72  Step 2'小孩最少是 2 人
            If (M + F + B = 72) And (M * 4 + F * 3 + B * 0.5 = 72) Then
                Label1.Text &= "需要男" & M & "人,女" & F & "人,小孩" & B & "人" & vbCrLf
            End If
            Next B
        Next F
    Next M
```

4. 猴子吃桃子。小猴摘了一些桃。当天吃了一半多一个，第二天吃了剩下的一半多一个，以后每天如此。第七天小猴一看，只剩下一个桃了。问小猴那天摘了多少个桃？

分析：这是个"递推"问题。递推法(迭代法)就是将一个复杂的计算过程转化为简单过程的多次重复，每次重复都在旧值上推出新值，由新值代替旧值。本题从最后一天推出前一天有几个桃，直到第一天有多少个桃。

$$x_n = \frac{1}{2}x_{n-1} - 1 \quad 即：x_{n-1} = (x_n + 1) \times 2$$

提示：

```
Dim  i, x As Integer
x = 1
Label1.Text = "第 7 天的桃子数为：1 只" & vbCrLf
For i = 6 To 1 Step -1
    x = (x + 1) * 2
    Label1.Text &= "第" & i & "天的桃子数为：" & x & "只" & vbCrLf
Next i
```

5. 将可打印的 ASCII 码制成表格输出。要求：字符与 ASCII 码值对应，一行打印 7 个字符，如图 2-3-11 所示。

```
ASCII码表

                 ASCII码对照表
                 -------------
  =32     !=33     "=34     #=35     $=36     %=37     &=38
 '=39     (=40     )=41     *=42     +=43     ,=44     -=45
 .=46     /=47     0=48     1=49     2=50     3=51     4=52
 5=53     6=54     7=55     8=56     9=57     :=58     ;=59
 <=60     ==61     >=62     ?=63     @=64     A=65     B=66
 C=67     D=68     E=69     F=70     G=71     H=72     I=73
 J=74     K=75     L=76     M=77     N=78     O=79     P=80
 Q=81     R=82     S=83     T=84     U=85     V=86     W=87
 X=88     Y=89     Z=90     [=91     \=92     ]=93     ^=94
 _=95     `=96     a=97     b=98     c=99     d=100    e=101
 f=102    g=103    h=104    i=105    j=106    k=107    l=108
 m=109    n=110    o=111    p=112    q=113    r=114    s=115
 t=116    u=117    v=118    w=119    x=120    y=121    z=122
 {=123    |=124    }=125    ~=126
```

图 2-3-11 "ASCII 码表"程序界面

分析：在 ASCII 码中，只有空格到"～"是可以打印的字符，其余为不可打印的控制字符。可打印的字符的编码值为 32～126，可通过 Chr( )函数将编码值转换成对应的字符。

提示：

```
Private Sub Form1_Click(ByVal sender As Object, ByVal e As System.EventArgs) _
        Handles Me.Click
    Dim asci, i As Integer
    Label1.Text = Space(20) & "ASCII码对照表" & vbCrLf
    Label1.Text &= Space(20) & "------------------" & vbCrLf
    For asci = 32 To 126
        Label1.Text &= Chr(asci) & "=" & asci & Space(7 - Len(CStr(asci)))
        i = i + 1
        If i = 7 Then i = 0: Label1.Text &= vbCrLf
    Next asci
End Sub
```

项目三　成绩管理

在程序设计中，通常采用数值型、字符串和逻辑型等简单类型的数据类型表示数据，对数据进行输入、计算、统计、排序和输出等操作。为了使应用程序能方便、快速地处理大量的数据，许多程序设计语言都提供了构造各种复杂数据结构的设施。在复杂数据结构中，最常见的是线性表的数据结构。线性表中的数据元素都有相同的数据类型，数据元素之间存在一种线性关系。在程序设计语言中，大都采用数组表示顺序存储线性表。使用数组对数据量大的数据进行处理，方便且快捷。

活动一　成绩统计

活动说明

在学生成绩的统计管理中，需要输入学生的成绩，并根据不同的要求对学生的成绩进行求总分、平均分和最高分等处理，然后输出原始数据和统计结果。如图 3－1－1 所示。

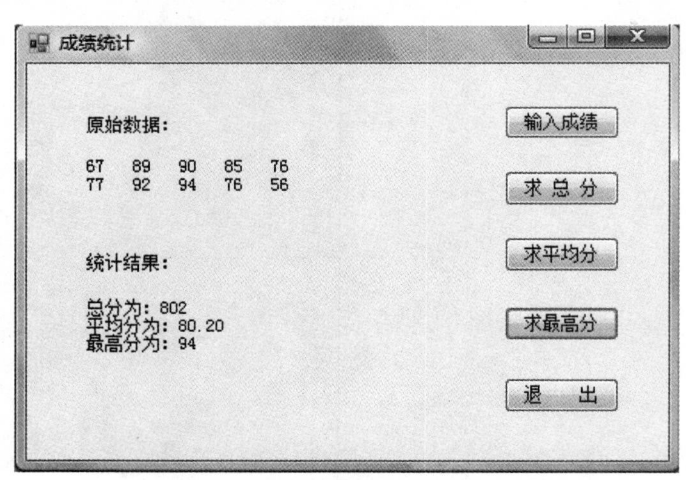

图 3－1－1　成绩统计窗体

活动分析

由于一个班级有许多学生，每个学生有多门课程的成绩，每个成绩的数据类型都是相同的，因此，可以使用数组来存储成绩数据，然后使用循环语句对数据各个元素的值求和、求平均值和最大值。通过单击“输入成绩”、“求总分”、“求平均分”和“求最高分”按钮，运行相应的事件过程代码，完成对成绩的统计操作。

学习支持

一、数组的概念

在处理类似学生成绩这样的实际应用中，经常需要对同一类型的、成批的数据进行输入、处理和输出。如果对每个数据分别看作一个变量，处理起来工作量会非常大。例如，要对100个学生的几门课程成绩计算总分和平均分，并按从小到大或从大到小进行排序，就要定义几百个变量，处理起来也非常麻烦。如果使用数组，可以先将学生的成绩存放到数组score中，然后对数组score计算平均值和排序。

在VB.NET中，具有相同类型的变量的有序集合称为数组。数组中的变量称为数组元素，数组元素具有相同的名字和相同的数据类型，数组元素用下标来标识。

数组元素的表示形式：

数组名(下标1[，下标2，…])

二、数组的声明

和普通变量一样，在使用前要对数组声明。

1. 静态数组的声明

静态数组是指在声明时指定数组名字，确定了数组的大小，在使用时，不会改变其大小的数组。在以后的程序编译时，按照指定的数组大小分配内存空间。

静态数组又可分为一维数组、二维数组和多维数组(本书中不讨论多维数组)。其语法格式为：

Dim 数组名(第一维下标上界[，第二维下标上界，…])　[As 数据类型]

其中：

(1) Dim(Dimension的缩写)是声明数组的命令。

(2) 数组名可以是任何合法的VB.NET变量名。

(3) 数组元素下标上界的个数表示数组的维数，当只有一个时，表示一维数组，最多可以声明32维数组。

(4) 数组的每个维数的最大长度为Integer数据类型的最大值－1，即每个维数的最大长度为$2^{31}-1$。但是，数组的总的大小受系统可用内存的限制。数组的大小为：上界＋1。

(5) 数组元素下标下界为0，不能改变；下标上界只能用常数表达式定义。

(6) 数组的数据类型可以是基本数据类型，也可以是Object类型。如果省略“As 数据类型”选项，则默认为Object类型。

例如：

```
Dim AA(3)      As Integer     '一维数组，从AA(0)到AA(3)，4个元素
Dim BB(2,3)    As Decimal     '二维数组，从BB(0,0)到BB(2,3)，12个元素
Dim CC(2+3)    As String      '一维数组，从CC(0)到CC(5)，6个元素
Dim DD(x)      As String      '出错，下界上标不是常数
```

在上面的例子中，声明 String 类型一维数组 DD 时，用表达式"x"声明它的下标上界，x 不是常数，是非法的，编译时将出错。

数组元素在存储器中是连续存放的。对于一维数组，按照数组元素的下标，从小到大一次存放。

例如：Dim A(5) As Integer

定义了一个一维整型数组 A，A 数组有 6 个元素，下标范围为 0～5，其元素分别为：

A(0)　A(1)　A(2)　A(3)　A(4)　A(5)

A 数组在内存中的存放顺序为：

A(0)	A(1)	A(2)	A(3)	A(4)	A(5)

对于二维数组，则按照先行后列的顺序，依次存放。

例如：Dim B(2,2) As Integer

定义了一个二维整型数组 B，B 数组有 9 个元素，分别为：

B(0,0)　B(0,1)　B(0,2)
B(1,0)　B(1,1)　B(1,2)
B(2,0)　B(2,1)　B(2,2)

B 数组在内存中的存放顺序为：

B(0,0)	B(0,1)	B(0,2)	B(1,0)	B(1,1)	B(1,2)	B(2,0)	B(2,1)	B(2,2)

2. 数组的初始化

在使用数组时，通常要求数组元素要有初值。VB. NET 允许在声明数组时指定各数组元素的初始值，称数组的初始化。

(1) 一维数组的初始化的语法格式为：

Dim 数组名() [As 数据类型]＝{值 1，值 2，…，值 n}

其中：在 VB. NET 中不允许对指定了上界的数组进行初始化，所以，数组名后面的括号必须为空。系统将根据初始值的个数确定数组的上界。

例如：

Dim A() As Integer＝{2,4,6,8}

本例定义了一个 Integer 类型的一维数组 A，该数组有 4 个初始值。因而数组的上界为 3。经过初始化以后，数组的个元素的值分别是：

A(0) ＝2　A(1) ＝4　A(2) ＝6　A(3) ＝8

类似地，也可以对字符数组进行初始化。

例如：

Dim A() As String ＝{"姓名","语文","数学","英语"}

本例定义了一个 String 类型的一维数组 A，该数组有 4 个初始值。因而数组的上界为 3。经过初始化以后，数组的各元素的值分别是：

A(0)＝"姓名"　A(1)＝"语文"　A(2)＝"数学"　A(3)＝"英语"

(2) 二维数组的初始化

二维数组的初始化相对要复杂一些,其语法格式为:

Dim 数组名(,)[As 数据类型]={{第 1 行值},{第 2 行值},…, {第 n 行值}}

其中:

① 由于是二维数组,所以,数组名后面的括号内必须有一个逗号“,”。

② 内层花括号的个数确定了二维数组的行数,其中值的个数决定了二维数组的列数。

例如:

Dim B(,)As Integer ={{1,3,5,7},{2,6,10,14}, {3,9,15,21}}

本例定义了一个 Integer 类型的二维数组 B,该数组有 3 行 4 列。经过初始化以后,有 12 个初始值,数组的各元素的值分别是:

A(0,0)=1	A(0,1)=3	A(0,2)=5	A(0,3)=7
A(1,0)=2	A(1,1)=6	A(1,2)=10	A(1,3)=14
A(2,0)=3	A(2,1)=9	A(2,2)=15	A(2,3)=21

三、数组的基本操作

数组被声明后,就可以引用数组中的元素了。访问数组的方法与访问普通变量相似,只是必须加上数组下标。

1. 一维数组元素的引用

一维数组元素的引用语法格式为:

数组名(下标)

其中:下标可以是整型常量或表达式。

数组元素可以被赋值,也可以出现在表达式中。例如:

A(0)=2

A(1)=3 * A(0)

A(2)=2 * 3+ A(2 * 3)

使用数组可以大大缩短和简化程序,通常使用循环语句和 InputBox 函数连用的方法完成。通过改变数组元素的下标,对数组元素依次进行输入/输出处理。数组名、类型和维数必须与定义数组时一致。

例 3-1-1:将 5 个数保存到数组 A 中,可以使用如下程序段:

```
Dim A(4), i As Integer
For i = 0 To 4
    a(i) = Val(InputBox("请输入一个不等于零的原始数据: " ,"数据处理"))
Next i
```

程序在执行过程中会显示如图 3-1-2 所示的窗口界面,供用户向指定的数组元素中输入数据。

2. 二维数组的引用

二维数组元素的引用语法格式为:

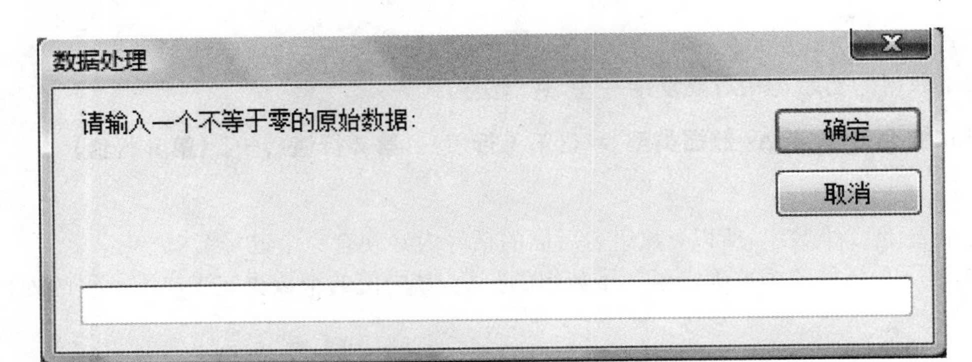

图 3-1-2

数组名(下标 1,下标 2)

其中：下标 1 和下标 2 可以是整型常量或表达式。

例如，A(2, 3)表示二维数组 A 中第 2 行第 3 列元素。在引用数组元素时，每一维的下标都不能超过定义的范围。

例如：

```
Dim A(2, 3) As Integer
A(2, 5) = 1
```

本例中定义 A 为 3 * 4 的二维数组，可以使用的最大行下标为 2，最大列下标为 3，而 A(2,5)的列下标已超出了定义的范围，所以程序出错。

对于二维数组元素的输入和输出操作需要使用多重循环来实现，通常将控制数组第一维的循环变量放在最外层循环中。

例 3-1-2：以下是对二维数组元素赋值的程序段。

```
Dim A (2, 3) As Integer, i As Integer, j As Integer
For i = 0 To 2
   For j = 0 To 3
     A(i,j) = i + j
   Next j
Next i
```

执行上面的程序后，数组 A 中的各元素值分别为：

A(0,0)=0　A(0,1)=1　A(0,2)=2　A(0,3)=3
A(1,0)=1　A(1,1)=2　A(1,2)=3　A(1,3)=4
A(2,0)=2　A(2,1)=3　A(2,2)=4　A(2,3)=5

引用数组时所使用的 A(2,3)和定义数组时所使用的 A(2,3)本质上是有区别的。引用数组时所使用的 A(2,3)是访问数组 A 中的第 2 行、第 3 列的数组元素，而定义数组时所使用的 A(2,3)是定义数组 A 的各维的长度。

3. 数组元素的输出

数组元素的输出可以通过标签来实现。

例 3-1-3：要实现输出如图 3-1-3 所示的矩阵数组的元素，可以编写如下程序：

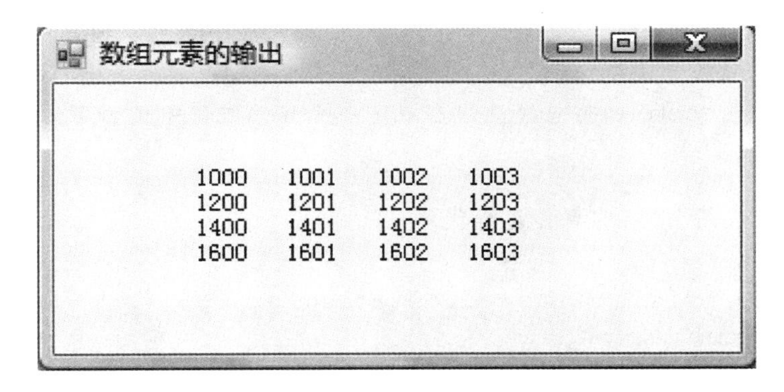

图 3-1-3

```
Private Sub Form1_Click(ByVal sender As Object, ByVal e As System.EventArgs) _
        Handles Me.Click
    Dim C(3, 3) As Integer, i As Integer, j As Integer
    For i = 0 To 3
        For j = 0 To 3
            C(i, j) = 1000 + 200 * i + j
        Next j
    Next i
    For i = 0 To 3
        For j = 0 To 3
            Label1.Text = Label1.Text & C(i, j) & "    "
        Next j
        Label1.Text = Label1.Text & vbCrLf
    Next i
End Sub
```

4. 数组元素的复制

在应用程序中，经常需要将一组数据复制成另一组数据。

例 3-1-4：使用下列程序可以将数组 Arr1 的数组元素赋给数组 Arr2 对应的元素。

```
Dim Arr1(10) As Integer , Arr2(10) As Integer
...
For i = 0 to 10
    Arr2(i) = Arr1(i)
Next i
```

编程实现

本活动例题中在输入成绩之前不能求总分、平均分和最高分，因此将“求总分”、“求平均分”和“求最高分”三个按钮的 Enabled 属性设置为 False。

1. 通用声明段的代码

```
Const N As Integer = 10
Dim Score( N) As Integer
```

提示：① 使用符号常量 N 定义学生人数，在调试程序时可以将其值定义为较小的值，以后使用时修改为实际值。

② 由于数组 score 和符号常量 N 在以下各个事件过程中是公用的，因此必须在通用声明段中定义。

2. 单击“输入成绩”按钮的事件过程代码

```
Private Sub Button1_Click(ByVal sender As System.Object, ByVal e As System.EventArgs) _
          Handles Button1.Click
    Dim i As Integer
    Label2.Text = " "
    Label4.Text = " "
    For i = 1 To N
        score(i) = Val(InputBox("请输入第" & i & "位学生的成绩"))
        Label2.Text = Label2.Text & score(i) & Space(3)
        If i Mod 5 = 0 Then Label2.Text = Label2.Text & vbCrLf
    Next
    Button2.Enabled = True
    Button3.Enabled = True
    Button4.Enabled = True
End Sub
```

3. 单击“求总分”的事件过程代码

```
Private Sub Button2_Click(ByVal sender As System.Object, ByVal e As System.EventArgs) _
          Handles Button2.Click
    Dim sums As Long, i As Integer
    sums = 0
    For i = 1 To N
        sums = sums + score(i)
    Next
    Label4.Text = Label4.Text & "总分为：" & sums & vbCrLf
End Sub
```

4. 单击“求平均分”按钮的事件过程代码

```
Private Sub Button3_Click(ByVal sender As System.Object, ByVal e As System.EventArgs) _
          Handles Button3.Click
    Dim sums As Long, i As Integer, aver As Single
    sums = 0
    For i = 1 To N
        sums = sums + score(i)
    Next
    aver = sums / N
    Label4.Text = Label4.Text & "平均分为：" & Format(aver, "0.00") & vbCrLf
End Sub
```

5. 单击“求最高分”按钮的事件过程代码

```
Private Sub Button4_Click(ByVal sender As System.Object, ByVal e As System.EventArgs) _
        Handles Button4.Click
    Dim maxs, i As Integer
    maxs = score(1)
    For i = 2 To N
        If score(i) > maxs Then maxs = score(i)
    Next
    Label4.Text = Label4.Text & "最高分为：" & maxs & vbCrLf
End Sub
```

6. 单击“退出”按钮的事件过程代码

```
Private Sub Button5_Click(ByVal sender As System.Object, ByVal e As System.EventArgs) _
        Handles Button5.Click
    End
End Sub
```

实践活动

1. 创建一个如图 3－1－4 所示的窗体，当程序运行时，在文本框中输入不为 0 的数值，按回车键后，在图形框中显示数据，并清空文本框中的数据。单击“计算平均值”和“计算总和”按钮，计算并显示结果。当输入非数值时，系统提示“输入不正确，请重新输入”。程序中最多输入 100 个有效数据。

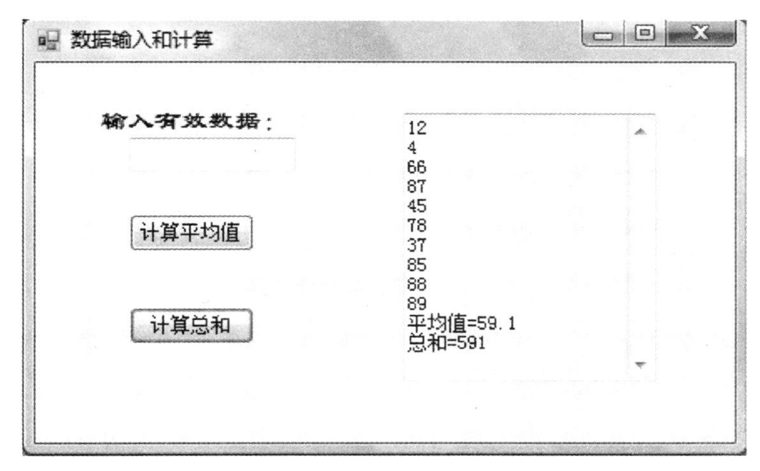

图 3－1－4　数据输入和计算窗体界面

提示：① 在通用声明段中定义数组 A 和变量 n：

```
Dim a(99) As Single
Dim n As Integer
```

② 按回车键后，判断是否为数值的事件过程代码为：

```
Private Sub TextBox1_KeyPress(ByVal sender As Object, _
        ByVal e As System.Windows.Forms.KeyPressEventArgs) Handles TextBox1.KeyPress
```

```
        If e.KeyChar = Chr(13) Then
            If IsNumeric(TextBox1.Text) And Val(TextBox1.Text) <> 0 Then
                a(n) = Val(TextBox1.Text)
                TextBox2.Text = TextBox2.Text & a(n) & vbCrLf
                n = n + 1
            Else
                MsgBox("输入不正确,请重新输入!")
            End If
            TextBox1.Text = ""
            If n > 9 Then
                TextBox1.Enabled = False
            Else
                TextBox1.Focus()
            End If
        End If
    End Sub
```

2. 编写一个应用程序,要求产生一个二维数组,并按图 3-1-5 显示 5×5 方阵中的下三角和上三角部分数据。

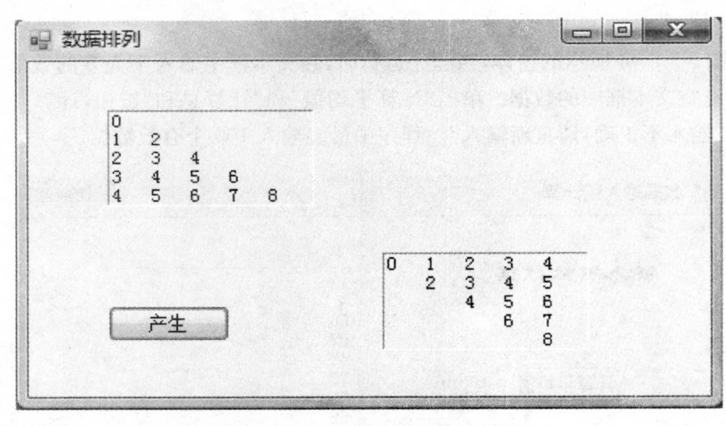

图 3-1-5 数据排列结果界面

3. 编写一个应用程序,使用 InputBox 函数输入 10 个数,并存放在一个一维数组中。查找第一个大于 20 的数,第一个小于 0 的数,显示查找结果和它们的下标。如图 3-1-6 所示。

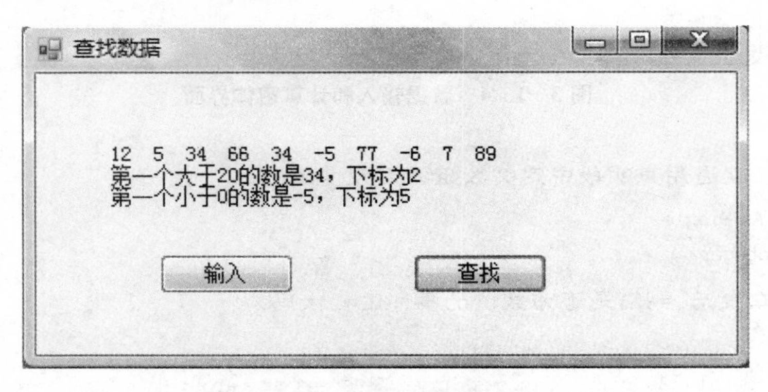

图 3-1-6 查找数据的界面

4. 编写程序输出一个 9 行的“杨辉三角形”，如图 3－1－7 所示。

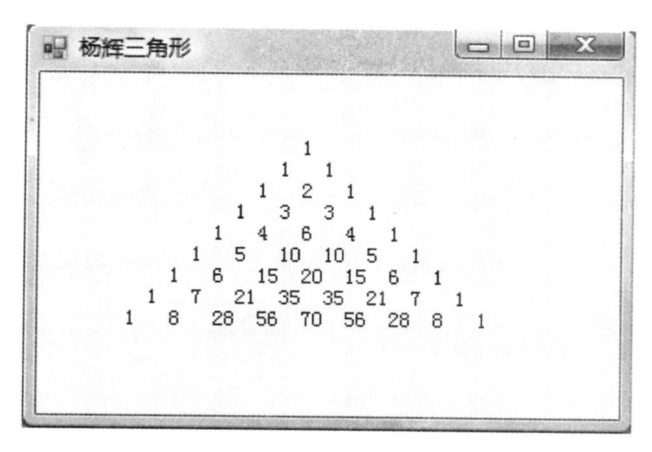

图 3－1－7　杨辉三角形

提示：① 杨辉三角形的形式：对角线和每行的第一列均为 1，其余各项是它的上一行中同一列元素和其前面一个元素之和，即 a(i,j)＝a(i－1,j)＋a(i－1,j－1)。如下数据是一个 5 行的杨辉三角形。

```
1
1    1
1    2    1
1    3    3    1
1    4    6    4    1
```

② 用 Space 函数确定数据之间的空格：

```
Label1.Text = Label1.Text & a(i, j) & IIf(a(i, j) < 10, Space(3), Space(2))
```

拓展：能否使用一维数组编程，显示杨辉三角形。

活动二　成绩编辑

活动说明

在输入学生成绩时我们经常会遇到这样的情况：运行同一程序可以对不同班级学生的成绩进行统计，在编学生人数是根据运行时输入的数据确定的。当输入了部分学生的成绩以后，发现遗漏了某个学生的成绩，或者重复输入了成绩，这时，就需要进行插入和删除操作，即成绩的编辑。

在活动一中，使用了静态数组存放学生的成绩，学生的人数在编程时已确定，无法随着程序的运行而修改。动态数组的元素个数是可以在程序中修改的，可以解决这个问题。

在 VB.NET 中，可以利用文本框输入多个成绩，中间用指定的符号分隔(如逗号)，使用 Split 函数可以将字符串分解成数组元素，生成成绩清单。

“成绩编辑”程序的界面如图 3－2－1 所示。

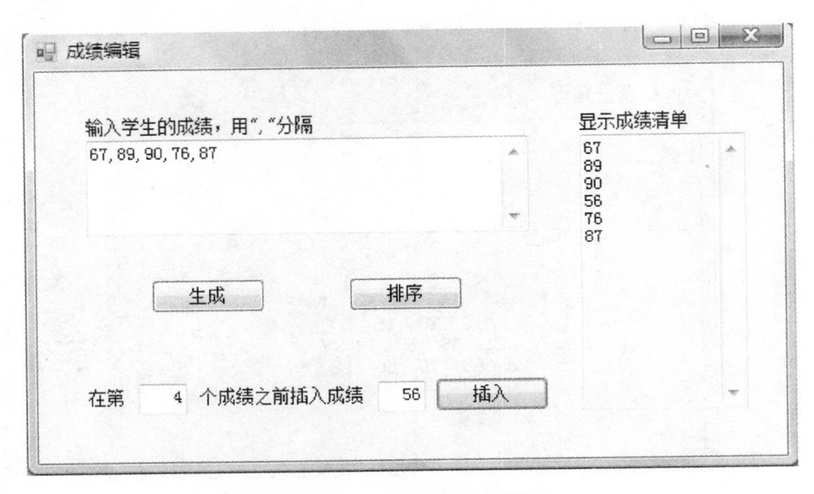

图 3－2－1 “成绩编辑”窗口

学习支持

一、重定义数组大小

在前面讨论的例子中，定义数组时给出各维的大小，这样定义的数组称为静态数组。静态数组是固定大小的数组。在某些应用场合，希望在运行时根据需要改变数组的大小，这就需要重新定义数组大小。

重定义数组大小是指在定义数组时未给出数组的大小，编译时不分配存储空间，当根据用户的需要使用 ReDim 语句时，再分配存储空间。对于定义数组时未给出数组的大小的数组，没有为该数组分配元素时，不占据内存，使用这种方式可以节省内存资源。

重定义数组大小的方法是：首先使用 Dim、Private 或 Public 等语句声明一个没有下标的数组，然后在过程中使用 ReDim 语句定义数组的维数和下标上界。

用 ReDim 语句声明重定义数组大小的语法格式如下：

ReDim [Preserve] 数组名(数组上界,…)

其中：

(1) ReDim：使用 ReDim 语句时，用于为数组重新分配存储空间。对于每一维数，ReDim 语句都能改变数组的元素数及上下界，可以分配实际的元素个数，但它们的维数不能改变。ReDim 语句只能出现在过程中。与 Dim 语句、Static 语句不同，ReDim 语句是一个可执行语句，应用程序在运行时执行这个操作，每次执行 ReDim 语句时，都会使当前数组中的值全部丢失，VB. NET 将重新对数组元素进行初始化。

(2) Preserve：当使用 ReDim 语句重新定义数组时，数组中的内容将被清除，若使用此关键字，可以保持数组中的原有的数据。

(3) 下标可以是常量或是已经有了确定值的变量。

(4) 数据类型省略，系统默认为与 Dim 语句中定义的类型保持一致。

例 3－2－1：以下程序段使用数组 xm 保存输入的学生姓名：

```
Dim xm() As String
Dim i, n As Integer
n = Val(InputBox("请输入学生的人数"))          '输入学生人数后确定 xm 数组的大小
ReDim xm(n - 1)                              '定义存放 n 个学生姓名的数组
For i = 0 To n - 1
    xm(i) = InputBox("请输入学生的姓名：")  '输入学生的姓名并存入对应的数组元素中
    Label1.Text = Label1.Text & xm(i) & vbCrLf
Next i
```

以后再使用 ReDim xm(n)语句，将数组 xm 的长度加 1，但其中数据全部被清空。只有使用 ReDim Preserve xm(n)语句，才能保留前面 n 个元素的值，并且增加 1 个元素。

对于二维重定义的数组，在 Dim 语句中数组名后面的括号不能省略，可以省略每一维的上界，但不能省略逗号。

例 3-2-2：

```
Dim B(,) As Integer
Dim X ,Y As Integer
......
X = 2
Y = 3
ReDim B(X,Y)                 '分配 3 * 4 个元素
ReDim Preserve B(X,Y)        '重新分配 3 * 4 个元素，但不清除数组中原有的内容
```

二、与数组相关的函数

1. Split 函数

格式：**Split**(字符串[,分隔符])

Split 函数的功能是以分隔符将字符串分隔成各个值，作为数组元素的值。若缺省分隔符，以空格为分隔符。

例如，活动二中的语句：

```
A = Split(temp, ",")
```

将变量 temp 中存放的字符串以逗号为分隔符分离，结果放入 A 字符数组中。

2. UBound 函数

格式为：**UBound** (数组名 [, 维])

使用 UBound 函数可以计算出数组的任一维可用的最大下标，从而确定数组的任一维的上界。其中：维指定返回数组的哪一维。1(默认)代表第一维，2 代表第二维，依此类推。

例 3-2-3：

```
Dim A(2,5) As Integer
Dim u As Integer
u= UBound(A,2)          '获得数组 A 第二维的上界，返回值 5
```

例如活动二中的程序段：

```
a = Split(temp, ",")
ReDim s(UBound(a))
```

由变量 temp 产生数组 a 的元素，从而确定数组 a 的大小。利用 UBound 函数计算出数组 a 的上界，并由 ReDim 语句确定 s 数组新的上界（与 a 数组相同）。

三、常用算法

数组是程序设计中使用最广泛的数据结构之一，特别是将循环语句和数组结合使用时，可以大大提高编程的效率。对于学生成绩的输入、输出和各类统计中需要用到一些常用算法，如数组中元素的查找、数组元素的插入和数组元素的删除操作。

1. 查找

常用的查找数组元素的方法有两种：

一是顺序查找法。即从第一个数组元素开始，依次找到最后一个数组元素。

二是二分法查找。即查找前已有数组元素按照升序或降序排序，然后按照一定的算法进行查找。

这里主要介绍顺序查找法的算法，顺序查找算法如下：

将要查找的值与数组中的第一个元素值进行比较，若相同，则查找成功；否则和第二个元素进行比较，依此类推，直至最后一个数组元素结束。

例 3-2-4：以下程序段为输入要查找的元素值，并用顺序查找方法查找该元素

```
Private Sub Form1_Click(ByVal sender As Object, ByVal e As System.EventArgs) _
        Handles Me.Click
    Dim c() As Integer = {3, 5, 7, 12, 55, 67}
    Dim key, id, i As Integer
    key = Val(InputBox("输入要查找的元素值: "))
    id = -1                              '找不到,id 值设置为 -1
    For i = 0 To UBound(c)
        If key = c(i) Then
            id = i                       '找到,该元素的下标保存到 id 中,查找结束
            Exit For
        End If
    Next i
    If id <> -1 Then
        Label1.Text = "你所查找的元素下标是: " & id
        Label1.Text = Label1.Text & vbCrLf & "你所查找的元素值是: " & key
    Else
        Label1.Text = "你所查找的数组元素不存在! "
    End If
End Sub
```

2. 插入

在已有 n 个元素的有序数组中插入一个新的元素 x，使得数组仍有序。假设数组 A 的元素以升序排列，其算法为：

(1) 从第1个元素开始比较,若 a(k)>x,则 k 为要插入的位置。如果数组中的元素值都小于 x,则添加在最后(即 k=n+1)。

(2) 从第 n 个元素开始,将第 n 个元素到第 k 个元素逐个向后移动一位;

(3) 将新的元素 x 放入第 k 个元素位置。

例 3-2-5:原始数组 a 为:12,21,25,31,33,45,67,68,89,要在数组 a 中插入 34,原代码如下:

```
Dim a() As Integer = {12, 21, 25, 31, 33, 45, 67, 68, 89}
Private Sub Form1_Click(ByVal sender As Object, ByVal e As System.EventArgs) _
        Handles Me.Click
    Dim i, k, n, x As Integer
    n = UBound(a)
    x = Val(InputBox("请输入插入的数据"))
    For i = 0 To n
        If a(i) > x Then              '找出所插入数据的位置
            Exit For
        End If
    Next i
    k = i
    ReDim Preserve a(n + 1)
    For i = n To k Step -1
        a(i + 1) = a(i)               '将第 n 个元素到第 k 个元素逐个向后移动一位
    Next i
    a(k) = x
    For i = 0 To n + 1
        Label1.Text = Label1.Text & a(i) & "  "
    Next
End Sub
```

3. 删除

例 3-2-6:删除例 3-2-5 中数组 a 中指定值为 x 的元素的算法为:

(1) 从第1个元素开始查找,若 a(k)=x,则 a(k)为要删除的元素。如果数组中的元素值都不为 x,则提示不存在要删除的元素,程序结束。

(2) 从 a(k+1)起到 a(n),将各个元素的值赋值给前一个元素。

(3) 数组大小减 1。

原代码程序如下:

```
Dim a() As Integer = {12, 21, 25, 31, 33, 45, 67, 68, 89, 91}
Private Sub Form1_Click(ByVal sender As Object, ByVal e As System.EventArgs) _
        Handles Me.Click
    Dim i, k, n, x As Integer
    n = UBound(a)
    x = Val(InputBox("请输入删除的数据"))
    For i = 0 To n
```

```
            If x = a(i) Then
                Exit For
            End If
        Next i

        If i > n Then
            MsgBox("欲删除的数据不存在！")
        Else
            k = i
            For i = k + 1 To n
                a(i - 1) = a(i)          '将元素的值赋值给前一个元素
            Next i
            ReDim Preserve a(n - 1)      '将数组元素个数减 1
        End If
        For i = 0 To n - 1
            Label1.Text = Label1.Text & a(i) & "  "
        Next
    End Sub
```

4. 排序

排序是将一组数按递增或递减的顺序排列。常用的排序算法有选择法、冒泡法、插入法和合并排序等。这里以选择法和冒泡法为例，介绍排序方法。

(1) 选择法排序

选择法排序是一种比较简单的排序方法。假定有 n 个数的序列，要求按照从小到大的次序排序，排序过程为：

① 从 n 个数中找出最小的数的下标，将最小数与第一个数交换位置，使第一个数为最小；

② 除了第一个数外，其余的 n－1 个数再按照步骤①的方法找出次最小的数，将次最小的数与第二个数交换位置；

③ 重复步骤① n－1 次，最后得到的就是从小到大的递增序列。

从上述过程可以看出，数组排序必须用两重循环才能实现，内层循环选择最小的数，找到该数在数组中的有序位置。外层循环的执行次数由要排序的数的个数决定，如果有 n 个数，则执行 n－1 次外循环可以使 n 个数都确定了在数组中的有序位置。

如果要按照从大到小的递减次序排序，则只要每次都找出最大的数即可。

(2) 冒泡法排序

冒泡法排序和选择法排序相似，选择排序法在每一轮中，进行数与数的比较，如果是最小数，则记下它的下标，直到一轮结束后，根据最小数的下标与外循环下标所对应的位置交换数据。而冒泡法排序在每一轮排序时将相邻的数比较，当两个数的次序不对时立即交换位置，当一轮结束时，最小数已冒出。

算法如下：

① 第 1 次：

第 n 个数与第 n－1 个数比较，如果第 n 个数的值小，则两数交换；

第 n－1 个数与第 n－2 个数比较，如果第 n－1 个数的值小，则两数交换；

……

第 2 个数与第 1 个数比较，如果第 1 个数的值小，则两数交换。

② 第 2 次：从第 n 个数开始到第 3 个数，按上述方法与前一个元素比较、交换数值；
③ 第 i 次：从第 n 个数开始到第 i+1 个数，按上述方法与前一个元素比较、交换数值；
④ 重复步骤③ n−1 次，这 n 个数构成递增序列。
例 3-2-7：

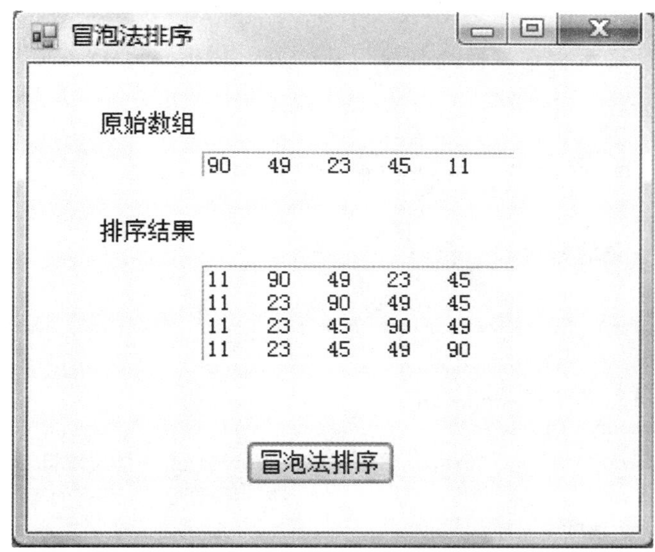

图 3-2-2　冒泡法排序的结果

程序代码如下：

```
Private Sub Button1_Click(ByVal sender As System.Object, ByVal e As System.EventArgs) _
        Handles Button1.Click
    Dim a() As Integer = {90, 49, 23, 45, 11}
    Dim i, j, temp, min As Integer
    For i = 0 To 4
        Label2.Text &= a(i) & "   "
    Next i
    For i = 0 To 3
        For j = 4 To i + 1 Step -1
            If a(j) < a(j - 1) Then
                temp = a(j)
                a(j) = a(j - 1)
                a(j - 1) = temp
            End If
        Next j
        For j = 0 To 4
            Label4.Text &= a(j) & "   "
        Next j
        Label4.Text &= vbCrLf
    Next i
End Sub
```

编程实现

1. 通用声明段的代码

```
Dim s() As Integer
```

2. 在输入成绩的文本框中按键的事件代码

```
Private Sub TextBox1_KeyPress(ByVal sender As Object, _
            ByVal e As System.Windows.Forms.KeyPressEventArgs) Handles TextBox1.KeyPress
  If e.KeyChar <> Chr(8) And Not e.KeyChar Like "#" And Not e.KeyChar Like "[,. -]" Then e.KeyChar = " "
End Sub
```

3. 单击“生成”按钮的事件过程代码

```
Private Sub Button1_Click(ByVal sender As System.Object, ByVal e As System.EventArgs) _
        Handles Button1.Click
    Dim a() As String, temp As String
    Dim i As Integer
    temp = Replace(TextBox1.Text, ",,", ",")  '去除出现的连续分隔符
    a = Split(temp, ",")                      '内容按逗号为分隔符分离,结果放入a字符数组中
    ReDim s(UBound(a))
    TextBox2.Text = " "
    For i = 0 To UBound(a)
        s(i) = Val(a(i))
        TextBox2.Text = TextBox2.Text & s(i) & vbCrLf
    Next i
End Sub
```

4. 单击“插入”按钮的事件过程代码

```
Private Sub Button2_Click(ByVal sender As System.Object, ByVal e As System.EventArgs) _
        Handles Button2.Click
    Dim k As Integer, i As Integer
    k = Val(TextBox3.Text) - 1                '第n个成绩在数组中下标为n-1
    ReDim Preserve s(UBound(s) + 1)
    If k >= 0 And k <= UBound(s) Then
        For i = UBound(s) - 1 To k Step -1
            s(i + 1) = s(i)
        Next i
        s(k) = Val(TextBox4.Text)
        TextBox2.Text = " "
        For i = 0 To UBound(s)
            TextBox2.Text = TextBox2.Text & s(i) & vbCrLf
        Next i
    Else
        MsgBox("插入位置不正确! ")
    End If
End Sub
```

5. 单击“排序”按钮的事件过程代码

```
Private Sub Button3_Click(ByVal sender As System.Object, ByVal e As System.EventArgs) _
        Handles Button3.Click
    Dim i, j, n, imin, t As Integer
    n = UBound(s)
    For i = 0 To n - 1
        imin = i
        For j = i + 1 To n
            If s(j) < s(imin) Then imin = j
        Next
        t = s(i)
        s(i) = s(imin)
        s(imin) = t
    Next
    TextBox2.Text = " "
    For i = 0 To n
        TextBox2.Text = TextBox2.Text & s(i) & vbCrLf
    Next i
End Sub
```

实践活动

1. 编写一个应用程序，完成以下功能：单击“输入成绩”按钮后，用 InputBox 函数输入学生人数和成绩，单击“显示成绩”按钮时，将显示学生的成绩，单击“统计”按钮时，将计算并显示学生的总人数、总分、平均成绩、优秀率和合格率，假设大于等于 85 分为优秀，大于等于 60 分为合格。如图 3-2-3 所示。

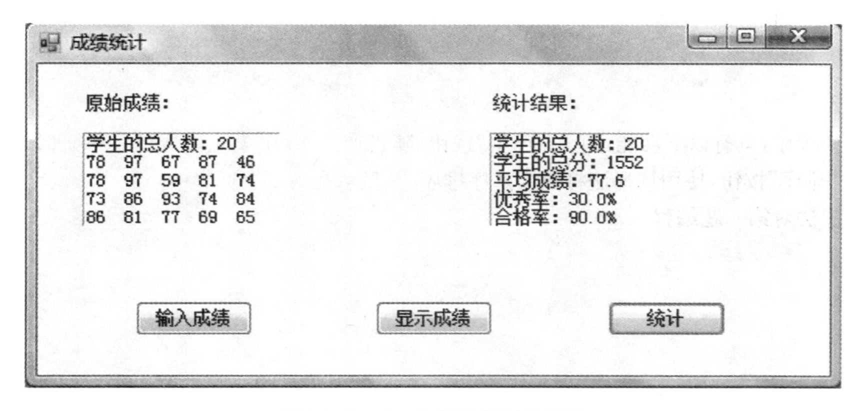

图 3-2-3 “成绩统计”窗体

提示：由于运行程序时只有在输入学生人数后，才能确定学生成绩数组的大小，因此需要重新定义数组的大小，在输入过程中要求对输入的学生进行验证，如果输入的数据是大于等于 0 且小于等于 100，则加入到数组中；否则，出现“你输入的数据不正确，请重新输入！”提示信息。

2. 编写一个应用程序，具有以下功能，其界面如图 3-2-4 所示。

(1) 为数组 x 赋初值：96，-101，190，153，-34，-90，320，89，905，300。

(2) 单击"显示"按钮，在图形框中显示原始数组元素。

(3) 单击"负数中的最大值"按钮，显示该数组中小于 0 数中的最大值；单击"正数中的最小值"按钮，显示该数组中大于 0 数中的最小值。

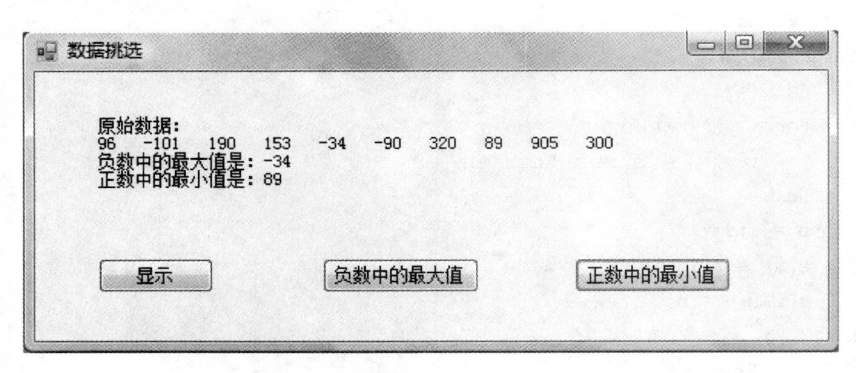

图 3-2-4

3. 编写一个应用程序，完成在 A 数组中查找 56、删除 67 和插入 102 的功能。假设 A 数组中的元素为：11，12，34，43，56，65，67，78，110，120。

4. 编写一个应用程序，用文本框输入数组的所有元素值，数值之间用逗号分隔，统计数组中正数的个数，并显示为最大值的元素下标。

5. 编写一个应用程序，建立字符型数组，其值自行定义。将数组第 1 个元素和最后一个元素交换，将第 2 个元素和倒数第 2 个元素交换，依此类推。输出交换后的数组元素。

提示：假设数组的上界为 n、下界为 0，交换数组元素的程序段为：

```
For i = 0 to n\2
    t = a(i)
    a(i) = a(n - i)
    a(n - i) = t
Next i
```

6. 编写一个程序，具有以下功能：单击"产生"按钮，随机产生 10 个学生的成绩(0～100)，并显示在第 1 个标签中；单击"排序"按钮，使用选择法将成绩降序排序，并显示在第 2 个标签中。

7. 使用冒泡法对第 6 题编程。

项目四　过程编写

VB. NET 将一些常用的算法作为标准函数提供给用户使用。用户只要用标准函数名和需要运算的自变量，即可得到相应的结果。在程序中调用标准函数，省去了用户重复编写常用算法程序的精力与时间，极大地方便了用户。

在实际应用中，用户除了需要使用系统提供的标准函数外，在自己的应用程序中也会碰到需要多次重复使用的程序，用循环结构又不好解决的问题(例如：执行的程序相同，但每次的数据不同)。VB. NET 为用户提供了在自己的程序中定义和使用类似标准函数的函数过程和子过程，来解决这类问题。

在程序设计中使用函数过程和子过程的好处在于：减少重复劳动，简化了程序设计任务；使得程序容易调试；一个程序中的函数过程和子过程往往不必修改或稍做修改即可被另一个程序使用。

活动一　求组合数

活动说明

某班有 m 名学生，要选派 n 名学生参加合唱队，计算有多少种选派方法。程序界面如图 4-1-1 所示。

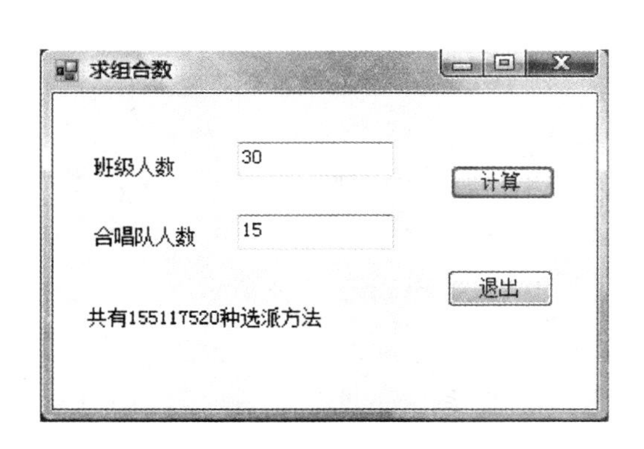

图 4-1-1　“求组合数”界面

活动分析

本例是一个计算组合数的例子，可以利用如下组合数公式进行计算：

$$C_m^n = \frac{m!}{(m-n)!n!}$$

在组合公式中，三次用到了求阶乘，其算法相同。对于算法相同的程序段，可以独立编写，作为过程。在程序中用到这段程序时，只需调用这一过程。

学习支持

VB.NET中的过程分为事件过程和自定义过程。事件过程被执行可以是由对象的某个事件触发的，如单击按钮对象触发按钮的单击事件，从而执行相应的单击事件过程；也可能是被其他过程调用。而自定义过程的执行只能是被调用。

VB.NET除了提供许多内部函数（如Sqrt、Rnd、Cos等）供用户调用外，也允许用户在程序中自定义函数过程和子过程，然后调用。函数过程和子过程调用方法与VB.NET提供的内部函数相同。本项目活动一中求阶乘的程序可先定义函数过程，然后在单击“求和”命令按钮的事件过程中多次调用。

一、函数(Function)过程的定义和调用

1. 定义函数过程

函数过程定义的格式：

```
[Private|Public] Function ＜函数过程名＞ (＜参数列表＞) [As ＜类型＞]
    ＜语句块＞                                                  ┐
    ＜函数过程名＞=＜表达式＞   或 Return   ＜表达式＞          │
    [Exit Function]                                             ├函数过程体
    [＜语句块＞]                                                │
    [＜函数过程名＞=＜表达式＞ 或 Return   ＜表达式＞]          ┘
End Function
```

函数过程由Function语句声明它的名称、参数以及构成其主体的代码，其中：

(1) Private | Public：用于指出函数过程被调用的范围。Public表示函数过程是公共(全局)过程，Public函数过程可在整个项目内被调用。Private函数过程是局部过程，只能被包含其声明的窗体或模块调用。省略时，系统默认为是“Private”。

(2) 参数列表：指明了参数类型和个数。其中每个参数的格式为：

[ByVal | ByRef] ＜变量名＞[( )] [As ＜类型＞]

在定义函数过程时，“参数列表”中的参数为形式参数（Formal parameter），简称形参或哑元。形参只能是变量名或数组名（数组名后加“()”），定义时没有值，参数名之间用逗号分隔。

函数过程没有参数时，函数过程名后的括号不能省略。

“变量名”前面的“ByVal | ByRef”是可选的，用于指出参数传递方式。用关键字“ByVal”，表示其后的参数是按值传递，简称为“传值”方式（Passed by Value）；用关键字“ByRef”，则表示其后的参数是按地址传递，简称为“传址”方式（Passed by Reference）。当参数为数组时，默认的参数传递方式是按地址传递。

(3) “As＜类型＞”：参数的类型，定义函数过程返回值的数据类型。如省略，则为Object类型。

（4）函数过程直接返回一个值到调用处，因此在函数过程体中至少要对“函数过程名”赋一次值，或用 Return　＜表达式＞。

（5）“Exit Function”：退出函数过程。

2. 定义函数过程的操作

（1）利用命令定义函数过程

在代码窗口中，将光标置于所有过程之外，右击鼠标，在快捷菜单中单击“插入代码段”命令，在弹出的下拉列表中，双击“通用代码模式”选项，如图 4－1－2 所示。在弹出的列表中双击“属性和过程”命令，如图 4－1－3 所示。在弹出的第三级下拉列表中双击“定义函数”命令，如图 4－1－4 所示。由此建立了一个函数过程的模板，在其中输入函数过程代码。模板中的函数名可以更改，如图 4－1－5 中的函数名 MyFunc。

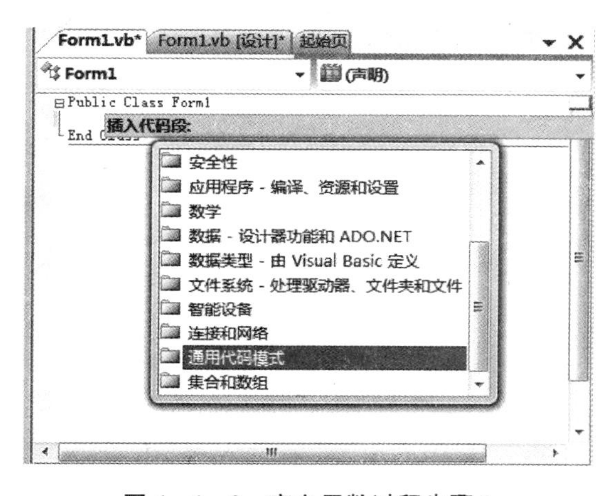

图 4－1－2　定义函数过程步骤 1

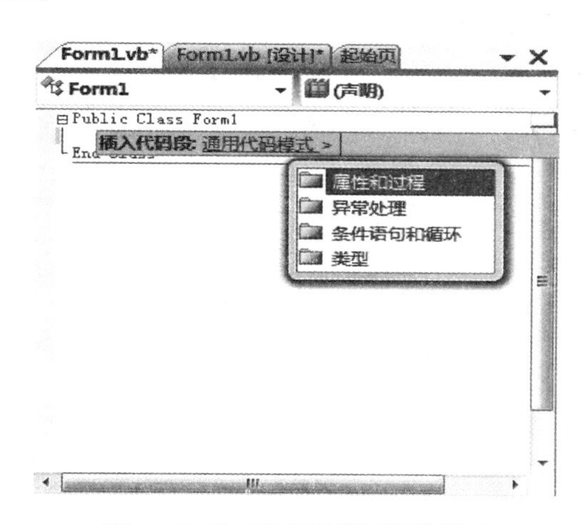

图 4－1－3　定义函数过程步骤 2

图 4－1－4　定义函数过程步骤 3

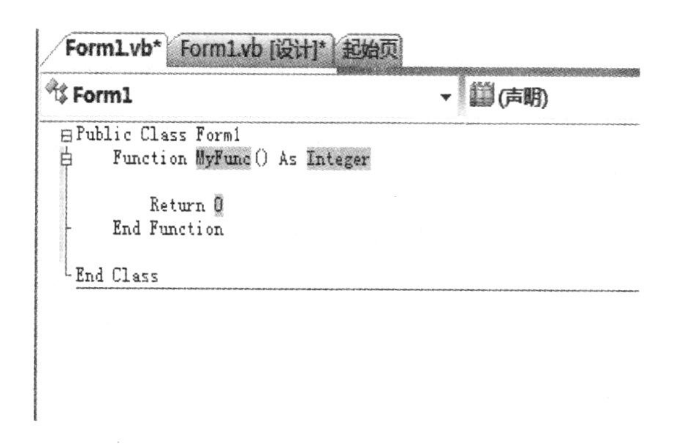

图 4－1－5　定义函数过程步骤 4

（2）在代码窗口定义函数过程

在代码窗口所有过程之外，直接输入定义函数过程的代码。

3. 函数过程的调用

函数过程的调用和标准函数相同，格式如下：

函数过程名([＜参数列表＞])

（1）参数列表：列表中的参数称为实际参数（Actual parameter），简称实参。实参的个数、顺序、类型与形参完全一致。实参可以是同类型的常量、变量和表达式。如果是数组，省略维数和括号。

(2) 与标准函数一样，函数过程不能作为单独的语句使用，只能作为表达式或表达式中的一部分。

例 4-1-1：编写计算 n! 的函数过程。

n! ＝n×(n－1)×(n－2)… ×2×1

分析：编写计算 n! 的函数过程，n 是一个自变量。因此在函数过程中，将 n 作为一个参数。界面设计如图 4-1-6 所示。

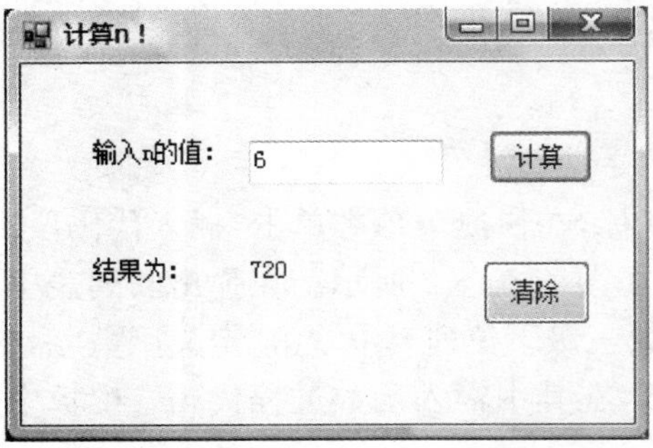

图 4-1-6　例 4-1-1 界面

在代码窗口的窗体模块声明段中定义函数过程如下：

```
Public Class Form1
   Public Function factorial (ByVal n As Integer) As Double
      Dim t As Double , i As Integer
      t = 1                              '初始化变量
      For i = 1 To n   ⎫
        t = t * i      ⎬     'n!
      Next i           ⎭
      Return t            '将 n! 的结果赋给函数过程名
    End Function
End Class
```

单击“计算”按钮的事件过程：

```
Private Sub Button1_Click(ByVal sender As Object, ByVal e As System.EventArgs) _
          Handles Button1.Click
    Label3.Text = factorial(Val (TextBox1.Text))
End Sub
```

单击“清除”按钮的事件过程：

```
Private Sub Button2_Click(ByVal sender As Object, ByVal e As System.EventArgs) _
          Handles Button2.Click
    TextBox1.Text = " "
    Label3.Text = " "
End Sub
```

提示：① Label3.Text = factorial (Val (TextBox1.Text)) 中的 Val (TextBox1.Text) 是实参。下面是形参与实参的关系：

```
Label3.Text = factorial (Val (TextBox1.Text))
Public Function factorial (ByVal n As Integer) As Double
```

② 调用函数过程的程序，称为主调程序或主程序。下图说明了在主程序中调用函数过程的运行情况：

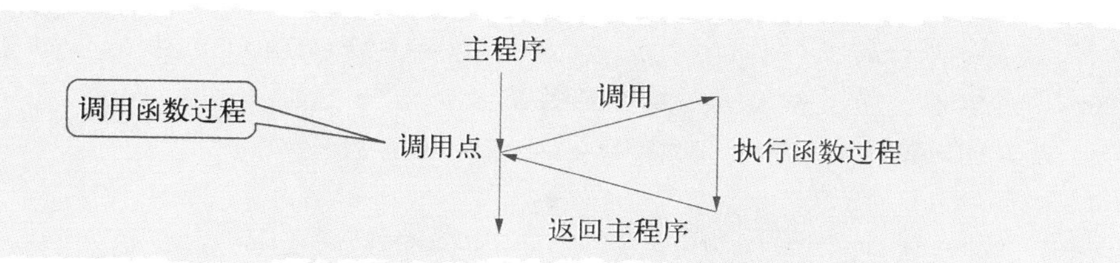

例 4－1－2：计算自然数 1～n 的和及平均数。单击“求和”按钮，求 1～n 的和，结果显示在标签中；单击“求均数”按钮，求 1～n 的平均数，结果显示在标签中。界面设计如图 4－1－7 所示。

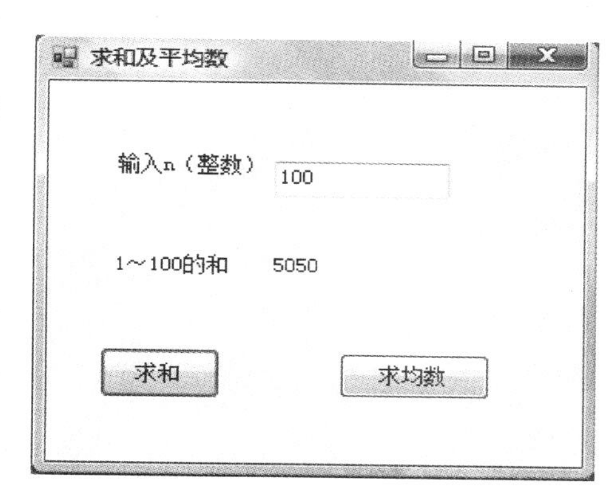

图 4－1－7　例 4－1－2 界面

分析：无论是求和，还是求均数，都要计算出 1～n 个数的和。将求和的程序作为一个函数过程定义。在求和或求均数时，调用这段程序。n 的值决定了计算的项数，是一个自变量。因此在函数过程中，将 n 作为一个参数。

因为在同一个窗体的两个事件过程中调用求和程序，所以在代码窗口的窗体模块声明段中编写定义求和的函数过程如下：

```
Public Class Form1
  Private Function sum(ByVal n As Integer) As Long
    Dim t As Long, i As Integer
    t = 0                                    '初始化变量
    For i = 1 To n
      t = t + i
    Next i
    sum  = t                                 '将结果赋给函数过程名
  End Function
End Class
```

单击“求和”按钮的事件过程：

```
Private Sub Button1_Click(ByVal sender As Object, ByVal e As System.EventArgs) _
          Handles Button1.Click
    Label2.Text = " 1～" & TextBox1.Text & "的和"
    Label3.Text = sum(Val(TextBox1.Text))           '调用函数过程
End Sub
```

单击“求均数”按钮的事件过程：

```
Private Sub Button2_Click(ByVal sender As Object, ByVal e As System.EventArgs) _
          Handles Button2.Click
    Label2.Text = " 1～" & TextBox1.Text & "的均数"
    Label3.Text = sum(Val(TextBox1.Text)) / Val(TextBox1.Text)
End Sub
```

提示：Label3. Text = sum(Val(TextBox1. Text))中的 Val(TextBox1. Text)是实参。下面是形参与实参的关系：

```
Label3.Text = sum (Val(TextBox1.Text))
                          ↓
Private Function sum(ByVal n As Integer) As Long
```

二、递归函数

例 4-1-1 中计算 n! 的函数过程是在函数过程体中用循环来实现 n!。此处，用另一种方法表示 n! 的计算，n! 可分解为：

$$n! = \begin{cases} 1 & n=0 \\ n\times(n-1)! & n>0 \end{cases}$$

因为 n! = n×(n−1)! 问题变为求(n−1)! 的子问题。按照这个思路一直递推到 n 为 0。当 n=0 时，就能得到结果 1。再从 0! =1，1! = 0! * 1=1，…，一步步回归，最终得到 n! 的结果。

基于上述的分析，将例 4-1-1 中的 n! 的函数过程重新定义为：

```
Public Function factorial (n As Integer) As Double
    Dim t as Double
    If n = 0 then t = 1  Else t = n *  factorial (n - 1)          '在函数过程体中调用自身
    factorial = t
End Function
```

当 n>0 时，n! 为 n×(n−1)!，问题简化为求(n−1)! 的子问题，而这个子问题与原问题是性质相同只是参数不同的问题，只要用不同的参数，就可调用相同的过程。函数过程在其过程体中直接或间接调用自己，这样的函数过程称为递归函数。

递归是程序控制的另一种形式，本质上是不用循环控制的一种重复。在程序设计中经常需要重复实现的操作，利用循环是实现重复的一种方法，而采用递归是另一种途径。递归使得程序变得简洁，但增加了系统处理的负担。

定义递归函数时，要对以下两种情况给出描述：

(1) 递归条件：指出在何时进行递归，它描述了问题的分解和综合过程，属于问题求解的一般过程。在 n! 求解的问题中，n>0 时为递归条件，n! 分解为递归求(n−1)! 以及与 n 的积。

(2) 结束条件(终止条件或初始条件)：结束条件指出何时不需递归调用，它描述了问题求解的特殊情况或基本情况。在结束条件下，不需递归就能得出结果。在 n! 求解的问题中，n=0 时，n! =1 就是结束条件。

提示：一个问题只有存在结束条件(终止条件)的情况下，才能递归。
在递归过程中，递归条件应向结束条件发展，即向结束条件收敛。否则，无法用递归。

图 4-1-8 描述了 n=4 时，factorial(4)的递归调用的过程。

例 4-1-3：求第 n 个 fibonacci 数。

$$fib(n) = \begin{cases} 0 & n=1 \\ 1 & n=2 \\ fib(n-2)+fib(n-1) & n>=3 \end{cases}$$

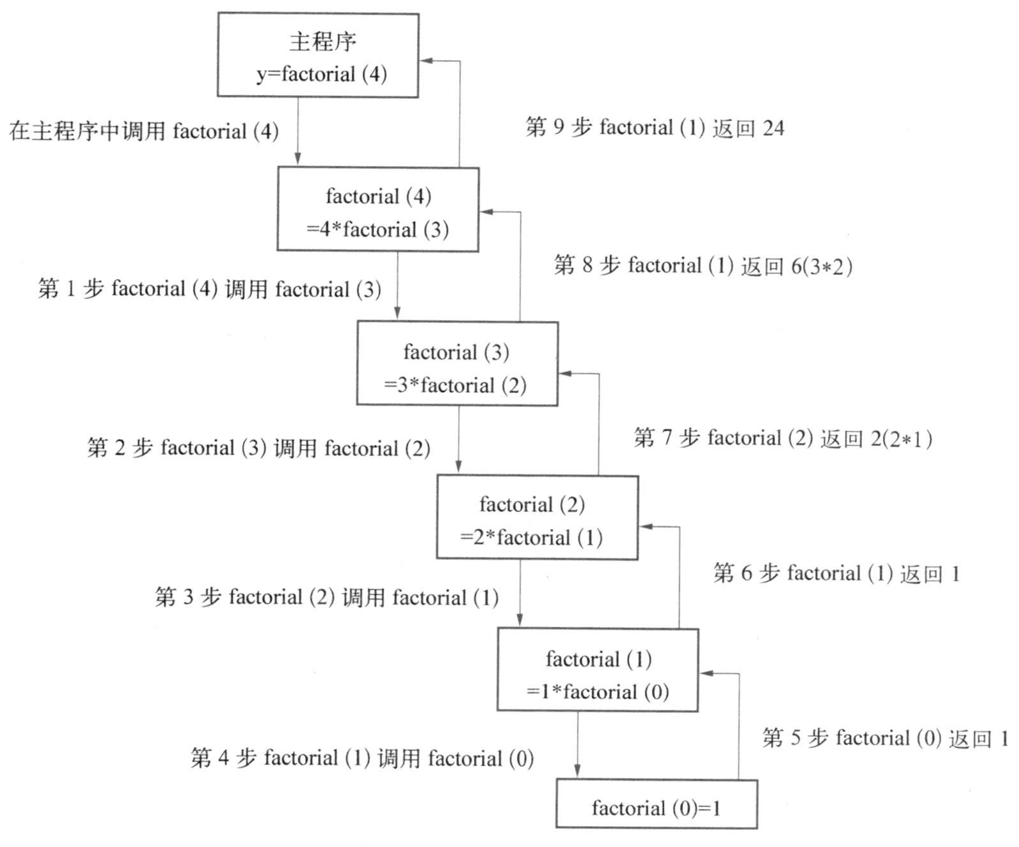

图 4－1－8　factorial 递归函数的递归调用过程

分析：根据题目给出的表达式可以看出当n>＝3时，这个问题可以变为求 fib(n－2)和 fib(n－1)的子问题，表明它具备递归条件；当 n＝1 和 n＝2 时，无需递归，即可得到结果，表明它具备结束条件。因此对这个问题可使用递归的方式解决。

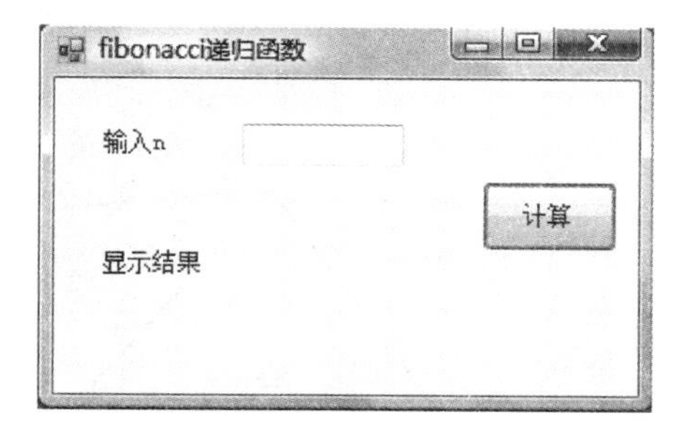

图 4－1－9　例 4－1－3 界面

（1）设计界面。界面如图 4－1－9 所示。

（2）编写函数过程及事件过程。

在代码窗口的窗体模块声明段中定义 fibonacci 递归函数过程：

```
Public Class Form1
    Public Function Fib(n) as Integer
      If n = 1 then Fib = 0
      If n = 2 then Fib = 1
      If n>= 3 then Fib = Fib(n - 2) + Fib(n - 1)
    End Function
End Class
```

在单击“计算”按钮的事件过程：

```
Private Sub Button1_Click(ByVal sender As Object, ByVal e As System.EventArgs) _
```

```
        Handles Button1.Click
    Label3.Text = Fib(TextBox1.Text)        '文本框中输入的值作为调用递归函数 Fib 的实参
End Sub
```

编程实现

在例 4-1-1 中已定义了计算阶乘的函数过程 factorial。在活动一的求组合数中，可以调用这一函数过程。

在活动说明中的单击“计算”按钮的事件过程中，调用 factorial 函数过程，计算组合数。程序代码如下：

```
Private Sub Button1_Click(ByVal sender As Object, ByVal e As System.EventArgs) _
        Handles Button1.Click
    Dim m As Integer, n As Integer, c As Double
    m = Val(TextBox1.Text)
    n = Val(TextBox2.Text)
    c = factorial(m) / (factorial(n) * factorial(m - n))     '调用 factorial 函数过程
    Label3.Text = "共有" & c & "种选派方法"
End Sub
```

实践活动

1. 已知多边形各边的长度，计算多边形面积。多边形如图 4-1-10 所示。

要求：在窗体单击事件过程中，计算出多边形面积，并将结果显示在标签中。

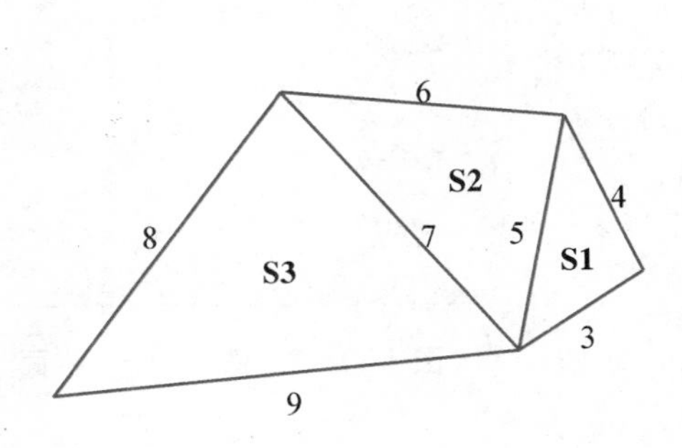

图 4-1-10　多边形

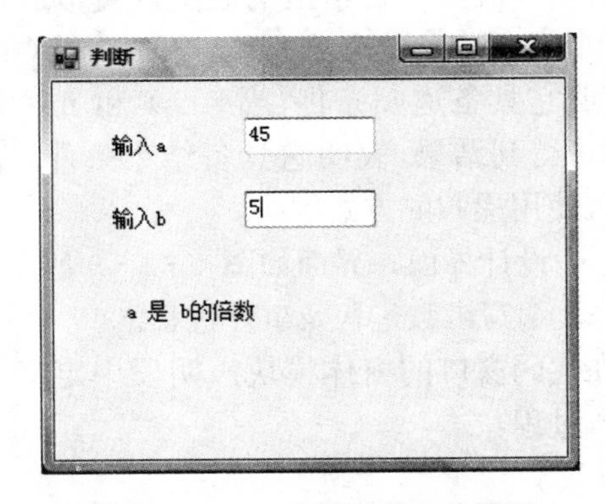

图 4-1-11　实践活动 2 的界面

提示：将任意多边形分解为若干个三角形，多边形面积就是这若干个三角形面积之和。计算三角形面积的公式是：

$$area = \sqrt{c(c-x)(c-y)(c-z)},\ c = \frac{1}{2}(x+y+z)$$

将三角形面积的计算程序作为函数过程定义。

2. 从两个文本框中输入 a、b 两个数，判断 a 是不是 b 的倍数。在窗体单击事件过程中，调用判断的函数过程，将判断结果显示在标签框中。界面和运行结果如图 4-1-11 所示。

提示：将函数过程定义为逻辑型。在函数过程体中赋给函数名的值为：True 或 False。

3. 编写判断奇、偶数的函数过程。从文本框中输入一个正整数，调用函数过程判断其奇偶数，判断结果显示在标签中。

4. 编写计算 $y=1+\frac{1}{2}+\frac{1}{3}+\frac{1}{5}+\frac{1}{8}+\cdots\cdots+\frac{1}{f_{n-1}+f_{n-2}}$ 的函数过程。

提示：上述的计算公式中的分母中是 fibonacci 数。

5. 编写将一个字符串颠倒顺序的函数过程。然后在文本框中输入任一字符串，调用该函数过程，并在标签中显示结果。

活动二　竞 赛 评 分

活动说明

在竞赛活动中，有十位评委为选手评分。在十位评委的评分中，去掉一个最高分和一个最低分，再计算出选手的平均分。程序界面如图 4－2－1 所示。

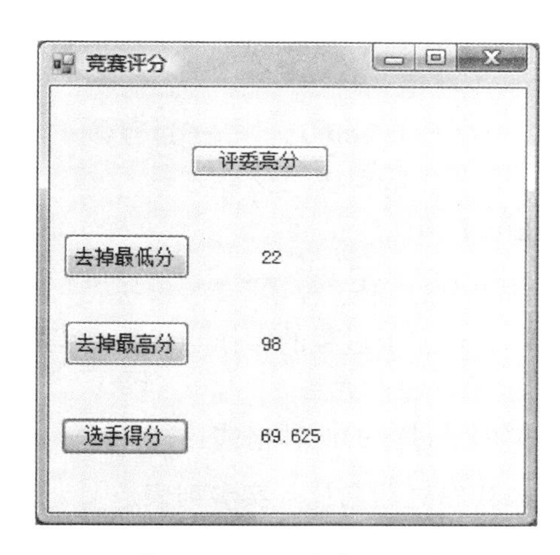

图 4－2－1　活动二界面

活动分析

在本活动中，10 位评委给出分数后，要去掉最低分和最高分。简单的办法是：将 10 个分数排序，去掉排序后的第一个和最后一个分数。因此，在评委给每位选手评分后，用排序程序将选手得分排序。对于多次使用的排序程序，能否编写一段通用程序，像函数过程一样，一次定义，用不同的参数再多处使用？回答是肯定的。但这个问题与函数过程有所不同，它最终不是得到一个值，而是完成一组数据排序的功能。

学习支持

本项目活动一定义了计算阶乘的函数过程，在程序中可用函数名调用这个函数过程，调用的结果是得到一个函数值。在实际应用中，有时是要完成某一种功能，无须返回一个值。例如，活动二中的排序程序。在 VB. NET 中也可以像函数过程一样，将程序中多次重复使用的程序代码抽出来，使之成为一段独立的程序并给它一个名字。需要使用这段代码时，只要用它的名字来调用即可，这段程序代码称为子过程。

子过程是取了名字的一段程序代码，它通常完成一个独立的(子)功能。在主程序中通过子过程的名来使用(调用)子过程。子过程执行结束后，自动返回主程序的调用点，继续执行调用点后面的程序代码。

子过程与函数过程的性质基本相同，它们之间的区别是：子过程名不带值；而函数过程名带值。

> **提示**：在实际应用中，有一些问题的解决，既可以用函数过程又可以用子过程。

一、子过程的定义和调用

1. 子过程的定义

子过程定义语句的格式：

[Private | Public] Sub ＜子过程名＞([＜参数列表＞])
　　＜语句块＞
　　[Exit Sub]　　} 子过程体
　　[＜语句块＞]
End Sub

格式中的“子过程名”、“参数列表”、“Public”、“Private”、“Exit Sub”的含义与函数过程中的相同。建立子过程的操作与函数过程相同。

2. 子过程的调用

调用子过程的两种格式：

Call 子过程名([＜实参列表＞])
子过程名 ([＜实参列表＞])

说明：(1) 调用子过程是一个独立的语句。

(2) 若实参要获得子过程的返回值，则形参必须是“传址”方式(ByRef)；实参只能是变量，不能是常量、表达式或控件名。

> **提示**：一般情况下，实参列表中的实参与形参列表中形参的个数、类型、顺序必须相同。

例 4-2-1：将活动一中排序程序定义为一个子过程。将这段程序放在代码设计窗口的窗体模块声明段中定义，然后在其他的事件过程中调用。定义子过程 sort 的代码如下：

```
Public Sub sort(ByRef a() As Integer)
    Dim i As Integer, j As Integer, t As Integer
    For i = 0 To UBound(a) - 1
        For j = i + 1 To UBound(a)
            If a(i) > a(j) Then
                t = a(i)
```

```
                a(i) = a(j)
                a(j) = t
            End If
        Next j
    Next i
End Sub
```

二、参数传递

在调用函数过程和子过程时，在调用语句处由实参向形参传递数据后，执行函数过程和子过程程序。

形参是在子过程或函数过程的定义中出现的变量名，实参则是在调用子过程或函数过程时传送给子过程或函数过程的常数、变量、表达式或数组。在VB.NET中，实参和形参的数据传递有两种方式：传址(ByRef)和传值(ByVal)，传址又称为引用。区分两种参数传送方式的方法是在定义的形参前加“ByRef”或“ByVal”关键字。

1. 传址方式

传址是将实参的地址传递给形参，在调用语句处，将实参变量的内存地址传递给被调用过程的形参，形参用得到的地址(实参的地址)访问变量。因此，如果在过程体中改变形参的值，实际上被改变的是实参的值。

传址方式是通过关键字ByRef来定义的。在定义函数过程或子过程时，如果形参前面有关键字ByRef，表示该参数用传地址的方式传送。

例4-2-2：编写分别改变两个自变量的值，第一个变量为两个变量和，第二个变量为两个变量积，并打印两个变量的子过程。参数传送采用“传址”方式。在单击窗体事件过程中对两个变量(实参)赋值，并显示两个变量(实参)的值；调用子过程后，再显示两个变量(实参)的值；观察实参值的变化。

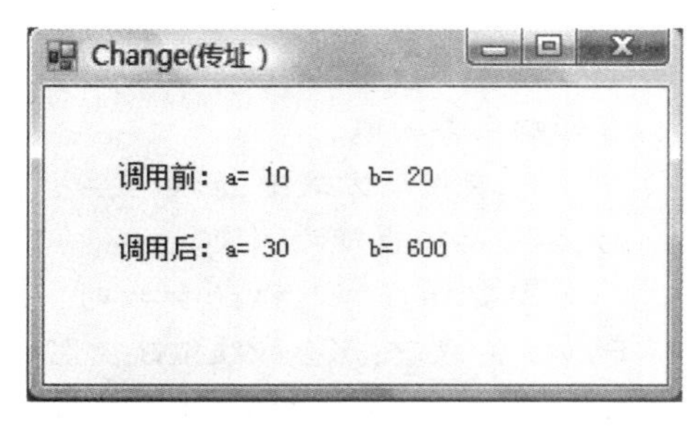

图4-2-2 例4-2-2运行结果

在代码设计窗口的窗体模块声明段中定义子过程Change：

```
Sub Change(ByRef x As Integer, ByRef y As Integer)
  x = x + y
  y = x * y
End Sub
Private Sub Form1_Click(ByVal sender As Object, ByVal e As System.EventArgs) Handles Me.Click
    Dim a As Integer, b As Integer
    a = 10 : b = 20
    Label1.Text = "调用前: " & "a=" & Str(a) & "        b=" & Str(b)
    Change(a, b)
    Label2.Text = "调用后: " & "a=" & Str(a) & "        b=" & Str(b)
End Sub
```

提示：图 4-2-2 是例 4-2-2 的运行结果。在子过程 change 中，参数 x、y 采用的是传址方式。在单击窗体事件过程中，调用子过程 change(a、b)，将实参 a、b 的地址传给形参 x、y。在调用子过程时，用地址去访问，真正被访问的就是实参 a、b。因此，在子过程体中形参 x、y 的值被改变，从而改变了实参 a、b 的值。从程序运行的结果（图 4-2-2）可以看出，实参 a、b 的值被改变了。

2. 传值方式

在调用带参数的函数过程或子过程时，将实参的值复制给函数过程（或子过程）的形参，称为值传递（传值）。实际上形参只是实参的一个副本，无论函数过程体中形参的值怎样变化，实参的值均不受影响。在 VB. NET 中，传值方式通过在形参前加关键字 ByVal 或省略来实现。

例 4-2-3：将例 4-2-2 中参数传递改为传值方式。只要将子过程 change 中形参 x、y 前的 ByRef 换成 ByVal。

```
Sub change(ByVal x As Integer, ByVal y As Integer)
    x = x + y
    y = x * y
End Sub
```

对事件过程 Form_Click 未作任何修改。运行结果见图 4-2-3。

由此可见，传值方式没有改变实参 a 和 b 的原有值。

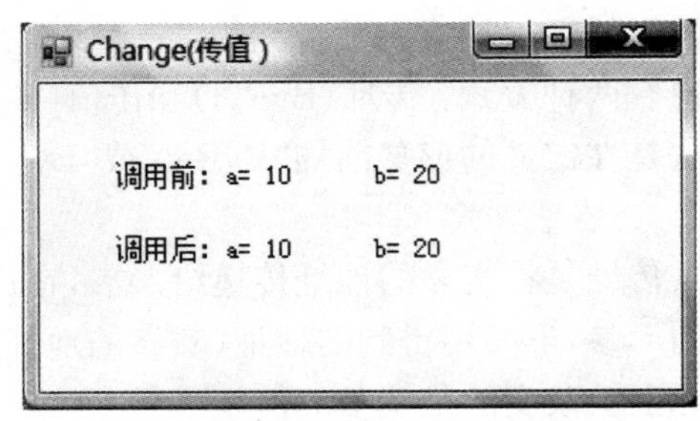

图 4-2-3　例 4-2-3 运行结果

注意：① 在传值方式中，形参和实参分别占有不同的内存单元，形参值的变化不会影响实参的值。

② 在传址方式中，形参与实参占有相同的内存单元。因此，当形参的值发生变化时，实参的值也随之而变。

③ 数组作为过程的参数时，可以定义为传址或传值，但系统按传址方式处理。ByVal 方式下，形参数组值改变影响实参数组，但若对形参数组使用了 ReDim，则形参数组获得新的存储空间，不再影响实参数组；ByRef 方式下，形参数组的所有改变均影响实参数组。

三、可选参数

1. 用关键字 Optional 指定可选参数

一般情况下，函数过程和子过程中形参的个数是固定的，在调用时实参的个数也是固定的。但 VB. NET 中，定义函数过程和子过程时可以将一部分形参定义成可选参数；在调用时，可以给可选参数提供实参，也可以不提供实参。这样增加了过程调用的灵活性。

在定义函数过程和子过程中，要将参数定义为可选参数，在形参前加关键字 Optional。可选参数在定义时，必须注意：

(1) 一个形参定义为可选参数后，参数列表中其后定义的形参也必须是可选参数。因此，定义为可选参数的形参一般放在参数列表的后部。

(2) 定义为可选参数的形参，必须指出其类型和默认值。

（3）在调用有可选参数的过程时，在可选参数处可以提供实参也可不提供实参。提供实参时，用实参的值；不提供实参时，用定义形参时的默认值。

例 4-2-4：定义一个求三个数和的函数过程，将第三个参数定义为可选参数。界面设计如图 4-2-4 所示。

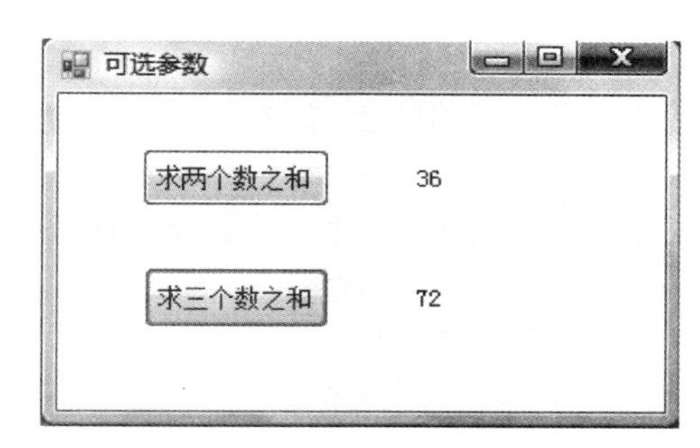

图 4-2-4 例 4-2-4 界面

在代码窗口的窗体模块声明段中定义函数过程 Tsum：

```
Private function Tsum(ByVal a As Integer, ByVal b As Integer, Optional ByVal c As Integer = 0)  As Integer
    Tsum = a + b + c
End Function
```

在函数过程 Tsum 定义时，将第三个参数 c 定义为可选参数。在调用这一函数过程时，可以不给出第三个实参，这样函数过程 Tsum 就变成求两个数之和了。在过程定义中使用可选参数，使得过程的功能变得更灵活。

单击“求两个数之和”按钮的事件过程：

```
Private Sub Button1_Click(ByVal sender As Object, ByVal e As System.EventArgs) _
        Handles Button1.Click
    Dim x As Integer, y As Integer
    x = Val (InputBox("输入第一个数"))
    y = Val (InputBox("输入第二个数"))
    Label1.Text = Str(Tsum(x, y))
End Sub
```

单击“求三个数之和”按钮的事件过程：

```
Private Sub Button2_Click(ByVal sender As Object, ByVal e As System.EventArgs) _
        Handles Button2.Click
    Dim x As Integer, y As Integer, z As Integer
    x = Val (InputBox("输入第一个数"))
    y = Val (InputBox("输入第二个数"))
    z = Val (InputBox("输入第三个数"))
    Label2.Text = Str(Tsum(x, y, z))
End Sub
```

2. 使用数组参数作为可变参数

在 VB.NET 中，还可以将过程中的最后一个形参定义成能接受任意多个实参的形式，使得这个形参接受实参的个数是可变的。定义过程时在形参前加关键字 ParamArray。注意，关键字 ParamArray 只能用于参数列表中的最后一个形参前或只有一个参数的过程，且不能与关键字 ByRef 或 Optional 同时使用。格式为：

Function 函数过程名(ParamArray 数组名() As 数据类型)

Sub 过程名(ParamArray 数组名() As 数据类型)

例 4-2-5：将例 4-2-4 求三个数和的函数过程改成求任意个数和的函数过程，只要将函数过程 Tsum 中的形参修改为：

```
Private function Sum(Byval ParamArray a() As Integer) As Integer
    Dim i As Integer
    For i = 0 to UBound(a)
        Sum = Sum + a(i)
    Next i
End Function
```

无论有几个参数都可用 Sum 函数过程，VB. NET 会自动创建一个过程内的数组，如本例中的数组 a。其元素的个数自动与实参个数相同。例如：在按钮的单击事件中，用不同个数的实参和数组调用 Sum 函数过程，结果显示在标签中：

```
Dim c(9) As Integer
Private Sub Button1_Click(ByVal sender As System.Object, ByVal e As System.EventArgs) _
        Handles Button1.Click
    For i = 0 To 9
        c(i) = i
    Next i
    Label1.text = Sum(10, 25, 34, 68, 97, 11)  '实参为数据
    Label2.Text = Sum(c)                       '实参为数组
End Sub
```

注意：用实参来替换形参 ParamArray 数组时，实参可以是一组数据，也可是数组。

四、变量的作用域

VB. NET 中有三种类型模块：窗体、标准和类。VB. NET 的应用程序由若干个窗体模块(Class Form)、若干个标准模块(Module)、若干个类模块(Class)组成。一个 VB. NET 应用程序的组成如图 4-2-5 所示。

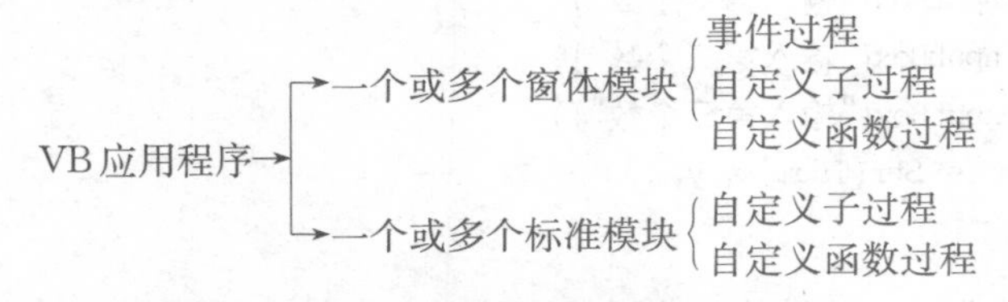

图 4-2-5　VB. NET 应用程序的组成

在不同的模块和不同的位置以及声明变量时语句前不同的关键字，例如：Public、Private、Dim 等，直接影响变量的使用范围。变量的有效使用范围称为变量的作用域。按变量作用域从小到大，变量可分为块级变量、过程级变量、模块级变量、全局变量。

1. 块级变量

某一语句块中声明的变量，只能在该语句块中使用。例如，在分支语句或循环语句中用 Dim 声明的变量，只能在声明的分支语句或循环语句中使用。

2. 过程级变量

在某一过程内用 Dim 或 Static 语句声明的变量为过程级变量也称局部变量。其作用域仅在声明它的过程内。不能在过程中使用 Public 声明变量。

例 4-2-6：过程级变量(局部变量)。输入两个整数，用两个按钮的单击事件过程分别求两个整数的和及平均数。程序运行结果如图 4-2-6 和 4-2-7 所示。

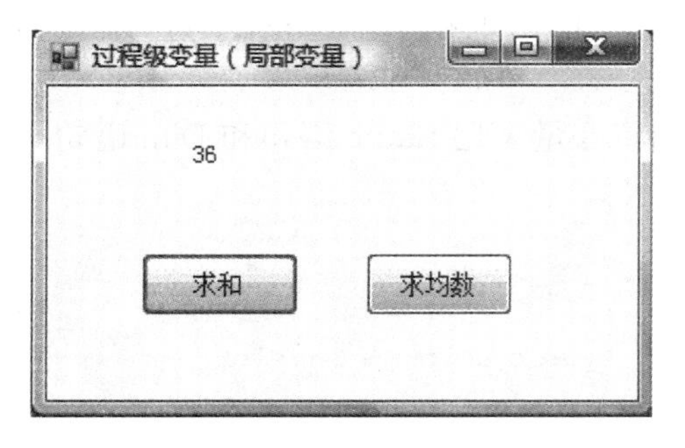

图 4-2-6　单击“求和”命令按钮后

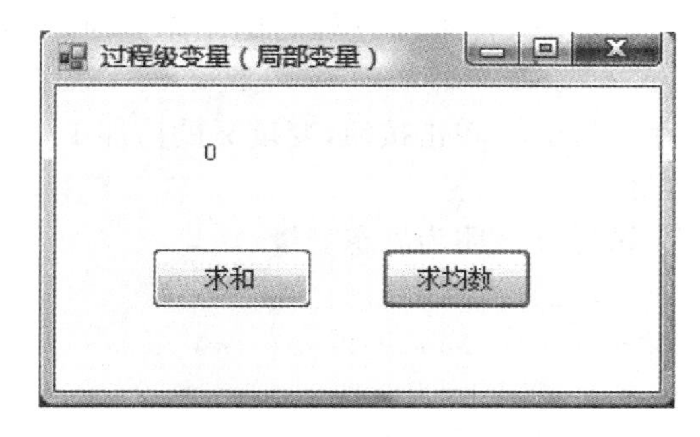

图 4-2-7　单击“求均数”命令按钮后

程序：

```
Private Sub Button1_Click(ByVal sender As System.Object, ByVal e As System.EventArgs) _
        Handles Button1.Click                                '"求和"按钮单击事件过程
    Dim x As Integer, y As Integer, sum As Integer           ' x、y为本过程声明变量
    x = Val(InputBox("输入第一个数"))
    y = Val(InputBox("输入第二个数"))
    sum = x + y
    Label1.Text = sum
End Sub
Private Sub Button2_Click(ByVal sender As Object, ByVal e As System.EventArgs) _
        Handles Button2.Click                                '"求均数"按钮单击事件过程
    Dim ave As Single, x As Integer, y As Integer            ' x、y为本过程声明变量
    ave = (x + y) /2
    Label1.Text = ave
End Sub
```

单击“求和”按钮后，输入变量 x、y 的值 12、24，x、y 的和 36 显示在标签中；再单击“求均数”按钮后，标签框中显示的结果为 0。这是为什么？

Button1_Click 事件过程中用 Dim 语句说明的变量 x 和 y，是该事件过程中的局部变量。当执行该事件过程时，系统自动为 x 和 y 分配内存单元，并进行初始化(初始化的值为 0)。用 InputBox 函数输入 x、y 的值后，x、y 的值分别存放在系统分配的内存单元中。该事件过程执行结束后，系统立即释放 x、y 占用的内存单元，它们的值也就不存在了。如果再次执行该事件过程时，系统又重新为变量分配内存单元和初始化变量。

Button2_Click 事件过程中，也声明了变量 x、y。注意：此处的 x、y 非 Button1_Click 事件过程中的 x、y，而是 Button2_Click 事件过程中的局部变量。在执行该过程时，显示的结果为 0。因为 Button2_Click 的事件过程中出现的变量 x、y，在 Button2_Click 的事件过程中没有赋值，x、y 为 0，所以它们的平均数也为 0。

在事件过程中声明的过程级变量，其作用域为本过程。在不同的事件过程中，可以用同名的过程级变量，因为它们只在自己的过程中起作用，不会影响其他过程。

在程序设计中，只需在某个过程中使用的变量，最好声明为过程级变量(局部变量)。

用 Static 语句声明的变量为静态变量。静态变量在该事件过程执行结束后，不释放所占用的内存单元。在下一次执行该事件过程时，系统不对静态变量进行初始化，因此，静态变量保存了上一次执行事件过程后的结果。Static 语句只能出现在事件过程、子过程和函数过程中。

例 4-2-7：单击按钮，变量 x 的值加 1。分别将变量 x 用 Static 语句和 Dim 语句声明，观察结果。

程序 1：x 声明为静态变量

```
Private Sub Button1_Click(ByVal sender As Object, ByVal e As System.EventArgs) _
        Handles Button1.Click
    Static x As Integer
    x = x + 1
    Label2.Text = x
End Sub
```

x 声明为静态变量，单击一次按钮和单击十次按钮后，其结果不同。表明静态变量 x 的值在执行事件过程后被保存；再次单击按钮执行事件过程时，不对 x 初始化，用前一次执行事件过程后的 x 的值加 1。运行结果如图 4-2-8 和图 4-2-9 所示。

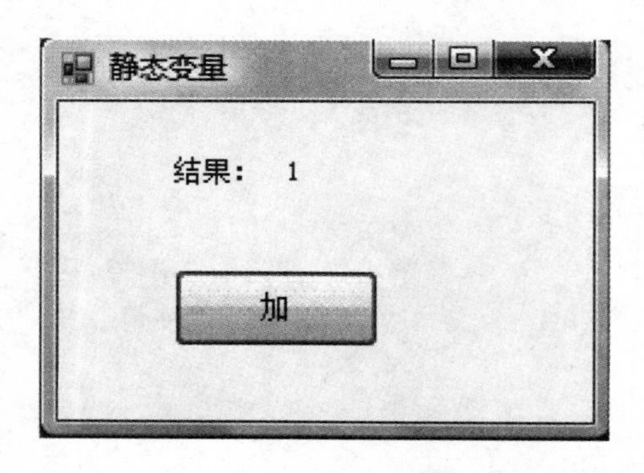

图 4-2-8　单击一次命令按钮后的结果

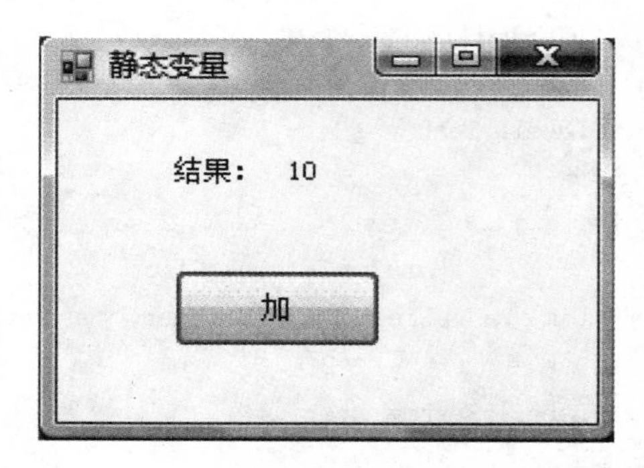

图 4-2-9　单击十次命令按钮后的结果

程序 2：用 Dim 语句声明变量 x

```
Private Sub Button1_Click(ByVal sender As Object, ByVal e As System.EventArgs) _
        Handles Button1.Click
    Dim x As Integer
    x = x + 1
    Label2.Text = x
End Sub
```

x 为非静态变量，单击一次和十次按钮的结果都是 1，如图 4-2-10 和图 4-2-11 所示。此例说明，每一次单击按钮，非静态变量的局部变量 x 都被初始化，前一次执行事件过程后 x 的值也不复存在。

图 4-2-10　单击一次命令按钮后的结果

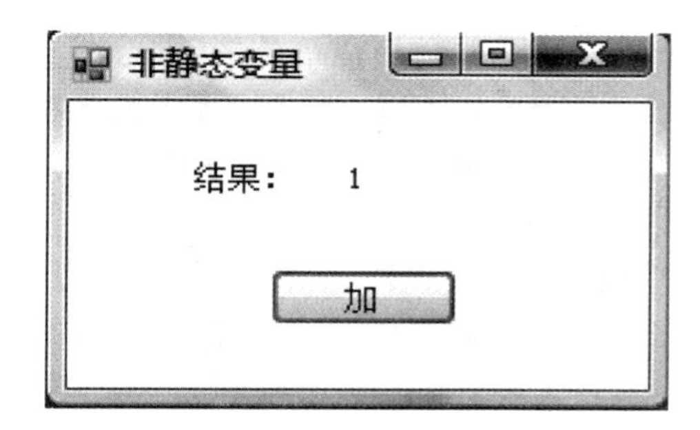

图 4-2-11　单击十次命令按钮后的结果

3. 模块级变量

在 VB. NET 中，有窗体模块、类模块和模块。在模块内所有过程外，用 Dim 语句或 Private 语句声明的变量，为模块级变量。这些变量可以在声明的模块中的任何过程中使用而在其他模块中无效。

在例 4-2-6 中，题目要求输入两个整数后，分别在不同的事件过程中计算出两个整数的和及平均数。变量 x、y 为过程级变量(局部变量)时，无法达到要求。在同一窗体的不同的事件过程中，用到的变量，应声明为窗体模块级变量。因此，只要将例 4-2-6 中变量 x、y 放在本窗体模块的代码声明段中用 Private 或 Dim 语句声明，即可达到题目要求。代码如下：

```
Dim x As Integer, y As Integer      '在代码窗口的窗体模块声明段中声明 x 和 y
Private Sub Button1_Click(ByVal sender As Object, ByVal e As System.EventArgs) _
          Handles Button1.Click
    Dim sum As Integer
    x = Val(InputBox("输入第一个数"))
    y = Val(InputBox("输入第二个数"))
    sum = x + y
    Label1.Text = sum
End Sub
Private Sub Button2_Click(ByVal sender As Object, ByVal e As System.EventArgs) _
          Handles Button1.Click
    Dim ave As Single
    ave = (x + y) /2
    Label1. Text = ave
End Sub
```

x、y 的值为 12 和 24 时，程序运行的结果如图 4-2-12 和图 4-2-13 所示。

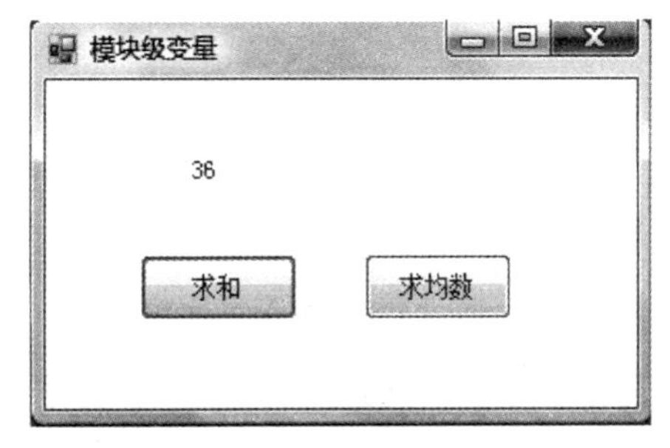

图 4-2-12　单击"求和"命令按钮后

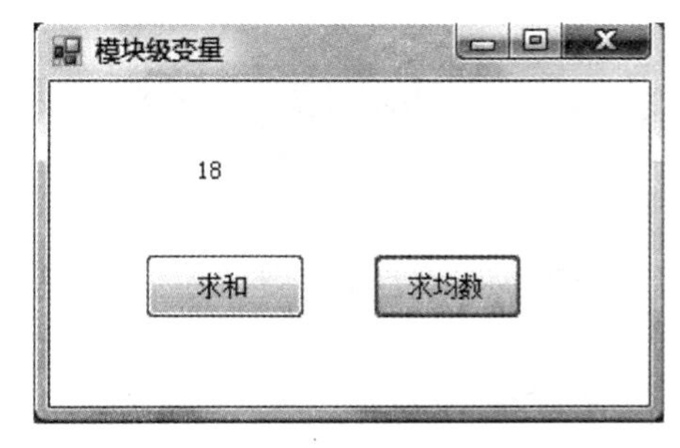

图 4-2-13　单击"求均数"命令按钮后

x、y 被声明为窗体模块级变量后，尽管它们的赋值语句在 Button1_Click 事件过程中，但它们的值在 Button2_Click 事件过程中仍有效。在同一个窗体模块的不同事件过程中使用相同的变量，应将变量定义为窗体模块级变量。

4. 全局变量

在模块的所有过程外，用 Public 语句声明的变量，为全局(公共)变量。全局变量可以在应用程序的所有模块中使用，不会被初始化。只有应用程序结束时，全局变量才释放所占的内存单元。

使用全局变量时应注意：在声明全局变量的模块以外的其他模块的过程中使用该全局变量，应在全局变量名前加声明该全局变量的窗体模块名或模块名。例如：在 Form1 中用关键字 Public 声明了变量 qq，在其他模块中使用时，应写成：Form1. qq，而不能写成 qq。

五、函数过程和子过程的作用域

函数过程和子过程的定义中，在函数过程和子过程的声明语句(Function 语句或 Sub 语句)前加关键字 Public 或 Private，指明该函数过程和子过程被调用的范围，即函数过程或子过程的作用域。过程的作用域分为：模块级和全局级。

1. 模块级过程

在窗体或标准模块内定义函数过程或子过程时，在其声明语句(Sub 语句或 Function 语句)前加上关键字 **Private**，则称过程为模块级过程。这些过程只能被本窗体(在本窗体内定义)或本标准模块(在本标准模块内定义)中的过程调用。

2. 全局级过程

在窗体或标准模块内定义函数过程或子过程时，在其声明语句(Sub 语句或 Function 语句)前加上关键字 **Public**，则称过程为全局级(公用)过程。全局级过程可供该应用程序的所有窗体和所有标准模块中的过程调用。

例 4-2-8：编写计算求前 n 项和的子过程，如图 4-2-14 所示。在单击窗体事件过程中，调用子过程。公式如下：

$$\text{progression}=1+\frac{x^2}{2!}+\frac{x^4}{4!}+\cdots+\frac{x^{2n}}{(2n)!}$$

当 $\frac{x^{2i}}{(2i)!}<0.000\,01$ 时，结束计算。

分析：这个公式中含有幂、阶乘、除和累加的运算。类似这样一类的计算公式，注意找出公式中的后一项和前一项的差别，可简化计算(例如：不需每次重复计算阶乘、幂等)，节省计算时间。本例中，后一项只要在前一项上乘以 $\frac{x^2}{(2i-1)\times 2i}$ 即可。公式中的第一项“1”另行处理。

图 4-2-14 例 4-2-8 的运行结果

当第 i 项 $\frac{x^{2i}}{(2i)!}<0.000\,01$ 时，结束求和运算。实际上，用户对计算的精度要求各不相同，因此，将精度用一个变量 eps 来表示，并将其作为一个形参，就可根据用户的不同要求给出不同的值。

首先，在代码窗口的窗体模块声明段中定义子过程：

```
Public Sub progression (ByRef sum#, ByVal x!, ByVal esp#)
    Dim n%, t#
    n = 2:sum = 1:t = 1
    Do While (Math.Abs(t) >= esp)
            t = t*x^2/((n-1)*n)
            sum = sum + t
            n = n + 2
    Loop
End Sub
```

提示：一般情况下，存放累加和的变量的初值为0。这里循环体中从公式的第2项开始计算，将sum的初值赋为1(即第1项的值)。

其次，处理单击窗体事件过程为：

```
Private Sub Form1_Click(ByVal sender As Object, ByVal e As System.EventArgs) _
        Handles Me.Click
    Dim p1#
    Call progression(p1, 4, 0.00001)
    Label1.Text = "p1=" & Str(p1)
End Sub
```

本例中，用子过程的方式处理了求前n项和的问题。在子过程定义中，用形参sum存放结果。对于求前n项和的问题，同样可以用函数过程来定义和调用。

```
Public Function progression2 (ByVal x!, ByVal esp#) As Double
    Dim n%, s#, t#
    n = 2:s = 1:t = 1
    Do While (Math.Abs(t) >= esp)
        t = t*x^2/((n-1)*n)
        s=s + t
        n = n + 2
    Loop
    Progression2 = s                '给函数过程名赋返回值
End Function
Private Sub Form1_Click(ByVal sender As Object, ByVal e As System.EventArgs) _
        Handles Me.Click
    Label1.Text = "P2=" & Str(progression2(4, 0.00001))
End Sub
```

注意：① 与子过程progresssion相比，函数过程少一个形参

② 不是所有的子过程都可以用函数过程来定义，但所有的函数过程均可用子过程定义。

提示：子过程与函数过程之间的区别：

① 函数过程有返回值，因此函数过程要定义类型。另外，还必须在函数过程体中给函数过程名赋值；因为子过程没有值，所以子过程名也就不需要定义类型，也不能在过程体中给子过程名赋值。

② 调用函数过程有返回值，因此像内部函数一样只能出现在表达式或语句中，不能单独出现。子过程的调用相当于一个语句。

编程实现

在学习支持中已将活动二排序程序定义为一个子过程。在程序中评委亮分后，需要调用该子过程，以完成活动二的要求。

1. 在窗体的模块声明段中声明存放分数的数组c。

```
Dim c(9) As Integer
```

2. 单击“评委亮分”按钮的事件过程代码

```
Private Sub Button1_Click(ByVal sender As System.Object, ByVal e As System.EventArgs) _
        Handles Button1.Click
    Dim i As Integer
    For i = 0 To 9
        c(i) = Int(Rnd() * 100)  '随机产生10个分数
    Next i
    Call sort(c)                 '调用排序子过程
End Sub
```

3. 单击“去掉最低分”按钮的事件过程代码

```
Private Sub Button2_Click(ByVal sender As Object, ByVal e As System.EventArgs) _
        Handles Button2.Click
    Label3.Text = CStr(c(0))     '显示去掉的最低分
End Sub
```

4. 单击“去掉最高分”按钮的事件过程代码

```
Private Sub Button3_Click(ByVal sender As Object, ByVal e As System.EventArgs) Handles Button3.Click
    Label4.Text = CStr(c(9))     '显示去掉的最高分
End Sub
```

5. 单击“选手得分”按钮的事件过程代码

```
Private Sub Button4_Click(ByVal sender As Object, ByVal e As System.EventArgs) _
        Handles Button4.Click
    Dim i As Integer, s As Integer
    For i = 1 To 8               '去掉c数组中第一个和最后一个元素,及去掉的最低、最高分
        s = s + c(i)
    Next i
    ave = s / 8
    Label6.Text = CStr(ave)      '显示平均分
End Sub
```

实践活动

1. 编写选出两个数中大的数的子过程。单击“选择”按钮时调用子过程，并将结果显示在标签中。两个数据来自于两个文本框。界面设计如图4－2－15所示。

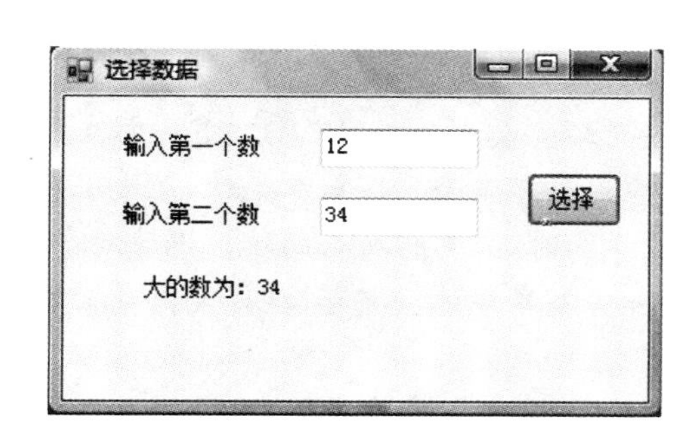

图4－2－15　实践活动1程序界面

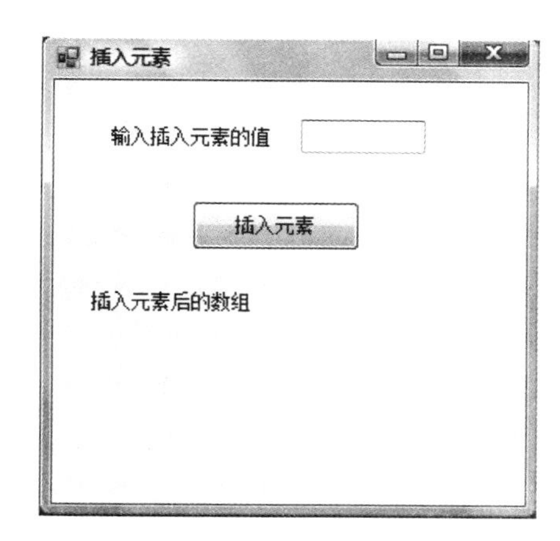

图4－2－16　实践活动3程序界面

2. 按下列要求编写程序，并比较子过程和函数过程在定义和调用中的区别。

(1) 编写求 $sum=x+\frac{x^2}{2!}+\frac{x^3}{3!}+\cdots+\frac{x^n}{n!}$ 的子过程，当 $\frac{x^i}{i!}<0.0001$ 时，结束计算。

(2) 编写求 $sum=x+\frac{x^2}{2!}+\frac{x^3}{3!}+\cdots+\frac{x^n}{n!}$ 的函数过程，当 $\frac{x^i}{i!}<0.0001$ 时，结束计算。

3. 编写一个过程，其功能是先将一维数组进行排序，然后插入一个元素。建立如图4－2－16所示的窗体，单击“插入元素”按钮，随机产生15个100以内的正整数，作为数组的前15个元素的值。然后调用过程，插入文本框中输入的数值，并显示在标签中。

4. 编写一个可以求一组正整数平均数的函数过程。

提示：用可变参数定义形参。在调用该函数过程时，可以给任意一个正整数或数组。

项目五 文字处理

VB.NET包含了一个数量庞大、功能很强的控件集。控件是VB.NET中很重要的组成部分，其中丰富的控件及其功能使用户的应用程序界面变得更加生动，也使用户的应用程序功能更强大。程序设计人员在制作用户界面时，只需将所需的控件拖动到窗体中，或双击所需的控件，然后对控件进行属性设置和编写事件过程即可，这样大大减轻了繁琐的用户界面设计工作。

本项目主要介绍VB.NET工具箱中的常用Windows窗体控件，希望通过项目五的活动的学习，能够熟练地掌握常用控件的一般使用方法和技巧，并且通过一定的联系加以巩固，为以后的程序设计打下良好的基础。

活动一 字体设置

活动说明

为了使编写的文本赏心悦目，我们经常要对文本中的字体进行设置，以满足不同的需要。本活动中使用VB.NET提供的标准控件(如框架、复选框、单选按钮、文本框、组合框等)编写一个字体设置程序。程序运行时，可根据用户的需要，设置字体的前景色、背景色、字体大小等，文本框中的文字会发生相应改变。程序运行效果如图5-1-1所示。

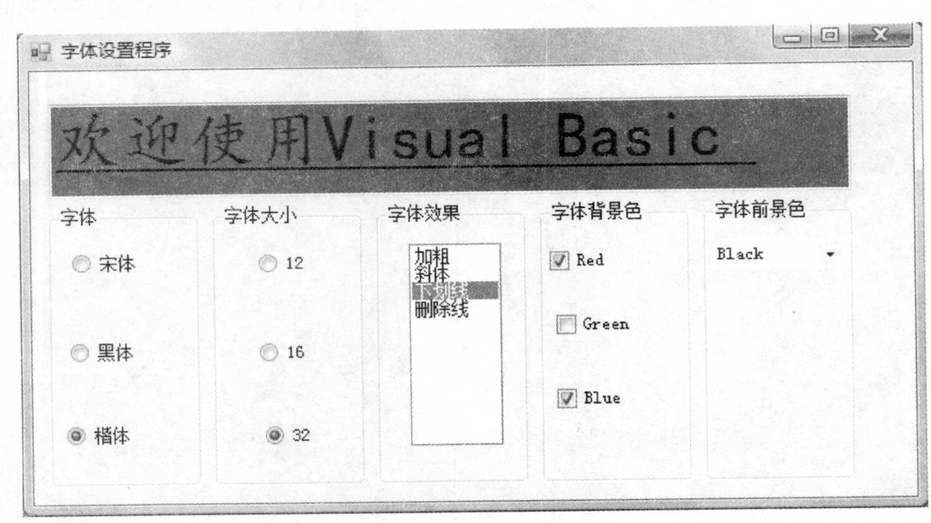

图5-1-1 字体设置程序运行效果

活动分析

字体设置程序有一个文本框，用于输入文本。6个单选按钮、1个列表框、3个复选框和1个组合框控件，通过5个框架控件分成5组，分别用于设置字体和字体大小、字体效果、字体背景色和字体前景色。由于单选按钮具有排它性，若选中某一个按钮，则其他被选中的按钮自动关闭。在本活动中，若需要在同一个窗体上建立几组相互独立的单选按钮，则必须通过框架对单选按钮进行分组，使得在同一个框架中的单选按钮成为一组，各个框架内的单选按钮的操作不影响其他框架中的按钮。字体背景色、字体前景色则分别通过复选框控件和组合框控件来实现。

学习支持

一、单选按钮(RadioButton)和复选框(CheckBox)

单选按钮和复选框是常用的选择控件。单选按钮通常以单选按钮组的形式出现，当组内某一个单选按钮被选中，其他同组的单选按钮自动失效。复选框也经常以复选框组的形式出现，组中的某个复选框被选中时，其他复选框不会失效。

单选按钮被选中后，其左边的圆圈中会出现一个黑点。单选按钮主要用于在多种功能中由用户选择一种功能的情况。

复选框被选中后，复选框中会出现一个“√”。复选框主要用于选择某一种功能的两个不同状态的情况，一般用于True/False等状态的选择。当需要选择多项的情况时，可采用多个复选框控件。

1. 常用属性

(1) Text属性

Text属性主要用于设置单选按钮、复选框边上的文本标题。默认状态下显示在单选按钮、复选框的右方。

(2) Checked属性

该属性值为逻辑型，它表示单选按钮或复选框的选择状态。当属性值为True时，单选按钮被选中，运行时该单选按钮的圆圈中出现一个黑点；复选框被选中，运行时该复选框中出现一个“√”。当属性值为False时，未被选中(默认值)。

(3) TextAlign属性

此属性表示控件上显示文本的对齐方式。

提示：单选按钮和复选框的重要区别是，当用户选定一个单选按钮时，同组中的其他单选按钮会自动失效；而对复选框而言，用户可任意选定复选框。

2. 常用事件

(1) Click事件

当用户单击某RadioButton或CheckBox控件时，便引发Click事件。可以编写应用程序以根据选中状态执行某些操作。

(2) CheckedChanged事件

当Checked属性值发生变化时触发。

二、框架(GroupBox)

Windows 窗体中框架用于对其他控件分组。对控件分组的原因有三个：

- 对相关窗体元素进行可视化分组以构造一个清晰的用户界面。
- 创建编程分组(例如，单选按钮分组)。
- 设计时将多个控件作为一个单元移动。

创建一个框架控件的方法是：首先，选择工具箱中“容器”选项卡下的框架按钮 GroupBox ，在窗体上绘制框架控件。然后，向框架中添加其他控件，在框架中绘制各个控件。如果要将现有控件放到框架中，可以选定所有这些控件，将它们剪切到剪贴板，然后选中框架控件，再将它们粘贴到框架中。也可以将它们拖到框架中。

1. 常用属性

(1) Text 属性

设置框架控件的标题。如果 Text 为空字符，则表示框架控件为封闭的矩形框。

(2) Enabled 属性

设置框架及框架控件是否可用，Enabled 属性值为 True 时为可用，Enabled 属性值为 False 时，则表示框架及框架内控件为不可用，程序运行时，框架在窗体中的标题呈灰色，同时框架内的所有控件都被屏蔽，不允许用户对其进行操作。

(3) Visible 属性

设置框架及框架内控件是否可见，Visible 属性值设为 True 时为可见，Visible 属性值设为 False 时为不可见，程序运行时，框架及其所有控件都被隐藏起来。

2. 常用事件

框架能够响应 Click 和 DblClick 事件。一般情况下，不需要编写有关框架的事件过程。

注意：在框架内建立单选按钮时，应该在工具箱中单击单选按钮(而不要双击它)，然后在框架内画出单选按钮。用这种方法在框架中建立的单选按钮(或其他控件)和框架形成一个整体。

三、列表框(ListBox)

列表框(ListBox)显示一个列表项，用户可从中选择一项或多项。如果项总数超出可以显示的项数，则自动向 ListBox 控件添加滚动条。

1. 常用属性

(1) Items 属性

该属性用于设置或访问列表框的全部列表项。Items 属性是一个字符数组，列表框中的每个列表项都是该数组中的元素。在设计时可以在属性窗口中修改 Items 属性值来建立列表项；在运行时可以对 Items 数组下标为 0 到列表项数－1 的元素进行存取。例如 ListBox1.Items(2)表示列表框中第 3 项内容。

(2) SelectedIndex 和 SelectedItem 属性

SelectedIndex 属性返回对应于列表框中第一个选定项的整数值。通过在代码中更改 SelectedIndex 值，可以编程方式更改选定项；列表中的相应项将在 Windows 窗体上突出显示。如果未选定任何项，则 SelectedIndex 值为 －1。如果选定了列表中的第一项，则

SelectedIndex 值为 0。当选定多项时,SelectedIndex 值反映列表中最先出现的选定项。

例如,ListBox1. Items(Listbox1. SelectedIndex)表示列表项中用户选定项的文本内容。

SelectedItem 属性类似于 SelectedIndex,但它返回列表框中选定列表项的内容,通常是字符串值。

(3) Text 属性

当前选定项的文本。例如:ListBox1. Text 表示列表项中用户选定项的文本内容。

(4) Items. Count 属性

Items. Count 属性反映列表框的项数,由于 Item 属性中下标是从 0 开始的,所以 Count 属性的值通常比最后一项的下标值大一。例如:

ListBox1. Items. Count 表示当前列表项的总数。

ListBox1. Items(ListBox1. Items. Count－1) 表示当前列表项中最后一项的文本内容。

(5) MultiColumn 属性

当 MultiColumn 属性设置为 True 时,列表框以多列形式显示项,并且会出现一个水平滚动条。当 MultiColumn 属性设置为 False 时,列表框以单列形式显示项,并且会出现一个垂直滚动条。

(6) ScorllAlwaysVisible 属性

设置列表框是否始终显示滚动条,默认值为 Flase。当 ScorllAlwaysVisible 属性值为 True 时,无论项数多少都将显示滚动条。

(7) SelectionMode 属性

获取或设置列表框的选择模式。有以下值:

None:不能在列表框中选择项;

One:只能选择一项,选择另一项时将自动取消对前一项的选择(默认值);

MultiSimple:简单多选。选择某一项后,不会取消前面所选项。如果要取消已选择的项,只要再次单击该项。

MultiExtended:扩展多选。选择第一项后,按住 Shift 键同时单击所要选择的最后一项,可以选择连读的多项;用鼠标在列表框中直接拖动,也可以选择连续的多项;按住 Ctrl 键同时单击选项,可以选择不连续的多个列表项。

(8) Sorted 属性

设置列表框中的列表项是否按字母顺序排序,默认值为 False。

2. 常用方法

若要在 ListBox 控件中添加或删除项,可使用 Add、Insert、Clear 或 Remove 方法。或者,可以在设计时使用 Items 属性向列表添加项。

(1) Add 方法

向列表框中添加列表项。其格式为:

对象. **Items. Add**(添加项内容)

其中,添加项内容必须是字符串表达式。

例如:ListBox1. Items. Add("aaaa"),表示将内容为"aaaa"的列表项添加到列表框 Listbox1。

(2) Insert 方法

在已经存在的列表中插入指定位置一个项目。其格式为:

对象. **Items. Insert**(下标, 添加项内容)

例如，ListBox1. Items. Insert(1，"插入的项目")表示将内容为“插入的项目”的列表项插入到列表框 Listbox1 中，下标为 1，成为第 2 项内容。

使用该方法需要注意：插入的位置不能超过列表框中已经有的项的最大下标值，否则会出错。

(3) Clear 方法

用来清除列表框中的所有选项。其格式为：

对象. Items. Clear( )

例如，ListBox1. Items. Clear()表示清空 ListBox1 列表框中的所有选项。

(4) Remove 方法

Items. Remove 方法用来删除指定内容的选项。其格式为：

对象. Items. Remove(选项)

例如，ListBox1. Items. Remove(" aaaa ")表示删除列表框中内容为“aaaa”的选项。

(5) RemoveAt 方法

Items. RemoveAt 方法用来删除列表框中指定位置的选项。其格式为：

对象. Items. RemoveAt(下标)

例如，ListBox1. Items. RemoveAt(3)表示删除列表框中的第 4 个项目。

注意：列表框的列表项的下标是从 0 开始的。

3. 常用事件

(1) Click 事件

鼠标单击列表框触发 Click 事件。

一般情况下，不需要编写 Click 事件过程，因为通常是在用户按下命令按钮或发生一个 DoubleClick 事件时才需要执行一段程序。

(2) SelectedIndexChanged 事件

当列表框控件的选定项发生变化时触发该事件。

四、复选列表框(CheckedListBox)

Windows 窗体的 CheckedListBox 控件，扩展了 ListBox 控件的功能。它几乎可以完成列表框控件(ListBox)可以完成的所有任务，并且还可以在列表中的项旁边显示复选的标记。

1. 常用属性

(1) Items 属性

CheckedListBox 控件的属性和方法基本上都与 ListBox 控件相似。CheckedListBox 控件的 Items 属性，是 CheckedListBox 控件中复选框选项的集合。

(2) CheckOnClick 属性

该属性指示是否只要一选择项即切换复选框。默认行为是在首次单击时更改选定内容，然后让用户再次单击以应用选中标记。但在某些情况下，可设置为 True，实现鼠标单击选项就选中它。

(3) GetItemChecked(index)

返回指示指定项是否选中的值，如果选中该项，则为 True；否则为 False。可通过循环遍历实现复选列表框选定项的显示(参照实践活动第 2 题)。

2. 常用方法

由于 CheckedListBox 控件的使用和 ListBox 控件相似，使用 Add、Insert、Clear 或 Remove 方法。或者，可以在设计时使用 Items 属性向列表添加项。使用格式与 ListBox 完全一样。

3. 常用事件

Click、DoubleClick 和 SelectedIndexChanged 事件是常用事件。意义及用法与 Listbox 控件相同。

五、组合框(ComboBox)

ComboBox 控件用于在下拉组合框中显示数据。默认情况下，ComboBox 控件分两个部分显示：顶部是一个允许用户键入列表项的文本框。下面部分是一个列表框，它显示一个项列表，用户可从中选择一项。因此，与列表框控件有一定的相似性。

1. 常用属性

(1) Items 属性

该属性用于设置或访问列表框的全部列表项。Items 属性是一个字符数组，列表框中的每个列表项都是该数组中的元素，与 ListBox 的 Items 属性使用方法完全相同。

(2) Text 属性

用于设置组合框顶部的文本框显示的内容。

(3) DropDownStyle 属性

控制组合框的外观和功能。有三个选项：Simple、DropDown 和 DropDownList。分别为简单组合框、下拉组合框、下拉列表组合框。

表 5-1-1　属 性 说 明

成 员 名 称	说　　明
DropDown	文本部分可编辑。用户必须单击箭头按钮来显示列表部分。
DropDownList	用户不能直接编辑文本部分。用户必须单击箭头按钮来显示列表部分。
Simple	文本部分可编辑。列表部分总可见。

(4) MaxDropDownItems 属性

下拉部分中可显示的最大项数。该属性的最小值为 1，最大值为 100。

(5) SelectedIndex 属性和 SelectedItem 属性

SelectedIndex 属性返回一个表示与当前选定列表项的索引的整数值，可以编程更改它，列表中相应项将出现在组合框的文本框内。如果未选定任何项，则 SelectedIndex 为－1；如果选择了某个项，则 SelectedIndex 是从 0 开始的整数值。SelectedItem 属性与 SelectedIndex 属性类似，但是 SelectedItem 属性返回的是项。

(6) SelectedText 属性

表示组合框中当前选定文本的字符串。如果 DropDownStyle 设置为 ComboBoxStyle. DropDownList，则返回值为空字符串（""）。可以将文本分配给此属性，以更改组合框中当前选定的文本。如果组合框中当前没有选定的文本，则此属性返回一个零长度字符串。

(7) Items. Count 属性

Count 属性反映列表的项数，返回整型的数值。例如：ComboBox1. Items. Count 返回值为组合框 ComboBox1 中的列表项项数。

2. 常用方法

若要在 ComboBox 控件中添加或删除项，可使用 Add、Insert、Clear 或 Remove 方法。或者，可以在设计器中使用 Items 属性向列表添加项。使用方法参照 ListBox 控件的方法。

3. 常用事件

所有类型的组合框都能响应 Click 事件和 SelectedIndexChanged 事件。使用方法参照 ListBox 控件的事件。

编程实现

一、界面设计

按图 5-1-1 建立窗体上的各个控件，并进行以下设置：

1. 双击工具箱的“容器”选项卡下的 GroupBox 按钮 GroupBox，在窗体上建立 5 个框架控件，分别将其 Text 属性设置为“字体”、“字体大小”、“字体效果”、“字体背景色”和“字体前景色”。

2. 单击 RadioButton 按钮 RadioButton，在“字体”和“字体大小”框架中画出单选按钮，并设置其 Text 属性。

3. 单击 ListBox 按钮 ListBox，在“字体效果”框架中画出列表框，单击 Items 属性旁的 ... 按钮，输入列表项的内容（如“加粗”、“斜体”等），并每项内容之间按 Enter 键。

4. 单击 CheckBox 按钮 CheckBox，在“字体背景色”框架中画出复选框，并设置其 Text 属性。其中，“Red”复选框的 Checked 属性值为 True。

5. 单击 ComboBox 按钮 ComboBox，在“字体前景色”框架中画出下拉列表框，其属性值通过 Form_Load 事件过程设置。

二、事件过程代码

在通用声明段中声明 6 个变量 R、G、B、rr、s、f，其中 R、G、B 分别用于保存字体背景红、绿、蓝色的设置，rr 用于保存颜色，s 用于保存字体大小，f 用于保存字体。

```
Dim R, rr, G, B, s As Integer, f As String          '声明 R、G、B、rr、s、f 为窗体模块级变量
```

1. Form_Load 事件过程

在 Form_Load 事件过程中设置颜色的初始值，并添加“字体前景色”下拉列表中的列表项。

```
Private Sub Form1_Load(ByVal sender As System.Object, ByVal e As System.EventArgs) _
        Handles MyBase.Load
    R = 255:G = 0:B = 0
    s = 9:f = "宋体"
    ComboBox1.Items.Add(" Black ")
    ComboBox1.Items.Add(" White ")
    ComboBox1.Items.Add(" Yellow ")
    ComboBox1.Text = " Black "
End Sub
```

2. “字体”框架中单选按钮的事件过程

```
Private Sub RadioButton1_Click(ByVal sender As Object, ByVal e As System.EventArgs) _
            Handles RadioButton1.Click
    '单击“宋体”单选按钮
    f = "宋体"
    TextBox1.Font = New Font(f, s)
End Sub

Private Sub RadioButton2_Click(ByVal sender As Object, ByVal e As System.EventArgs) _
            Handles RadioButton2.Click
    '单击“黑体”单选按钮
    f = "黑体"
    TextBox1.Font = New Font(f, s)
End Sub

Private Sub RadioButton3_Click(ByVal sender As Object, ByVal e As System.EventArgs) _
            Handles RadioButton3.Click
    '单击“楷体”单选按钮
    f = "楷体"
    TextBox1.Font = New Font(f, s)
End Sub
```

提示：字体为 Windows 安装的字体的名称。

3. “字体大小”框架中单选按钮的事件过程

```
Private Sub RadioButton4_Click(ByVal sender As Object, ByVal e As System.EventArgs) _
            Handles RadioButton4.Click
    '单击“12”单选按钮
    s = 12
    TextBox1.Font = New Font(f, s)
End Sub

Private Sub RadioButton5_Click(ByVal sender As Object, ByVal e As System.EventArgs) _
            Handles RadioButton5.Click
    '单击“16”单选按钮
    s = 16
    TextBox1.Font = New Font(f, s)
End Sub

Private Sub RadioButton6_Click(ByVal sender As Object, ByVal e As System.EventArgs) _
            Handles RadioButton6.Click
    '单击“32”单选按钮
    s = 32
    TextBox1.Font = New Font(f, s)
End Sub
```

4. “字体效果”框架中列表框的事件过程

```
Private Sub ListBox1_SelectedIndexChanged(ByVal sender As System.Object, _
            ByVal e As System.EventArgs) Handles ListBox1.SelectedIndexChanged
    Select Case ListBox1.SelectedIndex
        Case 0
            TextBox1.Font = New System.Drawing.Font(TextBox1.Font, FontStyle.Bold)
        Case 1
            TextBox1.Font = New System.Drawing.Font(TextBox1.Font, FontStyle.Italic)
        Case 2
            TextBox1.Font = New System.Drawing.Font(TextBox1.Font, FontStyle.Underline)
        Case 3
            TextBox1.Font = New System.Drawing.Font(TextBox1.Font, FontStyle.Strikeout)
    End Select
End Sub
```

5. “字体背景色”框架中复选框的事件过程

```
Private Sub CheckBox5_CheckedChanged(ByVal sender As System.Object, _
           ByVal e As System.EventArgs) Handles CheckBox5.CheckedChanged
    '单击“Red”复选框
    If CheckBox5.Checked = True Then
        R = 255
    Else
        R = 0
    End If
    rr = RGB(R, G, B)
    Textbox1.BackColor = System.Drawing.ColorTranslator.FromOle(rr)
End Sub

Private Sub CheckBox6_CheckedChanged(ByVal sender As System.Object, _
           ByVal e As System.EventArgs) Handles CheckBox6.CheckedChanged
    '单击“Green”复选框
    If CheckBox6.Checked = True Then
        G = 255
    Else
        G = 0
    End If
    rr = RGB(R, G, B)
    Textbox1.BackColor = System.Drawing.ColorTranslator.FromOle(rr)
End Sub

Private Sub CheckBox7_CheckedChanged(ByVal sender As System.Object, _
           ByVal e As System.EventArgs) Handles CheckBox7.CheckedChanged
    '单击“Blue”复选框
    If CheckBox7.Checked = True Then
        B = 255
```

```
        Else
            B = 0
        End If
        rr = RGB(R, G, B)
        Textbox1.BackColor = System.Drawing.ColorTranslator.FromOle(rr)
    End Sub
```

6. “字体前景色”框架中下拉列表框的事件过程

```
Private Sub ComboBox1_SelectedIndexChanged(ByVal sender As System.Object, _
            ByVal e As System.EventArgs) Handles ComboBox1.SelectedIndexChanged
        '选择“字体前景色”下拉列表
        Select Case ComboBox1.Text
            Case "Black"
                Textbox1.ForeColor = Color.Black
            Case "White"
                Textbox1.ForeColor = Color.White
            Case "Yellow"
                Textbox1.ForeColor = Color.Yellow
        End Select
    End Sub
```

实践活动

1. 设计一个如图 5-1-2 所示的应用程序。4 个组合框的第一个 DropDownStyle 属性设为 Simple。当用户选定了微机的基本配置并单击“确定”按钮后，即可在信息窗口中输出所选择的结果，如图 5-1-3 所示。单击“退出”按钮，将结束程序运行。

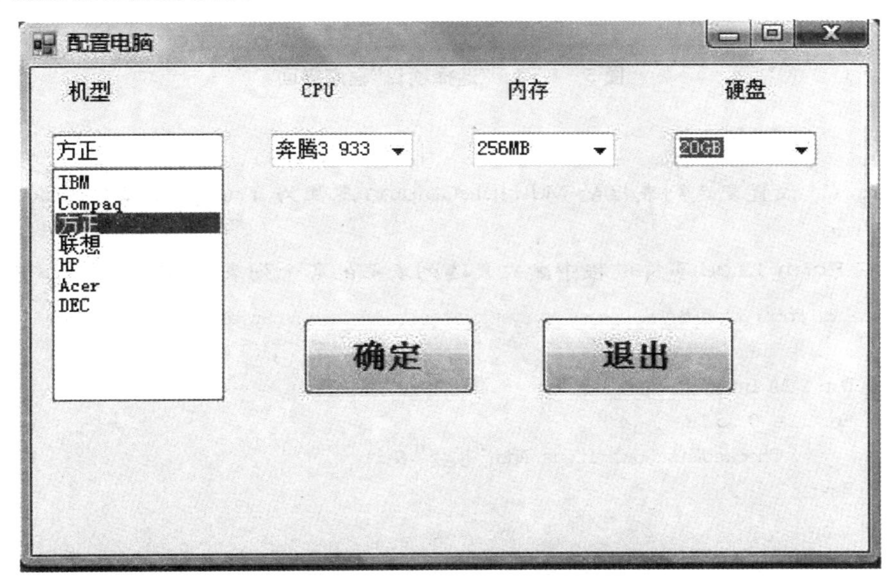

图 5-1-2 实践活动题 1 程序界面 1

提示：① ComboBox1 的 DropDownStyle 设置为 Simple。

② 在信息窗口输出结果方法为：

```
MsgBox("所选择的配置为：" & vbCrLf & "机型：" & ComboBox1.Text & vbCrLf & "CPU：" & ComboBox2.Text & vbCrLf & "内存：" & ComboBox3.Text & vbCrLf & "硬盘：" & ComboBox4.Text)
```

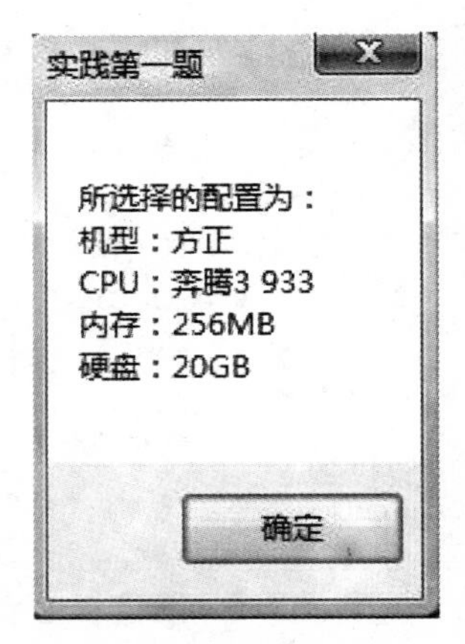

图 5-1-3　实践活动题 1 程序界面 2

2. 设计一个界面，其中包含一个复选列表框，以三列方式显示 0～18 的选项，每个选择前有一个复选框。用户用鼠标选中或取消选中其中的项目，在一个文本框中显示用户已选择的所有项目。程序运行如图 5-1-4 所示。

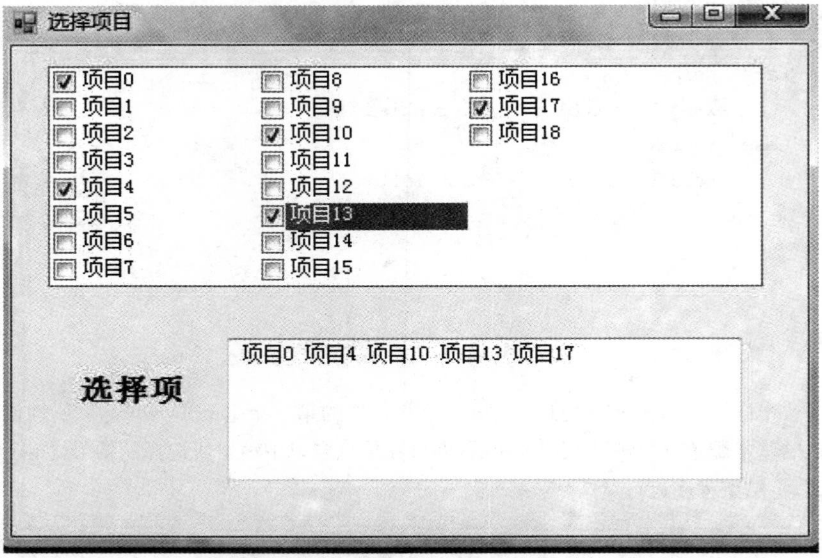

图 5-1-4　“选择项目”程序界面

提示：① 设置复选列表框的 MultipleColumn 属性为 True。设置 CheckOnClick 属性为 True。

② 在 Form_Load 事件过程中建立复选列表框的各个列表项，程序代码如下：

```
Private Sub Form1_Load(ByVal sender As System.Object, ByVal e As System.EventArgs) _
        Handles MyBase.Load
    Dim i As Integer
    For i = 0 To 18
        CheckedListBox1.Items.Add("项目" & i)
    Next i
End Sub
```

③ 单击复选列表框中选项的事件过程，程序代码如下：

```
Private Sub CheckedListBox1_SelectedIndexChanged(ByVal sender As Object, _
          ByVal e As System.EventArgs) Handles CheckedListBox1.SelectedIndexChanged
    Dim cursel As String, i As Integer
    cursel = " "
    For i = 0 To CheckedListBox1.Items.Count - 1
        If CheckedListBox1.GetItemChecked(i) Then
          cursel = cursel & " " & CheckedListBox1.Items(i)
        End If
    Next i
    TextBox1.Text = cursel
End Sub
```

3. 编写一个英语四、六级考试报名程序。要求在一个窗体上，有 3 个命令按钮，其中两个命令按钮分别用于清除、登记用户的输入和选择，另一个命令按钮用于结束程序；4 个文本框，分别用于输入“姓名”、“年龄”、“身份证号”和输出；4 个单选按钮，其中两个单选按钮用于输入“性别”，另两个单选按钮用于输入“等级”，3 个标签框用来显示提示信息。程序运行如图 5-1-5 所示。

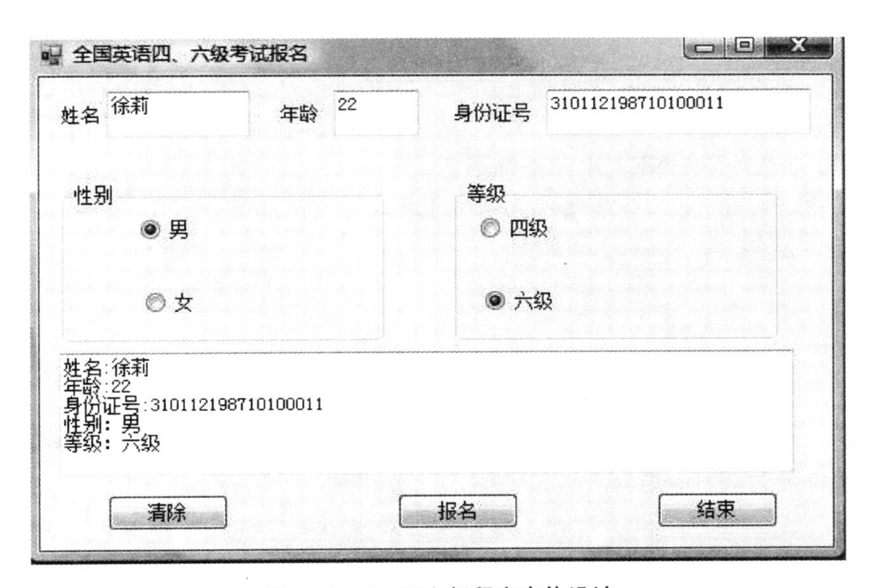

图 5-1-5　四六级程序窗体设计

活动二　调 色 板

活动说明

编写一个程序，通过调节红、绿、蓝三个水平滚动条的值来合成一种颜色，同时对三种颜色的变化进行数值化的演示。程序运行界面如图 5-2-1 所示。

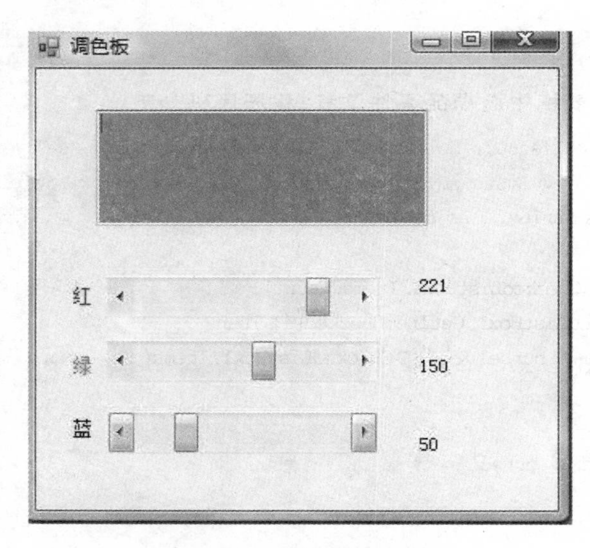

图 5-2-1 调色板程序界面

活动分析

本活动主要运用了 VB. NET 中的文本框控件和滚动条控件以及有关颜色处理的方法。

在 VB. NET 中，每一种颜色用一个整型数据来表示，可使用 Color 颜色结构中的 FromArgb(x,y,z)函数来实现，或用颜色函数 RGB(x,y,z)，通过 ColorTranslator 类转换实现。其中，x,y,z 分别代表了红、绿、蓝的三个整型数据，其值在 0 至 255 之间，通过合理搭配三个整型数据，可得到 VB. NET 中的全部颜色。

在本活动中，红、绿、蓝三个参数的值可通过滚动条控件来进行调节，合成的颜色可用文本框控件来显示。

学习支持

一、滚动条(ScrollBar)

滚动条控件分为两种：垂直滚动条(VscrollBar)和水平滚动条(HscrollBar)如图 5-2-2 所示，其主要作用是帮助用户输入数据、查看和确定数据位置。滚动条控件可以和其他控件组合起来使用，当然也有些控件(如：ListBox、ComboBox、TextBox 等)内置了滚动条控件，使用起来会更加方便。两种滚动条的属性、事件以及使用方法是相同的。

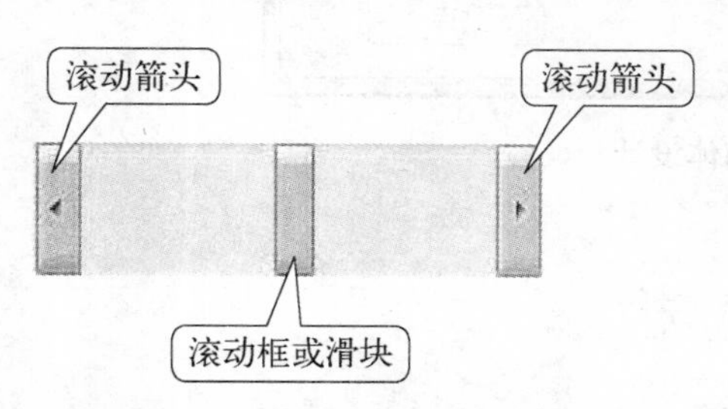

图 5-2-2 水平滚动条各部位说明

1. 常用属性

滚动条控件常见的属性有：Name 和 Value(默认属性)等，其常用属性说明如下：

(1) Value 属性

用于设置或获取当前的滑块所在位置的值，其取值范围为大于等于 Minimum 属性值，并且小于等于 Maximum 属性值。

(2) Minimum 属性

用于设置滚动条 Value 属性的最小取值。默认值为 0。

(3) Maximum 属性

用于设置滚动条 Value 属性的最大取值，取值范围 32 768～32 767，默认值为 100。

(4) LargeChange 属性

用于设置单击滑块与箭头之间区域一次，滑块所移动的距离，即 Value 属性值增加或减少的量。

(5) SmallChange 属性：用于设置单击滚动条两端三角箭头时滑块的移动量，即 Value 属性值增加或减少的量。默认值为 1。

2. 常用的事件

(1) Scroll 事件

当拖动滚动条中的滑块时，发生 Scroll 事件。

(2) ValueChanged 事件

当单击滚动箭头或滑块滚动时，先发生 ValueChanged 事件，再发生 Scroll 事件。

水平滚动条 HscrollBox 控件和垂直滚动条 VscrollBox 控件的属性、事件和方法完全一致，其区别仅在于它们在窗体中的显示方向不同。

二、TrackBar 控件

TrackBar 控件 (有时也称为“Slider”控件)有两部分：滚动块(又称为滑块)和刻度线，用于在大量信息中进行浏览，或用于以可视的形式调整数字设置。滚动块是可以调整的部分，其位置与 Value 属性相对应。刻度线是按规则间隔分隔的可视化指示符。跟踪条按指定的增量移动并且可以水平或垂直排列。使用跟踪条的一个示例是设置光标闪烁频率或鼠标速度。

1. 常用属性

TrackBar 控件除了具有滚动条控件的属性外，还具有以下特有的重要属性。

(1) TickStyle 属性

获取或设置一个值，该值指示如何显示跟踪条上的刻度线。即决定刻度出现在控件的底部、顶部或者不出现。具体 TickStyle 属性值为：

None——刻度不显示；

TopLeft——刻度显示在控件的顶部或左方；

BottomRight——刻度显示在控件的底部或右方；

Both——刻度同时显示在控件的顶部和底部。如图 5-2-3 所示。

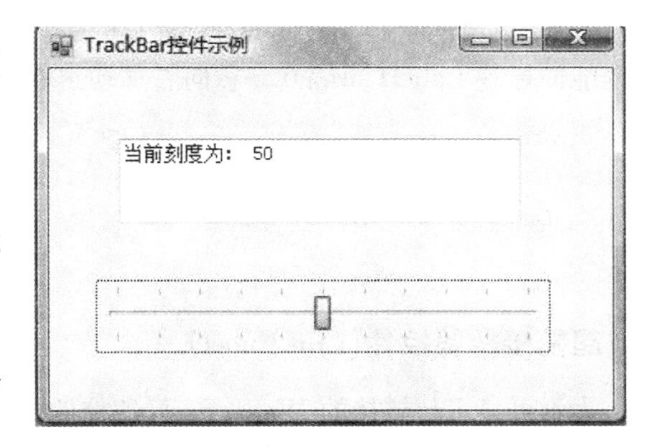

图 5-2-3　TrackBar 控件

(2) TickFrequency 属性

获取或设置一个值，该值指定控件上绘制的刻度之间的增量或疏密。例如：

```
TrackBar1.TickFrequency = 10
```

设定刻度线直接的间距为 10。若 Maximum 为 100，Minimum 为 0，则刻度线的条数为 11。

2. 常用事件

(1) Scroll 事件

在通过鼠标或键盘操作移动滚动框时发生。可获取用户结束操作时当前刻度值（Value 值）。如图 5-2-3 所示，代码如下：

```
Private Sub TrackBar1_Scroll(ByVal sender As System.Object, ByVal e As System.EventArgs) _
          Handles TrackBar1.Scroll
    TextBox1.Text = "当前刻度为：" & Str(TrackBar1.Value)
End Sub
```

(2) ValueChanged 事件

当跟踪条的 Value 属性由于滚动框的移动或者由于代码中的操作而更改时发生。

三、定时器(Timer)

定时器控件能按一定时间间隔周期性地自动触发定时器事件，从而执行相应的程序代码。其缺省名为 Timer1、Timer2…。定时器控件在设计时是可看见的，在程序运行期间，它并不显示在屏幕上，是不可见的。

1. 常用属性

(1) Enabled 属性

设置定时器是否生效，当该属性的值为 True 时，触发定时器的 Tick 事件；当该属性的值为 False 时，则关闭定时器。

(2) Interval 属性

表示两个 Tick 事件触发的时间间隔，以毫秒（千分之一秒）为单位，介于 0～65 535 ms 之间。当 Interval 属性值为 0 时，表示屏蔽定时器。

如果希望每秒触发 n 次定时器事件，则应将 Interval 属性值设置为 1 000/n。

2. 常用事件

定时器控件只有一个 Tick 事件，即每隔 Interval 属性指定的时间间隔就执行一次该事件过程。

例如，设置定时器控件 Timer1 的 Interval 属性值为 500，Enabled 属性为 True，以下事件过程能使标签 Label1 每隔 0.5 秒向右移动 100twip：

```
Private Sub Timer1_Tick(ByVal sender As System.Object, ByVal e As System.EventArgs) _
          Handles Timer1.Tick
    Label1.Left = Label1.Left + 100
End Sub
```

四、超链接标签控件(LinkLabel)

表示可显示超链接的 Windows 标签控件。一切可以使用 Label 控件的地方，都可以使用 LinkLabel 控件；还可以将文本的一部分设置为指向某个对象或 Web 页的链接。

它除了具有 Label 控件的所有属性、方法、事件以外，还有用于超级链接和链接颜色的属性。

1. 常用属性

(1) Text 属性

设置显示的文本信息。与 Label 控件意义相同。

(2) LinkArea 属性

该属性设置激活链接的文本区域。

例如：设置 LinkLabel1 控件的 Text 属性为："点击访问百度网"，设置 LinkArea 属性为：4,3。即从第 4 个位置开始，设置 3 个字符为超链接的文本。

(3) 其他属性

LinkColor、VisitedLinkColor 和 ActiveLinkColor 属性用于设置链接的颜色。

2. 常用事件

主要事件是 LinkCliked 事件，确定链接文本后将发生什么。例如：

在设计窗口双击 LinkLabel 控件，进入代码窗口中它默认的 LinkClicked 事件，添加如下代码：

```
System.Diagnostics.Process.Start("http://www.baidu.com/")
```

运行程序，把鼠标移动到控件上，则出现一个小手的鼠标手势，单击链接，则会打开百度 http://www.baidu.com/。效果如图 5-2-4 所示。

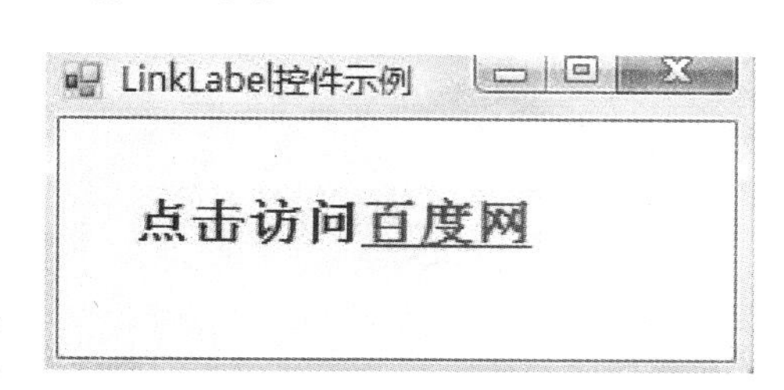

图 5-2-4　LinkLabel 控件示例

编程实现

一、界面设计

参照图 5-2-1 所示的窗体及其控件，进行如下设置：

1. 在工具箱中单击 TextBox 按钮，创建 TextBox1 文本框，并将 Text 属性设置为空。

2. 在工具箱中单击 Label 按钮，创建 Label1、Label2、Label3、Label4、Label5、Label6 标签，将 Label1、Label2、Label3 标签的 Text 属性值分别设置为"红"、"绿"、"蓝"，并将 ForeColor 属性赋予相应的颜色，再将 Label4、Label5、Label6 的 Text 属性值设置为空。

3. 在工具箱中单击 Hscrollbar 按钮 HScrollBar ，创建 Hscrollbar1、Hscrollbar2、Hscrollbar3 水平滚动条，并将 Hscrollbar1、Hscrollbar2、Hscrollbar3 的 LargeChange 属性设置为 10，SmallChange 属性设置为 1，Maximum 属性设置为 255，Minimum 属性设置为 0。

二、事件过程代码

1. 通用声明段的程序代码

由于变量 r、g、b 在程序各个事件过程中是公用的，因此在通用声明段中作如下声明：

```
Dim r As Integer, g As Integer, b As Integer
```

提示：如果将 r、g、b 改成局部变量，则不能根据各颜色分量的值的变化来正确地合成颜色，因为三个分量都是在过程内部的变量，一离开内部变量，就不起作用了，值变为 0。所以要将这三个颜色变量设为全局变量。

2. 定义合成颜色的过程程序代码

```
Sub txtbackcolor()
    Label4.Text = Str(r)
    Label5.Text = Str(g)
    Label6.Text = Str(b)
    TextBox1.BackColor = Color.FromArgb(r, g, b)  '这行代码也可用以下两行代码代替
      'r = RGB(r, g, b):
      'TextBox1.BackColor = System.Drawing.ColorTranslator.FromOle(r)
End Sub
```

3. 双击 Form1 窗体对象，进行代码窗口编写如下事件过程代码

```
Private Sub Form1_Load(ByVal sender As System.Object, ByVal e As System.EventArgs) _
            Handles MyBase.Load                          '初始化界面
        r = HScrollBar1.Value
        g = HScrollBar2.Value
        b = HScrollBar3.Value
        txtbackcolor()
End Sub
```

4. 双击 Hscrollbar1 滚动条对象，进入代码窗口编写如下事件过程代码

```
Private Sub HScrollBar1_Scroll(ByVal sender As System.Object, _
            ByVal e As System.Windows.Forms.ScrollEventArgs) Handles HScrollBar1.Scroll
            '红色滚动条
    r = HScrollBar1.Value
    txtbackcolor()
End Sub
```

5. 双击 Hscrollbar2 滚动条对象，进入代码窗口编写如下事件过程代码

```
Private Sub HScrollBar2_Scroll(ByVal sender As System.Object, _
            ByVal e As System.Windows.Forms.ScrollEventArgs) Handles HScrollBar2.Scroll
            '绿色滚动条
    g = HScrollBar2.Value
    txtbackcolor()
End Sub
```

6. 双击 Hscrollbar3 滚动条对象，进入代码窗口编写如下事件过程代码

```
Private Sub HScrollBar3_Scroll(ByVal sender As System.Object, _
            ByVal e As System.Windows.Forms.ScrollEventArgs) Handles HScrollBar3.Scroll
            '蓝色滚动条
        b = HScrollBar3.Value
        txtbackcolor()
    End Sub
```

实践活动

1. 设计一个程序，利用垂直滚动条和水平滚动条来改变图片的大小，当用户拖动滚动条滑块时，图片将相应改变其大小，程序运行的界面如图 5-2-5 所示。

图 5-2-5　实践活动题 1 运行界面

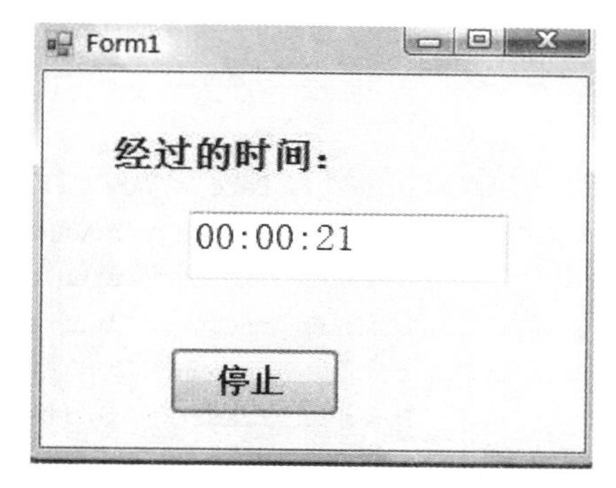

图 5-2-6　实践活动题 2 运行界面

提示：① 使用工具箱的 PictureBox，在窗体上建立一个图片框控件，设置 SizeMode 属性为 StretchImage，Image 属性为要显示的图片文件。

② 编写滚动条的 ValueChanged 事件过程。例如，以下是滚动条的事件过程：

```
Private Sub HScrollBar1_ValueChanged(ByVal sender As Object, _
            ByVal e As System.EventArgs) Handles HScrollBar1.ValueChanged
        PictureBox1.Width = HScrollBar1.Value
    End Sub
    Private Sub VScrollBar1_ValueChanged(ByVal sender As Object, _
            ByVal e As System.EventArgs) Handles VScrollBar1.ValueChanged
        PictureBox1.Height = VScrollBar1.Value
    End Sub
```

2. 设计一个程序，可实现秒表的功能。程序运行界面如图 5-2-6 所示。

提示：① 在通用声明段中定义变量 d1 和 t1，分别用于记录开始计时的日期和时间：

```
Dim d1 As Date
Dim t1 As Long
```

② 单击“开始”或“停止”按钮的事件过程如下：

```
Private Sub Button1_Click(ByVal sender As System.Object, ByVal e As System.EventArgs) _
        Handles Button1.Click
    If Button1.Text = "开始" Then
        d1 = Now
```

```
            t1 = Hour(d1) * 3600 + Minute(d1) * 60 + Second(d1)
            Button1.Text = "停止"
            Timer1.Enabled = True
        Else
            Timer1.Enabled = False
            Button1.Text = "开始"
        End If
    End Sub
```

③ 定时器控件的事件过程如下：

```
    Private Sub Timer1_Tick(ByVal sender As System.Object, ByVal e As System.EventArgs) Handles
Timer1.Tick
        Dim d2 As Date = Now
        Dim t2 As Single = Hour(d2) * 3600 + Minute(d2) * 60 + Second(d2)
        Dim t As Single = DateDiff(DateInterval.Hour, d1, d2) * 3600 * 24 + t2 - t1
        Dim h As Integer = Int(t / 3600)
        t = t - h * 3600
        Dim m As Integer = Int(t / 60)
        t = t - m * 60
        TextBox1.Text = trans(h) + ":" + trans(m) + ":" + trans(t)
    End Sub
```

3. 设计一个如图 5-2-7 所示的应用程序，由滚动条的位置来决定 n 的值，求 1～n 的整数和。

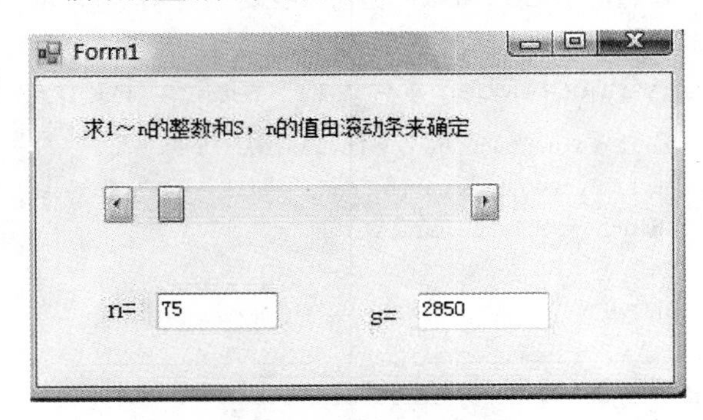

图 5-2-7　实践活动题 3 运行界面

4. 编制一个小闹钟，用户设定约会时间后，到时闹钟会响铃报警，并提示："时间到了，别迟到！"应用程序界面如图 5-2-8 所示。

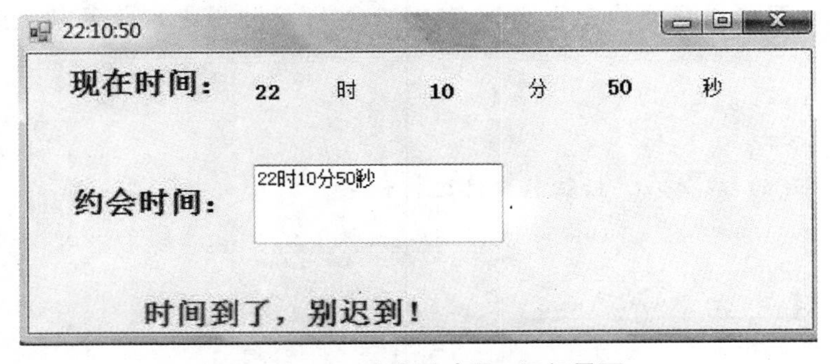

图 5-2-8　实践活动题 4 运行界面

提示：① 利用 Hour、Minute、Second 函数计算出时、分、秒的数值。

② 闹钟响铃报警的程序为：

```
If TextBox1.Text = Label5.Text & "时" & Label6.Text & "分" & Label7.Text & "秒" Then
    Beep()
    Label9.Text = "时间到了,别迟到！"
End If
```

5. 设计一个如图 5－2－9 所示的应用程序，利用 TrackBar 控件的刻度属性来实现字体大小的改变。

提示：改变字体大小的语句为：

```
TextBox1.Font = New Font ("宋体", TrackBar1.Value)
```

图 5－2－9　实践活动题 5 运行界面

活动三　文本编辑器

活动说明

编写一个简易文本编辑器，程序的设计界面如图 5－3－1 所示。程序运行时单击“打开文件”按钮，将会出现“打开文件”对话框。选中一个文件后按“打开”按钮将会把选中的文件打开并显示在 RichTextBox 控件中，如图 5－3－2 所示。此时若单击“另存为”按钮，将会出现“保存文件”对话框，如图 5－3－3 所示，在该对话框中输入要保存的文件名。

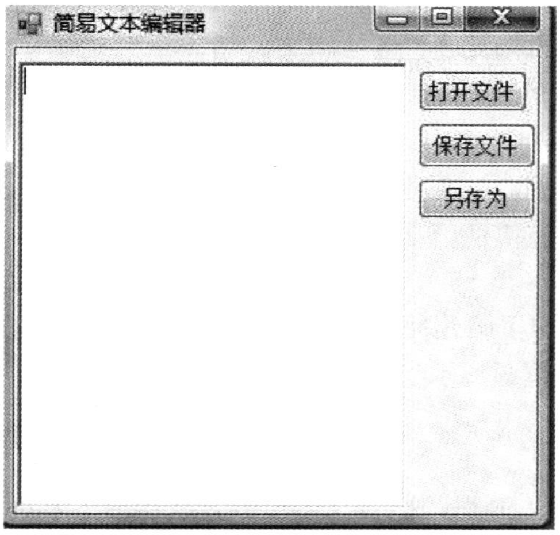

图 5－3－1　程序设计界面

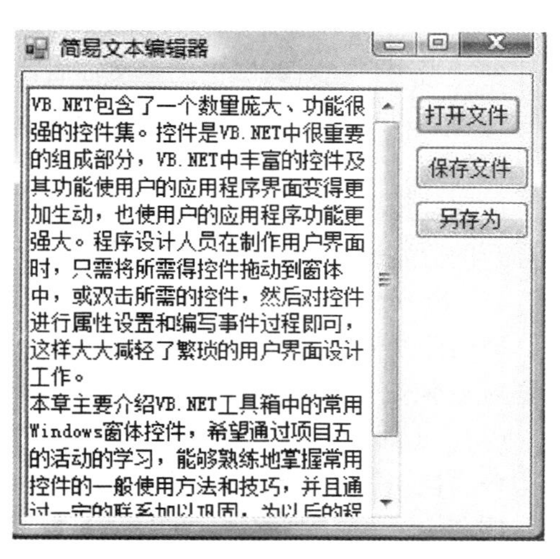

图 5－3－2　程序运行界面

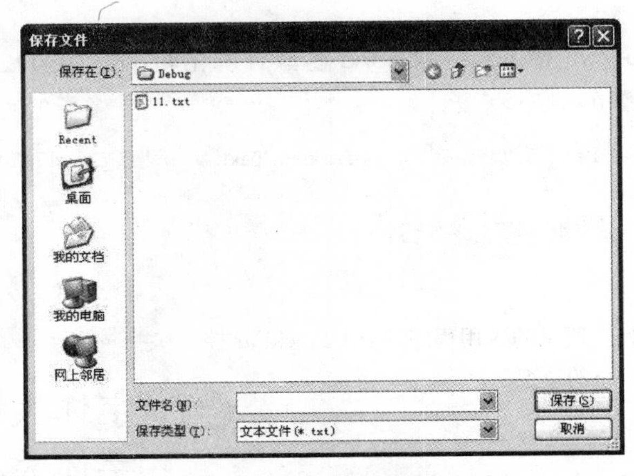

图 5-3-3 “另存为”界面

活动分析

本活动主要运用了 VB. NET 中的通用对话框控件。在 Windows 应用程序中，常用的对话框有：保存文件、打开文件、颜色、字体、页面设置、打印、打印预览和页面预览对话框等。这些对话框都是 VB. NET 中事先构造的对话框。用户可以直接使用，并设置相关的属性、方法和事件，创建具有个人风格的对话框。使用这些对话框可以创建标准的 Windows 对话框，显示这些对话框必须调用 ShowDialog 方法。

学习支持

一、“打开”对话框(OpenFileDialog)

创建“打开”对话框控件的方法是：双击工具箱中“对话框”选项卡下的 OpenFileDialog 按钮 OpenFileDialog ，在窗体外建立 OpenFileDialog 控件。

(1) FileName 属性和 FileNames 属性

FileName 属性的值是字符串类型，是用户在对话框中选定或输入的包括完整路径在内的文件名。当用户在对话框中选定文件后，该属性就立即得到了路径和文件名。当选定多个文件时，FileNames 属性则获取对话框中所有选定文件的文件名。

(2) Filter 属性(过滤器)

该属性用于确定文件列表框中所显示文件的类型。该属性值可以由一组元素或用“|”符号分开的分别表示不同类型文件的多组元素组成。该属性值显示在“文件类型”列表框中。

(3) FilterIndex(过滤器索引)

该属性为整型，表示用户在文件类型列表框中选定了第几种文件类型。例如，若第 1 组文件类型为文本文件，设置 FilterIndex 值为 1，则文件列表框只显示当前目录下的文本文件(*.txt)。

(4) InitialDirectory(初始目录)

该属性用来指定“打开”对话框的初始目录。

例 5-3-1：下列程序段的作用是设置“打开文件”对话框控件的一些属性值，定制一个可以选择多个文件的文件选择对话框，并且把使用此对话框选择的多个文件名称通过提示框显示出来。

```
Dim strFileName() As String
Dim s As String
Dim i As Integer
'定义一个字符串数组
OpenFileDialog1.Filter = "Text files (*.txt)|*.txt|All files (*.*)|*.*"
'设定文件类型过滤条件为：文本类型和全部文件
OpenFileDialog1.FilterIndex = 1
'设定打开文件对话框缺省的文件过滤条件
OpenFileDialog1.InitialDirectory = "C:\"
'设定打开文件对话框缺省的目录
OpenFileDialog1.Title = "打开文件"
'设定打开文件对话框的标题
OpenFileDialog1.Multiselect = True
'设定可以选择多个文件
OpenFileDialog1.ReadOnlyChecked = False
'设定选中只读复选框
OpenFileDialog1.ShowReadOnly = True
'设定打开文件对话框的式样和功能
If OpenFileDialog1.ShowDialog() = DialogResult.OK Then
    '显示打开文件对话框,并判断单击对话框中的确定按钮
    strFileName = OpenFileDialog1.FileNames
    For i = 0 To strFileName.Length - 1
        s = s + strFileName(i) + vbCrLf
    Next i
    '处理打开文件选择框选择的文件
    MessageBox.Show(s, "选择的文件名列表")
End If
```

二、“另存为”对话框(SaveFileDialog)

创建“另存为”对话框控件的方法是：双击工具箱中“对话框”选项卡下的 SaveFileDialog 按钮 SaveFileDialog 。

SaveFileDialog 控件的重要属性与 OpenFileDialog 控件基本相同，还有 1 个重要属性是 DefaultExt 属性，用于设置默认的扩展名。它为用户在存储文件时提供一个标准用户界面，供用户选择或键入所要存入文件的路径和文件名。它并不能提供真正的存储文件操作，需要用户编程来完成。

例 5-3-2：在显示的保存文件对话框中选择文件后，将文件名显示在标签上。程序段如下：

```
SaveFileDialog1.DefaultExt = "txt"
SaveFileDialog1.Filter = "文本文件(*.txt)|*.txt|Word 文档(*.doc)|*.doc"
SaveFileDialog1.FilterIndex = 1
SaveFileDialog1.InitialDirectory = "C:\"
SaveFileDialog1.OverwritePrompt = True
SaveFileDialog1.ShowDialog()
Label1.Text = SaveFileDialog1.FileName
```

三、"颜色"对话框(ColorDialog)

创建"颜色"对话框控件的方法是：双击工具箱中"对话框"选项卡下的 ColorDialog 按钮 ColorDialog 。

该组件允许用户从调色板中选择颜色，以及将自定义颜色添加到该调色板。对话框有两部分：一部分显示基本颜色；另一部分允许用户自定义颜色。

多数属性限制用户可以从对话框中选择的颜色，在对话框中选择的颜色由 Color 属性返回。如果 AllowFullOpen 属性设置为 True，则允许用户自定义颜色。如果对话框已扩展可以定义自定义颜色，则 FullOpen 属性为 True；否则用户必须单击"规定自定义颜色"按钮。在 AnyColor 属性设置为 True 时，对话框会在基本颜色基内显示所有可用的颜色。如果 SolidColorOnly 属性设置为 True，则用户不能选择抖动色，只有纯色可供选择。

如果 ShowHelp 属性设置为 True，则会在对话框上显示"帮助"按钮。在用户单击"帮助"按钮时，会触发 ColorDialog 组件的 HelpRequest 事件。

例 5-3-3：利用颜色对话框设置标签的背景色，程序段如下：

```
ColorDialog1.ShowDialog()
Label1.BackColor = ColorDialog1.Color
```

四、"字体"对话框(FontDialog)

创建"字体"对话框控件的方法是：双击工具箱中"对话框"选项卡下的 FontDialog 按钮 FontDialog 。

(1) Font 属性：用于获取用户选择的字体。

(2) ShowColor：Boolean 类型，用于确定"字体"对话框是否有"颜色"选项。

(3) Color：Color 结构类型，当 ShowColor 属性为 True 时才有该属性，其值是用户选定的颜色。

例 5-3-4：利用字体对话框设置标签的字体，程序段如下：

```
FontDialog1.ShowDialog()
Label1.Font = FontDialog1.Font
```

五、RichTextBox 控件

RichTextBox 是能显示 Rich Text Format(RTF)格式文本的文本框，可用于输入和编辑文本，实现多种文字和段落格式的设置，同时还提供了标准 TextBox 控件未具有的、更高级的指定格式的许多功能。

RichTextBox 提供了一些属性，用这些属性可以指定格式，如可把文本改为粗体或斜体，或改变其颜色，以及创建上标和下标；可以通过设置左右缩进和悬挂式缩进，来调整段落的格式。

编程实现

按图 5-3-3 所示，新建一个项目，参照图 5-3-4 所示建立窗体上各个控件。

1. 在代码的通用声明段中的程序代码

```
Public Class Form1
```

```
    Inherits System.Windows.Forms.Form
    Dim Fname As String     '存放打开或保存的文件名
```

2. 单击“打开文件”按钮的事件过程代码

```
Private Sub Button1_Click(ByVal sender As System.Object, ByVal e As System.EventArgs) _
        Handles Button1.Click
  OpenFileDialog1.Filter = "文本文件(*.txt)|*.txt|RTF格式文件(*.RTF)|*.RTF"
  OpenFileDialog1.FilterIndex = 1                         '设置当前文件过滤器
  OpenFileDialog1.Title = "打开文件"                       '设置对话框的标题
  OpenFileDialog1.InitialDirectory = Application.StartupPath  '初始目录设为启动路径
  OpenFileDialog1.RestoreDirectory = True                 '自动恢复初始目录
  OpenFileDialog1.ShowDialog()                            '弹出打开文件对话框
      Fname = OpenFileDialog1.FileName                    '获取打开的文件名
      If (Fname <> " ") Then                              '如果选择了文件
          If (OpenFileDialog1.FilterIndex = 1) Then       '如果是文本文件
              RichTextBox1.LoadFile(Fname, RichTextBoxStreamType.PlainText)
                                                          '文本文件
          Else
              RichTextBox1.LoadFile(Fname, RichTextBoxStreamType.RichText)
                                                          ' RTF文件
          End If
      End If
 End Sub
```

3. 单击“保存文件”按钮的事件过程代码

```
Private Sub Button2_Click(ByVal sender As System.Object, ByVal e As System.EventArgs) _
        Handles Button2.Click
   RichTextBox1.SaveFile(Fname, RichTextBoxStreamType.PlainText)
End Sub
```

4. 单击“另存为”按钮的事件过程代码

```
 Private Sub Button3_Click(ByVal sender As System.Object, ByVal e As System.EventArgs) _
         Handles Button3.Click
      SaveFileDialog1.Filter = "文本文件(*.txt)|*.txt|RTF格式文件(*.RTF)|*.RTF"
      SaveFileDialog1.FilterIndex = 1'设置当前文件过程器
      SaveFileDialog1.Title = "保存文件"'设置对话框的标题
      SaveFileDialog1.InitialDirectory = Application.StartupPath  '初始目录设为启动路径
      SaveFileDialog1.RestoreDirectory = True                 '自动恢复初始目录
      SaveFileDialog1.ShowDialog()                            '弹出另存为对话框
      Fname = SaveFileDialog1.FileName                        '获取保存的文件名
      If (Fname <> " ") Then                                  '如果输入了文件名
          If (OpenFileDialog1.FilterIndex = 1) Then           '如果是文本文件()
              RichTextBox1.SaveFile(Fname, RichTextBoxStreamType.PlainText)
                                                              '文本文件
          Else
              RichTextBox1.SaveFile(Fname, RichTextBoxStreamType.RichText)
                                                              ' RTF文件
          End If
      End If
 End Sub
```

实践活动

1. 为本活动中简易文本编辑器增加设置字体和字体颜色的功能。在简易文件编辑器中再增加两个按钮(Button4 和 Button5),设置它们的显示文字为“字体”和“颜色”。界面如图 5-3-4 所示。程序运行中选定了一些文本后,单击“字体”按钮将显示出如图 5-3-5 所示的“字体”对话框供用户设置字体,设置字体后按“确定”按钮,设置的字体将应用于当前选定的文本上,如图 5-3-6 所示。选定文本后单击“颜色”按钮将会出现如图5-3-7所示的“颜色”对话框,选择颜色后按“确定”钮,选中的颜色将应用于当前选定的文本上,如图 5-3-8所示。

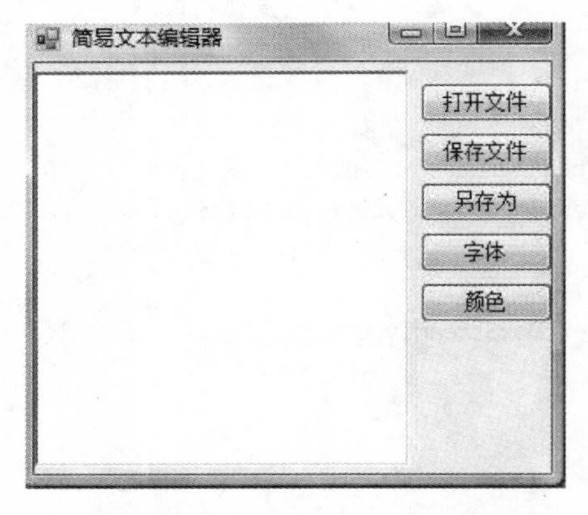

图 5-3-4 实践活动题 1 运行界面

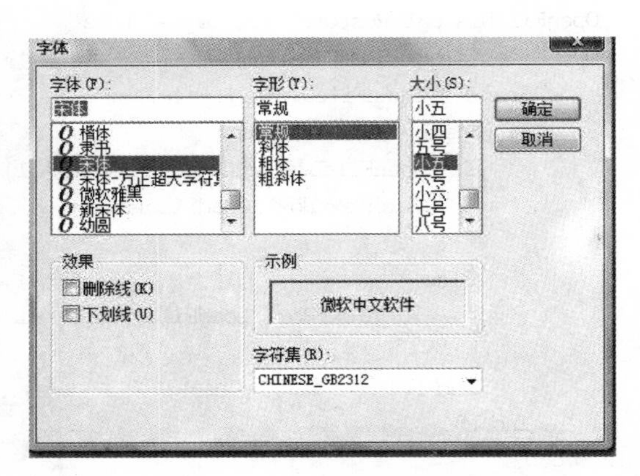

图 5-3-5 “字体”对话框

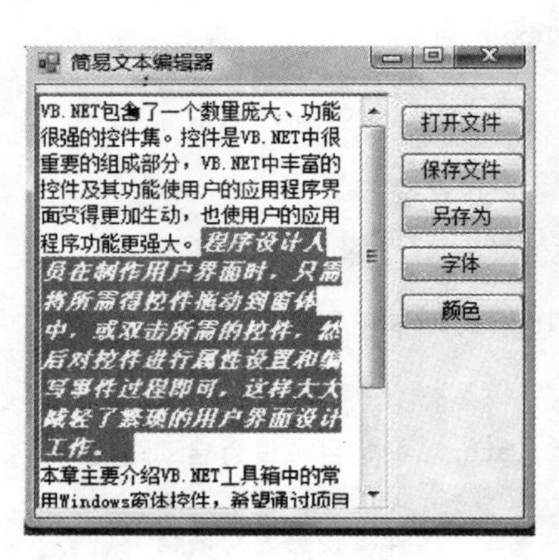

图 5-3-6 显示所选字体

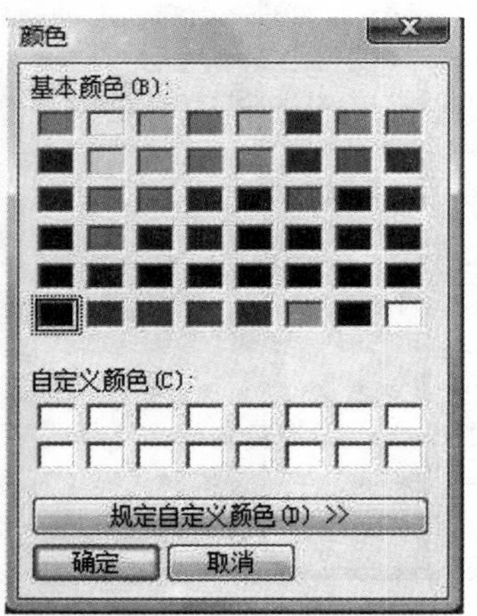

图 5-3-7 “颜色”对话框

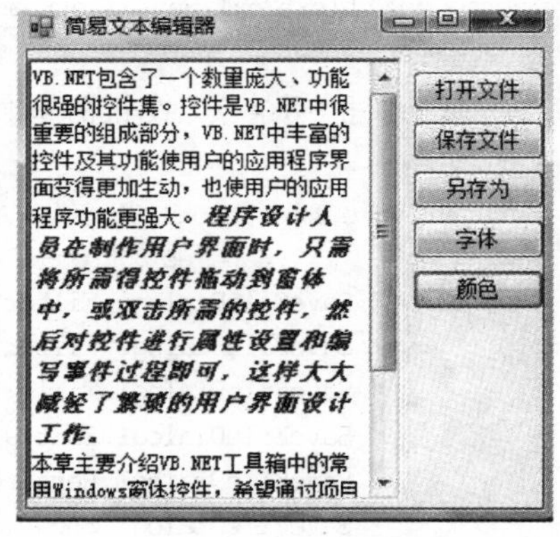

图 5-3-8 显示所选颜色

提示:① 编写“字体”按钮的事件过程代码:

```
Private Sub Button4_Click(ByVal sender As System.Object, ByVal e As System.EventArgs) _
          Handles Button4.Click
  FontDialog1.ShowEffects = True          '显示设置下划线、删除线等的复选框
      '在弹出字体对话框前,把字体对话框的字体设置为选定文本的字体
```

```
  FontDialog1.Font = RichTextBox1.SelectionFont
    If (FontDialog1.ShowDialog() = DialogResult.OK) Then
                                            '弹出字体对话框且按了"确定"按钮
      RichTextBox1.SelectionFont = FontDialog1.Font     '设置选中文本的字体
    End If
End Sub
```

② 编写“颜色”按钮的事件过程代码：

```
Private Sub Button5_Click(ByVal sender As System.Object, ByVal e As System.EventArgs) _
        Handles Button5.Click
    ColorDialog1.AllowFullOpen = True               '允许用户自定义颜色
    ColorDialog1.AnyColor = True                    '显示基本色的全部颜色
          '在弹出颜色对话框前，把颜色对话框的颜色设置为选定文本的颜色
    ColorDialog1.Color = RichTextBox1.SelectionColor
      If (ColorDialog1.ShowDialog() = DialogResult.OK) Then
          RichTextBox1.SelectionColor = ColorDialog1.Color
      End If
End Sub
```

2. 编写一个程序，单击“打开”按钮，显示如图 5－3－9 所示的“打开”对话框。选择图像文件后，将图像显示在图片框中，如图 5－3－10 所示。

图 5－3－9　“打开”对话框

图 5-3-10 实践活动题 2 运行界面

项目六　视图界面

在VB.NET应用程序的设计中，为了与用户进行友好的交互，一般都采用视窗图形界面。而在视窗界面中，菜单栏、弹出菜单、多重窗体、多文档界面(MDI)、鼠标及键盘技术是经常使用的，可以达到界面美观，格局简洁明快的效果，用户也可以更快捷简便地找到应用目标。

活动一　记事本

活动说明

本活动设计一个记事本应用程序，该应用程序具有打开文件、保存文件、退出系统、输入文本，剪切、复制、粘贴等功能。通过打开或新建文本，进入文本编辑状态，利用剪切、复制、粘贴等功能对文本进行操作。其运行界面如图6-1-1(a)和图6-1-1(b)所示。

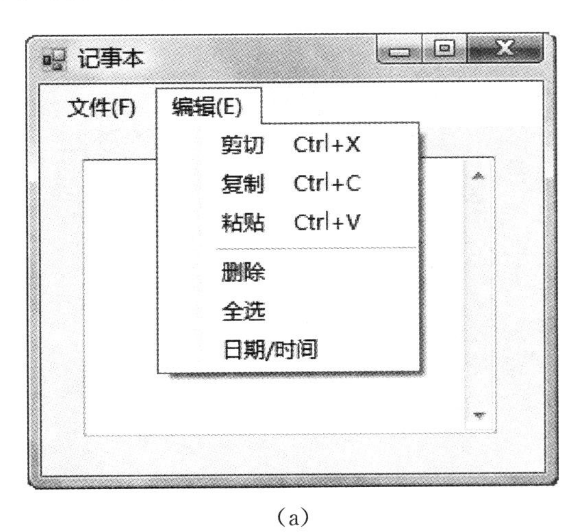

(a)

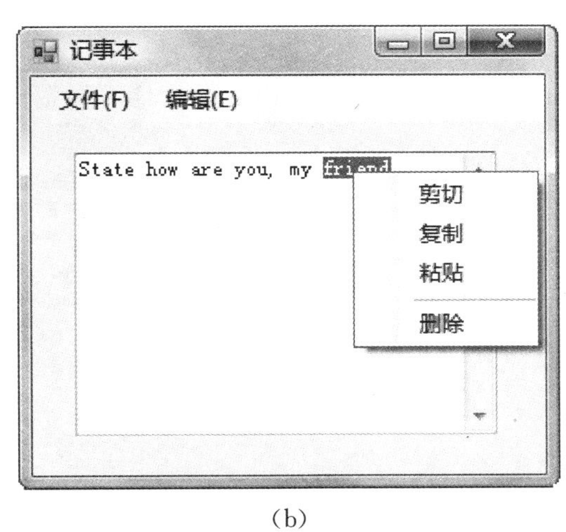

(b)

图6-1-1　活动一说明

活动分析

本活动综合运用了下拉式菜单和弹出菜单等技术，通过建立下拉式菜单和弹出菜单，编写菜单选项相应的事件过程代码，实现程序中的各项功能。

利用通用对话框选择读写的文件名，利用FileStream、StreamReader和StreamWrite对象打开文件，并进行读写。

直接利用文本框的Copy、Paste、Cut等方法，实现文本框中的编辑操作。利用文本框的SelectText属性，设置该属性值为空字符串，实现了删除选定文本的功能。

在窗体的Resize事件中添加了能动态改变文本框大小的代码，使得文本框能自动根据窗体大小进行调整。

学习支持

一、菜单的分类与结构

通常将程序中的菜单分为两种：一种是下拉式菜单；另一种是弹出式菜单。

1. 下拉式菜单

下拉式菜单是一种典型的窗口式菜单，它一般通过鼠标左键单击窗口菜单栏中的菜单标题的方式打开。例如，在窗口中单击“文件”、“编辑”等菜单时所显示的就是下拉式菜单。

在下拉式菜单系统中，一般有一个主菜单，即菜单栏（位于窗口标题栏的下方），其中包括一个或多个选择项，称为菜单标题（或主菜单项、顶层菜单）。单击一个菜单标题时，一个包含若干个菜单命令（下拉菜单项）的列表（即下拉菜单）即被打开。根据功能的不同，一般以分隔条隔开，有的菜单命令的右端具有三角符号，当鼠标指针指向该菜单命令时，会出现下级子菜单；有的菜单命令的左边具有“√”，表示该菜单命令正起作用。图6-1-2展示了VB.NET的部分菜单示例。

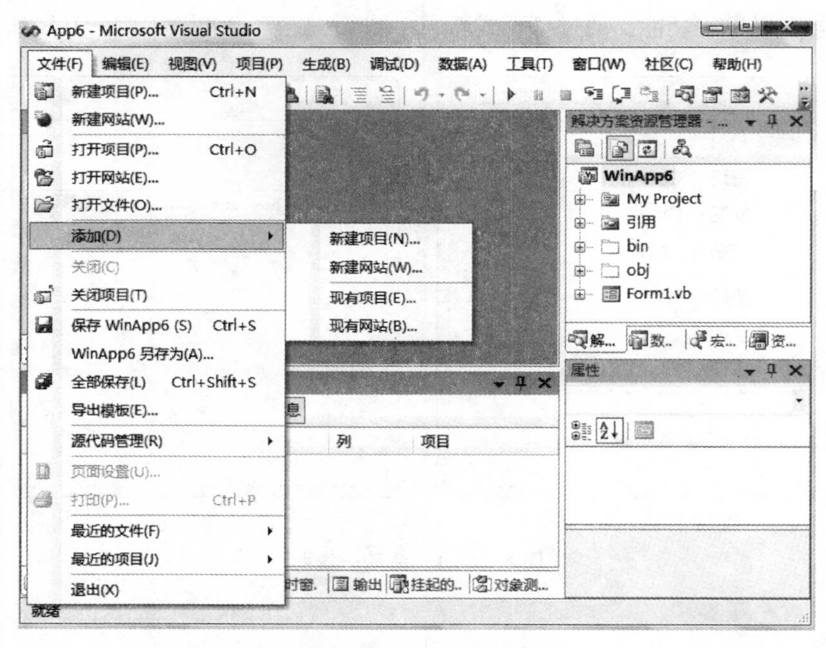

图6-1-2 菜单示例

2. 弹出式菜单

弹出式菜单能以更灵活的方式为用户提供更方便和快捷的操作，当用户用鼠标右键单击一个对象时所显示的菜单称为弹出式菜单。弹出式菜单也称为“右键菜单”或“快捷菜单”。

二、创建下拉式菜单的基本步骤

创建下拉式菜单的基本步骤如下：

(1) 向窗体中添加 MenuStrip 控件，设计弹出式菜单中的各个菜单项；

(2) 利用属性窗口设置各菜单项的有关属性；

(3) 建立 MenuStrip 控件与有关对象的关联；

(4) 运行调试各菜单命令。

三、建立下拉式菜单界面

MenuStrip 控件属于非用户界面控件，双击工具箱的“菜单和工具栏”选项卡中 MenuStrip 按钮 MenuStrip ，把 MenuStrip 控件加入到窗体，在窗体下面的专用面板中会出现一个名为 MenuStrip1 的图标，窗体顶端出现一个“请在此处键入”的框，如图 6－1－3 所示。这是可视化的下拉式菜单设计器，利用它可进行下拉式菜单的设计。

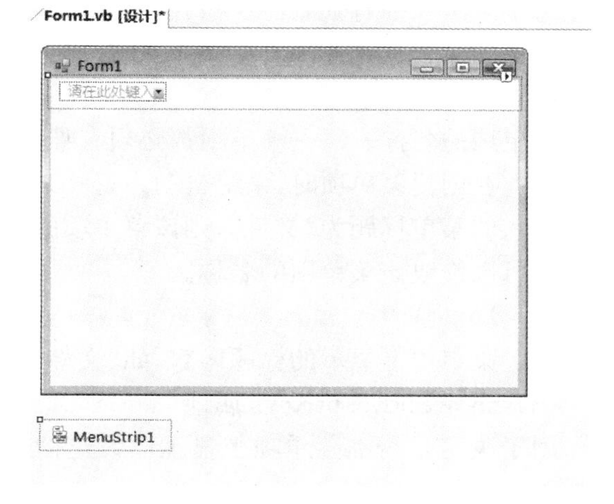

图 6－1－3　创建下拉式菜单

建立一个菜单项的方法是：

单击“请在此处键入”框，使该文本呈可编辑状态，内有插入点，用户可直接输入该菜单项的标题，例如输入“文件”、“编辑”等文字。如果要设置一条分隔线，应在该文本框中输入“－”(减号)字符。

如果要设置菜单项的热键，应在作为热键的字符前加上“&”字符。例如，输入“文件(&F)”，则菜单项显示为“文件(F)”，“F”是该菜单项的热键。程序执行时，如果该菜单项是主菜单项，则可以通过键入 Alt＋带下划线的字母打开菜单；如果是下拉菜单项，则在下拉菜单项所在的下拉菜单打开的情况下，直接按下该字母键即可执行相应的菜单命令，就相当于单击了该菜单项。

建立一个主菜单项后，其右面和下方各出现一个“请在此处键入”框，在右面的“请在此处键入”框中可建立一个新的主菜单项，在下方的“请在此处键入”框中可以建立下一级菜单项。而建立子菜单项后，同样在其右面的“请在此处键入”框中可以建立子菜单的同级菜单项，在其下方的“请在此处键入”框中可以建立子菜单的下级菜单项。

将鼠标指针指向“请在此处键入”框，其右面会出现一个下拉箭头，单击后显示下拉列表，其中有以下 4 个选项：

(1) MenuItem：表示建立一个菜单项，这种菜单项的左边可以加“√”图标，右面可以显示该菜单项的快捷键。

(2) ComboBox：表示可以在菜单中建立一个组合框。

(3) Separator：表示建立一条分隔线。建立主菜单项时没有该选项。

(4) TextBox：表示可以在菜单中建立一个文本框。

选择菜单项类型后，便建立了一个菜单项。建立菜单项后再次单击该菜单项便可以修改菜单项标题等。选定菜单项后，按 Delete 键便可以删除菜单项。

四、菜单项的常用属性和事件

VB. NET 提供了 MenuStrip 控件和 ContexMenuStrip 控件，分别用于设计下拉式菜单与弹出式菜单。不管是下拉式菜单还是弹出式菜单，其中的每一个菜单项（包括菜单项间的分隔线）都是对象，与其他对象一样，它具有属性和能够响应的事件等。

1. 菜单项的主要属性

每个菜单项都有其属性，与其他对象相同，选定菜单项后，可以在属性窗口中设置其属性值。菜单项除了具有 Visible、Enabled 等属性之外，还具有以下重要的属性。

(1) Name 属性

菜单项的名称。每一菜单项都必须有唯一的名称，在程序代码中应用该菜单项时就使用其名称。在创建菜单项时，系统自动为每一菜单项赋予一个以菜单标题后加菜单类型的名称，例如输入的菜单标题为“文件”，则该菜单项的默认名称为“文件 ToolStripMenuItem”，通过属性窗口可以修改该菜单项的名称。

(2) Text 属性

决定菜单项上显示的标题内容，如“文件”、“编辑”等。

(3) ShowShortCutKeys 属性

用于决定是否在菜单项上显示已设定的快捷键。为 True 时显示已设定的快捷键，否则不显示。

(4) ShortCutKeys 属性

用于设置该菜单项相应的快捷键。快捷键将显示在菜单项标题的右面，程序运行时，按下快捷键便可立即执行其对应的菜单命令。注意，该属性必须在 ShowShortCutKeys 属性的值为 True 时才起作用。

(5) Checked 属性

若该属性的值设置为 True，则在菜单项的左面显示一个“√”。

2. 菜单项的主要事件

菜单项能够响应的主要事件是 Click，在程序运行过程中，用鼠标左键单击某个菜单项时会触发该事件。因此，通常把某个菜单项能够完成的功能代码写在其 Click 事件过程中。在窗体窗口上双击菜单项，便可以进入代码窗口，编辑该菜单项的 Click 事件过程代码。

五、创建弹出式菜单的基本步骤

创建弹出式菜单的方法与创建下拉式菜单的方法相似，基本步骤如下：

(1) 双击工具箱的“菜单和工具栏”选项卡中 ContextMenuStrip 按钮 ContextMenuStrip，向窗体中添加 ContexMenuStrip 控件，使用与设计下拉式菜单相同的方法设计弹出式菜单中的各个菜单项。如图 6-1-4 所示。

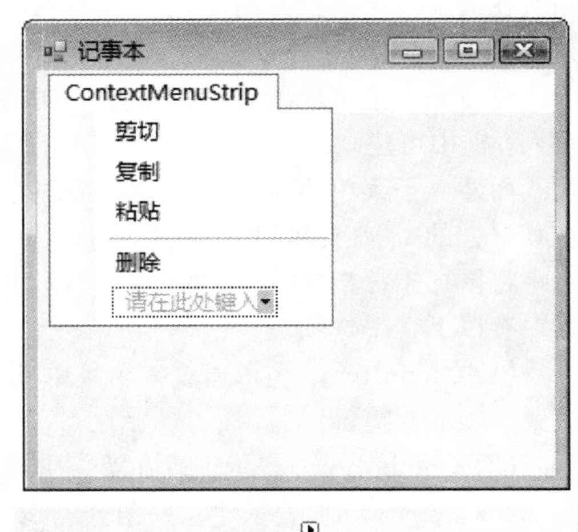

图 6-1-4　创建弹出式菜单

(2) 利用属性窗口设置各菜单项的有关属性。

(3) 建立 ContexMenuStrip 控件与相关对象的关联。弹出式菜单是用鼠标右键单击某个对象时才弹出的菜单,为达到此效果,只要将此对象的 ContexMenuStrip 属性的值设置为窗体中的 ContexMenuStrip 控件的名称,则两者就建立了关联。这样,在程序运行中用鼠标右键单击该对象时就可弹出相应的弹出式菜单。

例如,选中 TextBox1 文本框,在属性窗口中单击 ContexMenuStrip 属性右侧的下拉箭头,选中 ContexMenuStrip1。运行时,右击 TextBox1 文本框,便弹出 ContexMenuStrip1 菜单。

(4) 利用代码设计窗口编写每一菜单项的 Click 事件过程。

(5) 运行调试各菜单命令。

编程实现

一、界面设计

在窗体中放置 1 个 MenuStrip 控件、1 个 ContextMenuStrip 控件、1 个文本框控件、1 个打开文件对话框控件和 1 个保存文件对话框控件。并利用“学习支持”中给出的建立菜单的方法,设计出图 6-1-1 所示的界面。其中,“文件”菜单和“编辑”菜单的子菜单如图 6-1-5 所示,弹出式菜单如图 6-1-4 所示。

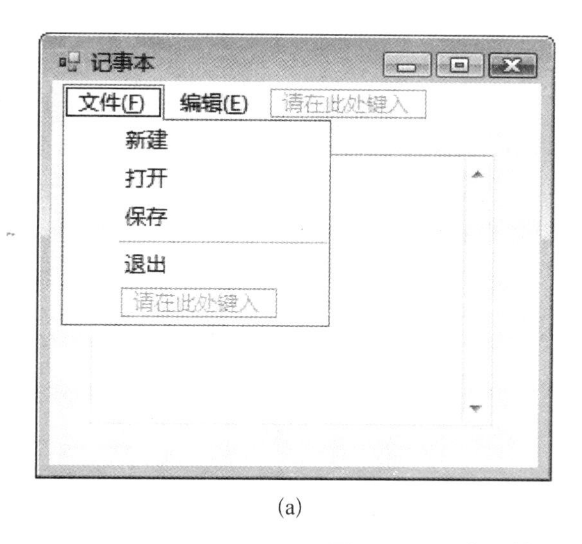

(a)

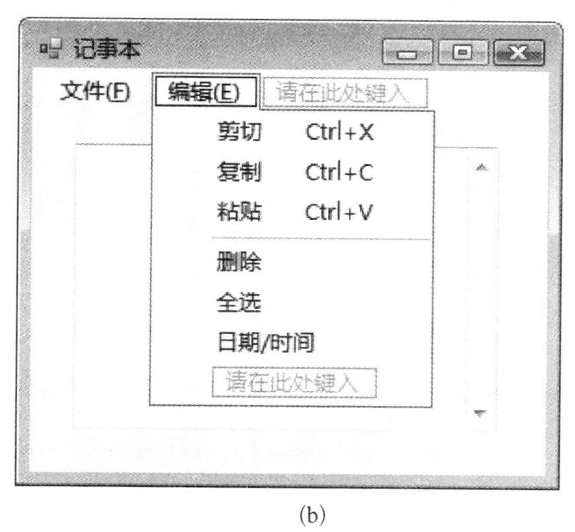

(b)

图 6-1-5 “文件”菜单和“编辑”菜单的子菜单

设定文本框(TextBox1)的 Multiline 属性为 True,ScrollBars 属性为 Vertical,ContexMenuStrip 属性为 ContexMenuStrip1。

二、事件过程代码

1. 单击“新建”菜单项的事件过程代码

在“新建”菜单项中,编写相应的代码,使文本框的内容被清空,等待重新输入文本。程序代码如下:

```
Private Sub 新建 ToolStripMenuItem_Click(ByVal sender As System.Object, _
        ByVal e As System.EventArgs) Handles 新建 ToolStripMenuItem.Click
    TextBox1.Text = " "
End Sub
```

2. 单击“打开”菜单项的事件过程代码

在“打开”菜单项中，编写相应的代码。采用流式文件访问，创建一个 FileStream 类的对象，以读方式打开已存在的文件。创建一个 StreamReader 类的对象，读取标准文本文件的各行信息。利用 OpenFileDialog 的 ShowDialog 方法，选择需要读取的文本文件，并将文件内容读出并显示到文本框中。

```
Private Sub 打开 ToolStripMenuItem_Click(ByVal sender As System.Object, _
        ByVal e As System.EventArgs) Handles 打开 ToolStripMenuItem.Click
    Dim filename As String
    Dim f As System.IO.FileStream
    Dim r As System.IO.StreamReader
    OpenFileDialog1.Filter = "文本文件(*.txt)|*.txt"
    OpenFileDialog1.ShowDialog()                    '调用对话框
    filename = OpenFileDialog1.FileName             '获取选中的文件名
    f = New System.IO.FileStream(filename, IO.FileMode.Open, IO.FileAccess.Read)
    r = New System.IO.StreamReader(f)
    TextBox1.Text = r.ReadToEnd()                   '读文件
    r.Close()
End Sub
```

3. 单击“保存”菜单项的事件过程代码

在“保存”菜单项中，编写相应的代码。创建一个 FileStream 类的对象，以写方式新建文件，如果文件已存在的话，则覆盖文件内容。创建一个 StreamWriter 类的对象，用于写入文本信息。利用 SaveFileDialog 的 ShowDialog 方法，设置保存的文件名，并将文本框中的内容保存到该文件中。

```
Private Sub 保存 ToolStripMenuItem_Click(ByVal sender As System.Object, _
        ByVal e As System.EventArgs) Handles 保存 ToolStripMenuItem.Click
    Dim filename As String
    Dim f As System.IO.FileStream
    Dim w As System.IO.StreamWriter
    SaveFileDialog1.Filter = "文本文件(*.txt)|*.txt"
    SaveFileDialog1.ShowDialog()                    '调用对话框
    filename = SaveFileDialog1.FileName             '获取选中的文件名
    f = New System.IO.FileStream(filename, IO.FileMode.Create, IO.FileAccess.Write)
    w = New System.IO.StreamWriter(f)
    w.Write(TextBox1.Text)                          '写文件
    w.Close()
End Sub
```

4. 单击“退出”菜单项的事件过程代码

```
Private Sub 退出 ToolStripMenuItem_Click(ByVal sender As System.Object, _
```

```
            ByVal e As System.EventArgs) Handles 退出ToolStripMenuItem.Click
            By Val e As System.
    End                                              '结束程序的运行
End Sub
```

5. 单击"剪切"菜单项的事件过程代码

```
Private Sub 剪切ToolStripMenuItem_Click(ByVal sender As System.Object, _
            ByVal e As System.EventArgs) Handles 剪切ToolStripMenuItem.Click
    TextBox1.Cut()                                   '将选中的文本删除并复制到剪贴板上
End Sub
```

6. 单击"复制"菜单项的事件过程代码

```
Private Sub 复制ToolStripMenuItem_Click(ByVal sender As System.Object, _
            ByVal e As System.EventArgs) Handles 复制ToolStripMenuItem.Click
    TextBox1.Copy()                                  '将选中的文本复制到剪贴板上
End Sub
```

7. 单击"粘贴"菜单项的事件过程代码

```
Private Sub 粘贴ToolStripMenuItem_Click(ByVal sender As System.Object, _
            ByVal e As System.EventArgs) Handles 粘贴ToolStripMenuItem.Click
    TextBox1.Paste()                                 '将选中文本用剪贴板上的文本替换
End Sub
```

8. 单击"删除"菜单项的事件过程代码

```
Private Sub 删除ToolStripMenuItem_Click(ByVal sender As System.Object, _
            ByVal e As System.EventArgs) Handles 删除ToolStripMenuItem.Click
    TextBox1.SelectedText = ""                       '将TextBox1中选中的文本删除
End Sub
```

9. 单击"全选"菜单项的事件过程代码

```
Private Sub 全选ToolStripMenuItem_Click(ByVal sender As System.Object, _
            ByVal e As System.EventArgs) Handles 全选ToolStripMenuItem.Click
    TextBox1.SelectAll()                             '选中TextBox1中的所有文本
End Sub
```

10. 单击"时间/日期"菜单项的事件过程代码

```
Private Sub 日期时间ToolStripMenuItem_Click(ByVal sender As System.Object, _
            ByVal e As System.EventArgs) Handles 日期时间ToolStripMenuItem.Click
    TextBox1.SelectedText = Format(Now, "hh:mm:ss yyyy-MM-dd")
End Sub
```

11. 窗体的Resize事件过程代码

在窗体的Resize事件中，编写相应的代码，使窗体改变大小时，自动调整文本框的大小。程序代码如下：

```
Private Sub Form1_Resize(ByVal sender As Object, ByVal e As System.EventArgs) _
        Handles Me.Resize
    '文本框的宽度设置为窗体的宽度减去边框的宽度
    TextBox1.Width = Me.Width - 16
    '文本框的高度设置为窗体的高度减去标题栏和菜单栏的高度
    TextBox1.Height = Me.Height - 70
End Sub
```

注意：弹出菜单和下拉式菜单中标题相同的菜单项(如“剪切”、“复制”、“粘贴”和“删除”)是不同的对象，它们的名称不同，在代码设计窗口中必须分别编写程序。因此，要用相同的方法为弹出菜单的各个菜单项编写程序。

实践活动

1. 设计一个可以使用菜单来改变文字字体、颜色(含前景色、背景色)及大小的程序，效果如图6-1-6和图6-1-7所示。

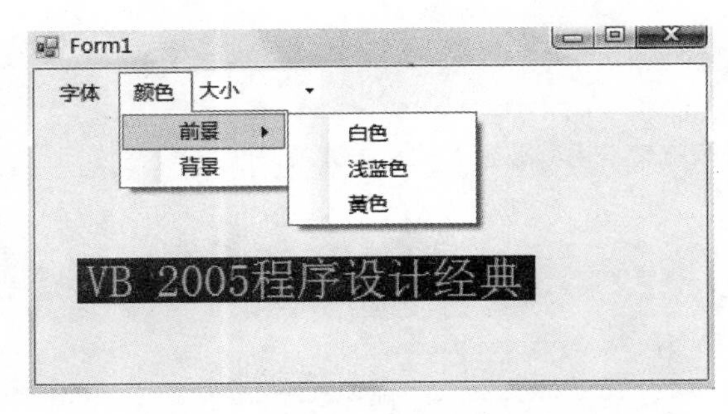

图6-1-6 第一题效果1

图6-1-7 第一题效果2

2. 设计具有如下功能的程序：在图片框控件上用鼠标右键单击出现快捷菜单，可以通过快捷菜单的“上一张”及“下一张”命令来切换图片。效果如图6-1-8所示。

图6-1-8 第2题效果

活动二　计 分 牌

活动说明

建立一个计分牌程序，在如图 6-2-1 所示的“计分牌”主窗口中，当鼠标指针指向“计算成绩”按钮时，在下方的标签上显示“输入评委的给分，并计算得分”字样；当鼠标指针离开“计算成绩”按钮时，下方的标签上不显示内容。单击“计算成绩”按钮，显示如图 6-2-2所示的“计算成绩”窗口。

在“计算成绩”窗口中输入 5 位评委给出的成绩，去掉 1 个最高分和 1 个最低分后，计算出平均分，作为得分，显示在窗体上。单击“关闭”按钮后返回“计分牌”主窗口，并显示出选手的得分。

单击“所有选手得分”按钮，显示如图 6-2-3 所示的“所有选手成绩”窗口，单击“显示”按钮，显示所有选手的成绩。单击“返回”按钮后返回“计分牌”主窗口。

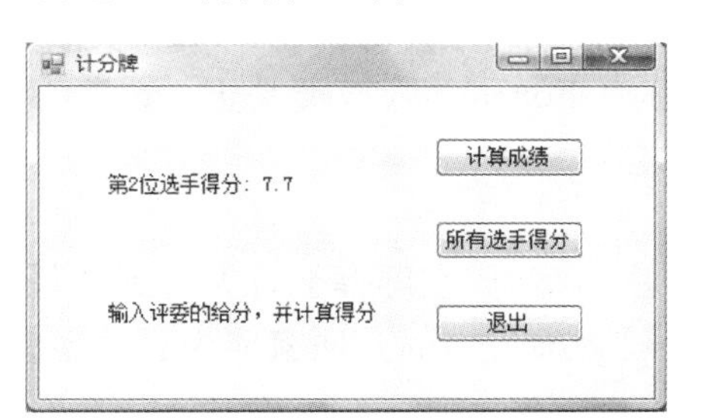

图 6-2-1　“计分牌”窗体界面

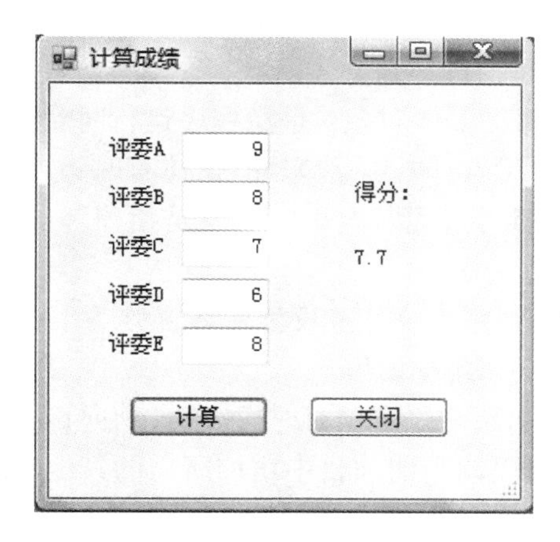

图 6-2-2　“计算成绩”窗体界面

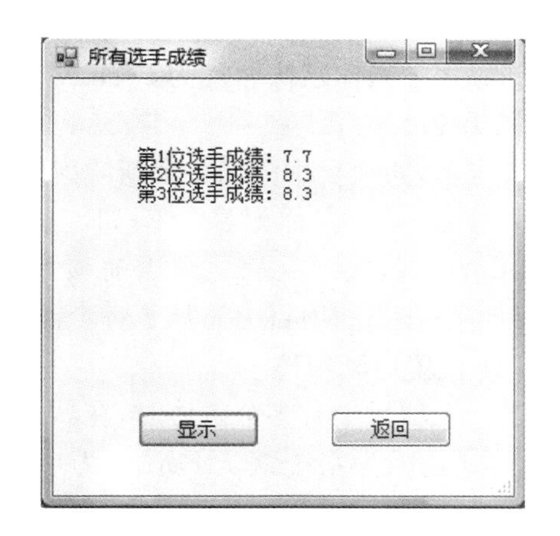

图 6-2-3　“所有选手成绩”窗体界面

活动分析

本活动综合运用了多重窗体的操作和键盘鼠标事件响应技术。创建了 3 个窗体，并通过窗体的实例化显示另一个窗体。通过访问另一个窗体的数据和全局变量，实现窗体之间的数据传递。通过鼠标的 MouseMove 和 MouseLeave 事件过程，控制标签上文字的显示。

学习支持

一、多重窗体

一个程序中大多只包括一个窗体。而对于较复杂的程序来说，一个程序中往往含有多个窗体,每个窗体可以有自己的用户界面和程序代码。多重窗体程序设计实际上以单一窗体程序设计为基础,但要特别注意各个窗体之间的相互关系。

不论是单一窗体还是多重窗体的应用程序,在程序运行过程中,某一时刻都只有一个窗体能够响应鼠标和键盘的操作,这个窗体称为当前窗体。

在多重窗体程序设计中,有几个重要的概念需要区分:

(1) 窗体类:创建项目时,VB.NET 自动生成的窗体(如 Form1)是窗体类(即 Form 类),而不是窗体对象。

(2) 窗体对象:是指程序运行时看到的窗口,它是窗体类(如 Form1)的实例(或对象)。

(3) 窗体:一般来说,窗体有时指窗体类,有时指窗体对象。例如,前面常说的"在窗体中编写事件过程",这里的窗体是指窗体类,而"单击窗体中的命令按钮",这里的窗体是指窗体对象。

1. 添加窗体与设置启动窗体

(1) 添加窗体

当新建一个项目时,系统自动向该项目中添加一个名称为 Form1 的窗体,随着程序的需要,可以向当前项目中增加所需的其他窗体。

方法 1:执行"项目"→"添加 Windows 窗体" 菜单命令。

方法 2:在解决方案资源管理器窗口中的项目名称上鼠标右键单击,在出现的快捷菜单中执行"添加"→"添加 Windows 窗体"菜单命令。

新添加的窗体默认名称为 FormX (X 为 1,2,…),相应的窗体的文件名默认为 FormX.vb (X 为 1,2,…)。

事实上,向项目中添加一个新的窗体实际上就是向项目中添加一个新的窗体类,而不是在项目中添加一个窗体对象。例如,当向当前项目中添加一个新窗体 Form2 (文件名为 Form 2.vb)时,实际上就是在当前项目中新增加了一个 Form2 类(该类是 Form 类的派生类),而不是在当前项目中添加了一个窗体对象 Form2。

(2) 设置启动窗体

当一个项目中有多个窗体时,在默认的情况下,程序运行时,在屏幕上首先看到的是窗体 Form1,这是因为系统默认 Form1 为启动窗体。若要设置项目中的其他窗体为启动窗体,则可通过设置项目的属性来完成,方法如下:

方法 1:在工程资源管理器窗口中用鼠标右键单击项目名称,在出现的快捷菜单中执行"属性"命令。

方法 2:在工程资源管理器窗口中,鼠标左键单击项目名称(选中项目),然后执行"项目" | "XX 属性" (此处 XX 表示项目的名称)命令。

不管用哪一种方法,都会出现以该项目为名称的选项卡。在其"启动窗体"下拉列表中选中某个窗体,则该窗体就成为启动窗体。经过这样的设置后运行程序,首先看到的就是所选定的窗体了。

2. 窗体的实例化与显示

在多重窗体程序中,只有启动窗体(默认为 Form1)的实例化与显示是由系统自动完成的。要显示其他窗体,需要用户编写程序代码对其进行实例化后,再调用有关窗体对象的方法来完成。

(1) 窗体的实例化

所谓窗体的实例化就是利用已添加到项目中的窗体类来定义有关的窗体对象。每当向项目中添加一个窗体时，系统就自动生成了该窗体类，该窗体类的名称就是窗体的名称（即窗体的 Name 属性的值），可以用该窗体类生成对应的窗体对象。有两种方法：

方法 1：利用已存在的窗体类定义和生成窗体对象。

格式：**Dim | Private | Public 窗体对象名 As New 窗体类名**

其中，“窗体类名”就是已添加到项目中的窗体名称（如 Form1、Form2 等），“窗体对象名”是窗体对象的名称，由用户给定，与变量名的命名规则相同。例如：

```
Dim frm2 As New Form2
```

定义 frm2 为类 Form2 的对象变量，并创建一个实例赋予 frm2。

方法 2：直接利用 My. Forms 所创建的窗体默认实例。

为了解决窗体对象的创建和互相访问问题，在 My 命名空间中引入了 My. Forms 对象，通过该对象可以访问每一个窗体对象。My. Forms 为项目中的每一个窗体创建了一个默认实例，而且又有一个全局访问点，程序员通过窗体的类名即可直接访问到该窗体的默认实例，而不再需要由用户明确定义窗体对象。例如，通过 My. Forms. Form2 可以直接访问已添加的 Form2 窗体。

注意：如果要操作当前窗体本身，则必须使用关键字 Me 来表示当前窗体，而不能通过窗体名来访问。

（2）与窗体显示有关的方法

在多重窗体程序设计中，程序中经常需要根据实际情况来控制打开、关闭、隐藏或显示指定的窗体，这些可以通过相应的语句和方法来实现。

① 窗体的 Show 方法

格式：**窗体对象. Show( )**

功能：将窗体作为非模式对话框显示，非模式对话框显示后程序将继续执行，程序不会等待对话框关闭后才执行下面的语句。

例如，下列程序段创建的窗体 Form2 的对象 frm2，并显示该窗体：

```
Dim frm2 As New Form2
frm2. Show( )
```

也可以用以下语句直接使用窗体名（即窗体类名 Form）来访问 My. Forms 对象为该窗体所创建的默认实例，并显示窗体：

```
My. Forms. Form2. Show( )
```

还可以直接用语句：

```
Form2. Show( )
```

② 窗体的 Show Dialog 方法

格式：**窗体对象或窗体类名. ShowDialog( )**

功能：将窗体作为模式对话框显示，模式对话框显示后程序将暂停运行，直到用户关闭或隐藏后才能对其他窗口进行操作。

③ 窗体的 Hide 方法

格式：**[窗体对象或窗体类名.]Hide( )**

功能：窗体的 Hide 方法使窗体暂时隐藏起来，即不在屏幕上显示，但窗体仍在内存中，并没有卸载。当省略"窗体对象名"时，默认将当前窗体隐藏。

④ 窗体的 Close 方法

格式：[**窗体对象或窗体类名.**]**Close()**

功能：关闭指定的窗体，并释放窗体所占用的资源。当省略"窗体对象名"时，默认将当前窗体关闭。

3. 不同窗体间的数据的访问

在多重窗体程序中，不同窗体之间有时需要相互访问有关的数据，这时可以直接用窗体名来访问(此时访问的是 My.Forms 对象为该窗体创建的默认实例)。例如：在 Form1 窗体中通过 My.Forms.Form2.Label6.Text 可以得到 Form2 窗体中 Label6 标签的 Text 属性值。

如果需要在窗体间相互访问变量，可以通过在模块中定义全局变量来实现。

4. 多重窗体程序设计的方法和步骤

在多重窗体程序中，由于一个程序(即一个项目)中含有多个窗体，所以程序设计的方法和步骤与单一程序的设计方法有所不同。其方法和步骤如下：

(1) 新建一个项目；

(2) 向项目中添加所需要的各个窗体；

(3) 设计每个窗体的用户界面；

(4) 根据问题的需要确定程序的执行流程，再根据流程的需要编写各窗体的程序代码；

(5) 确定程序执行时的启动窗体；

(6) 保存项目及其有关的文件；

(7) 运行和测试程序。

二、多文档界面

MDI 窗体应用程序也称多文档界面(Multiple Document Interface，MDI)，它是 Windows 应用程序常用的一种典型结构。MDI 也是多窗体结构，它由一个"父窗体"和多个"子窗体"构成。"父窗体"是一个包容式的窗体，它为所有的"子窗体"提供操作空间，其中可以包含多个"子窗体"，"子窗体"被限制在"父窗体"的区域内。前面介绍的多重窗体应用程序中的窗体都是彼此独立的，不存在包容关系。下面介绍与 MDI 有关的一些窗体的特殊属性、方法及建立 MDI 应用程序的方法。

1. 与 MDI 有关的属性和方法

MDI 窗体所使用的一般属性、事件和方法与单窗体程序没有区别，但它有专门用于 MDI 窗体的属性、事件和方法。以下介绍几个与 MDI 程序设计有关的窗体属性。

(1) 指定 MDI 父窗体(IsMdiContainer)

IsMdiContainer 属性指定窗体是否为 MDI 父窗体。默认值为 False，表示本窗体不是 MDI 父窗体；若为 True，为 MDI 父窗体。IsMdiContainer 属性可以在属性窗口中设置，也可以在程序中动态设置。设置该属性的语法格式如下：

窗体名称.IsMdiContainer = 值

其中：

① 窗体名称，代表窗体对象的名称。

② 值，逻辑类型，指定窗体是否为 MDI 父窗体，True 为 MDI 父窗体，默认为 False。

(2) 指定 MDI 子窗体(MdiParent)

MdiParent 属性指定本窗体的父窗体，从而将本窗体设置为 MDI 子窗体。MdiParent 属性不能在属性窗口中设置，只能在程序中动态设置。设置该属性的语法格式如下：

窗体名称.MdiParent = 父窗体名称

其中：

① 窗体名称：代表子窗体对象的实例。

② 父窗体名称，代表父窗体对象的实例。

例如，指定当前窗体是 Form2 窗体的父窗体，Form2 窗体为子窗体，程序代码如下：

```
Dim NewDoc As New Form2()              '创建 Form2 窗体的实例
NewDoc.MdiParent = Me                  '指定当前窗体为 Form2 的父窗体
```

(3) 判断 MDI 子窗体(IsMdiChild)

IsMdiChild 属性判断窗体是否为 MDI 子窗体，它是一个只读属性，不能设置它的值，只能在运行时读取该值。若为 True，表示该窗体是 MDI 子窗体，否则不是。

(4) 获取 MDI 子窗体(ActiveMdiChild)

ActiveMdiChild 属性用来获取当前活动的 MDI 子窗体，如果当前没有活动的 MDI 子窗体，则返回空引用(Nothing)。可以用它确定 MDI 应用程序中是否有打开的 MDI 子窗体。该属性是一个运行时属性，通过它可以对当前活动的 MDI 子窗体执行操作。

(5) 排列 MDI 子窗体(LayoutMdi)

LayoutMdi 是窗体的一个方法，其功能是在 MDI 窗体中，按不同的方式排列其中的 MDI 子窗体或图标。调用 LayoutMdi 方法的语法格式如下：

MDI 窗体名称.LayoutMdi(排列方式)

其中：

① MDI 窗体名称，代表 MDI 父窗体对象的实例。

② 排列方式，MdiLayout 枚举类型，表示排列方式。

例如，假设当前窗体是 MDI 父窗体，设置其中的子窗体呈“水平平铺”式排列的语句如下：

```
Me.LayoutMdi( MdiLayout.TileHorizontal )
```

2. 建立 MDI 应用程序

创建一个 MDI 应用程序，必须先建立 MDI 父窗体，然后再建立 MDI 子窗体。在一个 VB.NET 应用程序中只能建立一个 MDI 父窗体，但可以建立多个 MDI 子窗体。

建立 MDI 应用程序的一般步骤为：

(1) 建立 MDI 父窗体

对于项目中的任何一个窗体来说，只要将其 IsMdiContainer 属性设置为 True，就可以使其成为 MDI 父窗体。在默认情况下，IsMdiContainer 属性值为 False，表示该窗体不是 MDI 父窗体。通常在设计阶段，把第一个创建的窗体设置为 MDI 父窗体，后续建立的窗体设置为 MDI 子窗体。

(2) 建立 MDI 子窗体

当在项目中添加一个新窗体后，默认情况下，该窗体是普通窗体，在设计阶段不能将其设置为 MDI 子窗体，只能在运行时，通过代码设置其 MdiParent 属性，将它设置为 MDI 子窗体。

子窗体建立后，不会立即在MDI父窗体内显示，必须执行显示窗体的Show方法，才能显示出该窗体。例如，在MDI父窗体中的一段程序中设置Form2为MDI子窗体的代码如下：

```
Dim NewDoc As New Form2()           '创建 Form2 窗体的实例
NewDoc.MdiParent = Me               '指定当前窗体为 Form2 的父窗体
NewDoc.Show()                       '显示出 MDI 子窗体 Form2
```

(3) 设置MDI父窗体为启动窗体

如果将第一个窗体设置为MDI父窗体，那么系统默认第一个窗体为启动窗体，否则，需要把MDI父窗体设置为启动窗体。

(4) 编写程序代码

建立了MDI父窗体和MDI子窗体，并指定了启动窗体后，就可以像开发普通窗体应用程序一样来设计各MDI窗体界面，以及实现相应功能的程序代码。

3. MDI 窗体菜单

在MDI窗体应用程序中，既可以在父窗体上也可以在子窗体上建立菜单，每个子窗体菜单都在父窗体上显示，而不是在子窗体自身上显示。当一个子窗体为活动窗体时，它的菜单将追加到MDI窗体主菜单中，若关闭活动的子窗体，该子窗体相应的菜单项也被关闭。如果没有任何可见的子窗体或子窗体没有菜单，则仅显示父窗体的菜单。

MDI应用程序中往往包含多个MDI子窗体，在运行过程中一般会打开多个子窗体，为了方便在打开的子窗体间切换，大多数MDI应用程序都包含一个Window(窗口)菜单项，在该菜单项中，可以显示所有打开的子窗体的标题列表。例如，Word中的"窗口"菜单，通过选择某一子窗体标题，即可将该子窗口设置为活动窗口。VB.NET中可以利用MdiWindowListItem属性，将该菜单设置为可以显示子窗体标题列表的菜单项。

菜单条的MdiWindowListItem属性指定MDI窗体中的哪个菜单项可以显示MDI子窗体标题列表，默认值为None，表示不能显示子窗体标题列表；若其值为某个主菜单项名称，即表示该主菜单项可以显示。在程序运行期间，VB.NET自动显示和管理子窗体标题列表。MdiWindowListItem属性可以在设计阶段设置，也可以在代码中设置。设置该属性的语法格式如下：

菜单条名.MdiWindowListItem =菜单项名称

其中：

① 菜单条名：代表MDI窗体中的MenuStrip对象名称。

② 菜单项名称：指定要显示子窗体标题列表的菜单项名称，默认为None。

若某菜单项被设置为可以显示MDI子窗体标题列表，在该菜单项的下拉列表中，最多只能显示9个子窗体标题，如果已打开的子窗体达到或超过9个，则在列表的末尾显示一个名为"更多窗口…"的菜单项，鼠标左键单击此菜单项将显示带有子窗口完整列表的对话框。

4. 建立 MDI 菜单应用程序

下面介绍建立MDI菜单应用程序的一般步骤：

(1) 建立MDI父窗体；

(2) 建立MDI子窗体；

(3) 设置MDI父窗体为启动窗体；

(4) 添加菜单。

在MDI父窗体或MDI子窗体中添加MenuStrip控件，建立各菜单项。若要求MDI父窗体菜单条中的某菜单项可以显示 MDI 子窗体标题列表，设置 MDI 父窗体 MenuStrip 对象的 MdiWindowListItem 属性值为该菜单项名称。

（5）编写各菜单项事件代码

建立 MDI 菜单后，用鼠标左键双击菜单项，即可编写各菜单项的事件代码。至此，即建立了 MDI 菜单应用程序。

如图 6-2-4 所示的程序具有以下功能：在 MDI 父窗体上建立主菜单，通过菜单命令实现子窗体的建立与显示，并显示子窗体的菜单项。同时，还提供对各打开的子窗体的不同形式的排列功能。

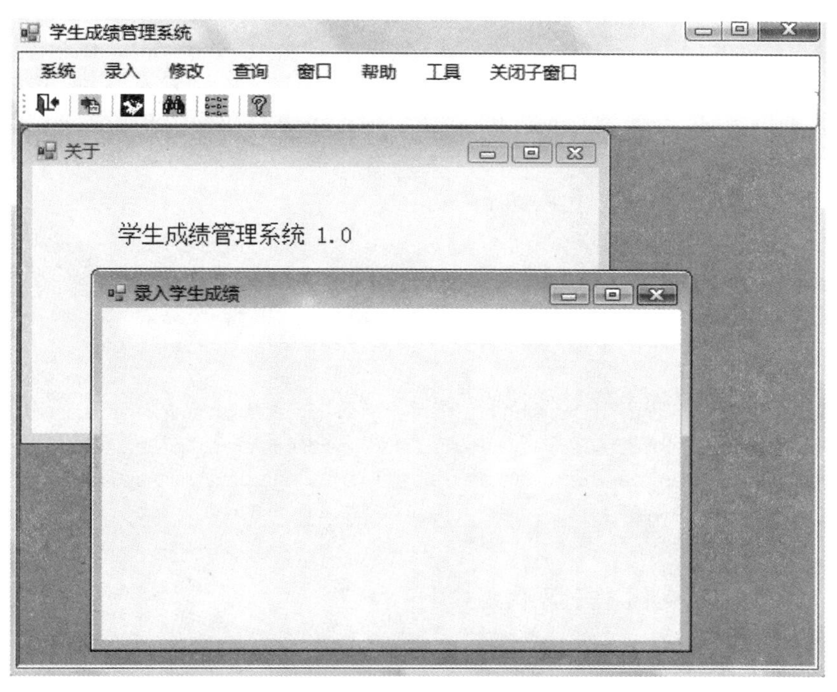

图 6-2-4 多文档界面的层叠排列效果

界面设计的方法是：建立第一个窗体（Form1），在其中添加 1 个主菜单控件（MenuStrip1）、1 个工具栏控件（ToolStrip1）；建立第二个窗体（Form2，录入学生成绩）和第三个窗体（Form3，关于），在 Form2 中添加 1 个菜单控件（MenuStrip2）。将 Forml 设置为 MDI 主窗体和启动窗体。

单击“录入”菜单中“学生成绩”子菜单项时，将创建一个新 MDI 子窗体“录入学生成绩”并显示，其事件过程代码如下：

```
Private Sub 学生成绩 ToolStripMenuItem_Click(ByVal sender As System.Object, _
        ByVal e As System.EventArgs) Handles 学生成绩 ToolStripMenuItem.Click
    Dim form2 As New Form2                              '创建 Form2 窗体实例
    form2.MdiParent = Me                                '设置 form2 为 MDI 子窗体
    form2.WindowState = FormWindowState.Normal          '子窗体最大化显示
    form2.Show()
End Sub
```

单击“帮助”菜单中的“关于”菜单项时，将创建一个新 MDI 子窗体“关于”并显示，其事件过程代码如下：

```
Private Sub 关于 ToolStripMenuItem_Click(ByVal sender As System.Object, _
        ByVal e As System.EventArgs) Handles 关于.Click
    Dim form3 As New Form3                          '创建 Form3 窗体实例
    Form3.MdiParent = Me                            '设置 form3 为 MDI 子窗体
    Form3.WindowState = FormWindowState.Normal      '子窗体最大化显示
    Form3.Show()
End Sub
```

在“窗口”菜单中有 3 个菜单项，单击“层叠”菜单项时，将按层叠方式排列所有子窗口；单击“水平平铺”菜单项时，将按水平平铺方式排列所有子窗口；单击“垂直平铺”菜单项时，将按垂直平铺方式排列所有子窗口。

（1）“层叠”菜单项事件过程代码如下：

```
Private Sub 层叠 ToolStripMenuItem_Click(ByVal sender As System.Object, _
        ByVal e As System.EventArgs) Handles 层叠 ToolStripMenuItem.Click
    Me.LayoutMdi(MdiLayout.Cascade)                 '层叠方式排列
End Sub
```

（2）“水平平铺”菜单项事件过程代码如下：

```
Private Sub 水平平铺 ToolStripMenuItem  _Click(ByVal sender As System.Object, _
        ByVal e As System.EventArgs) Handles 水平平铺 ToolStripMenuItem.Click
    Me.LayoutMdi(MdiLayout.TileHorizontal)          '水平平铺方式排列
End Sub
```

（3）“垂直平铺”菜单项事件过程代码如下：

```
Private Sub 垂直平铺 ToolStripMenuItem  _Click(ByVal sender As System.Object, _
        ByVal e As System.EventArgs) Handles 垂直平铺 ToolStripMenuItem.Click
    Me.LayoutMdi(MdiLayout.TileVertical)            '垂直平铺方式排列
End Sub
```

在 MDI 子窗口菜单项中，单击“关闭子窗口”菜单项时，关闭当前活动的子窗口。相应的事件过程代码：

```
Private Sub 关闭子窗口 ToolStripMenuItem_Click(ByVal sender As System.Object, _
        ByVal e As System.EventArgs) Handles 关闭子窗口 ToolStripMenuItem.Click
    Me.Close()                                      '关闭本窗体
End Sub
```

三、键盘与鼠标事件

在程序运行过程中，当用户按下键盘的某个键时会发生键盘事件（如按下或放开某个键）；当用户移动鼠标、鼠标左键单击、双击或拖放鼠标时会发生与鼠标有关的事件，这些事件需要时应在程序中进行获取和相应的处理。

1. 键盘事件

常用的与键盘有关的事件有 KeyPress 事件、KeyDown 事件和 KeyUp 事件。

（1）KeyPress 事件

在程序运行过程中，当用户按下键盘的某个键时，会触发当前拥有输入焦点（Focus）的控件的 KeyPress 事件，即当前控件的 KeyPress 事件就会发生。但并不是按下键盘上的任意一个键都会发生 KeyPress 事件。KeyPress 事件只会对产生 ASCII 码的按键有反应。包括数字、大小写字母、回车键（Enter）、退格键（Backspace）、Esc 键等。对于方向键、Ctrl 键、Shift 键、F1～F12 键等以及不会产生 ASCII 码的按键，KeyPress 事件不会发生。当某个具有输入焦点的控件的 KeyPress 事件发生时，该控件的 KeyPress 事件过程代码（若已经编写了代码的话）将被执行，该事件过程代码的框架如下：

```
Private Sub 对象名_KeyPress(ByVal Sender As Object, ByVal e As System . Windows . Forms. KeyPress
EventAgrs) Handles 对象名.KeyPress
  事件过程代码
End Sub
```

说明：第一个形参 Sender 表示触发事件的对象；第二个形参 e 包含事件相关数据的对象，它具有 KeyChar 和 Handled 两个重要的属性。其中：

- e. KeyChar 属性的值是与按键相对应的 ASCII 字符。例如，当键盘处于小写状态时，用户在键盘上按 A 键，e. KeyChar 的值为字符“a”，当键盘处于大写状态时，用户在键盘上按 A 键，e. KeyChar 的值为字符“A”。
- e. Handled 是 Boolean 类型，表示本次按键是否被处理过。若将其值设为 True，则表示本次按键被处理过，不会再被处理，即这次按键被忽略，本次按键对应的字符不会被输入到当前对象；若其值设置为 False，则本次按键将传送给 Windows 进行常规处理。利用这个特性可以在某些控件中过滤掉不允许的字符。

例如，以下事件过程代码的作用是只允许在文本框中输入字母：

```
Private Sub TextBox1_KeyPress(ByVal sender As Object, _
            ByVal e As System.Windows.Forms.KeyPressEventArgs) Handles TextBox1.KeyPress
    If UCase(e.KeyChar) < "A" Or UCase(e.KeyChar) > "Z" Then
        e.Handled = True
    End If
End Sub
```

（2）KeyDown 事件和 KeyUp 事件

在程序运用过程中，当用户按下键盘的某个键不放开，则触发该对象的 KeyDown 事件，放开该键时触发 KeyUp 事件。

当某个具有输入焦点的对象的 KeyDown 事件发生时，该对象的 KeyDown 事件代码将被执行，而当某个具有输入焦点的对象的 KeyUp 事件发生时，该对象的 KeyUp 事件代码将被执行。

KeyDown 事件的事件过程代码的框架如下：

```
Private Sub 对象名_KeyDown(ByVal Sender As Object, ByVal e As System. Windows. Forms. Key EventAgrs)
Handles 对象名 KeyDown
  事件过程代码
End Sub
```

KeyUp 事件的事件过程代码的框架如下：

```
Private Sub 对象名_KeyUp(ByVal Sender As Object,ByVal e As System. Windows. Forms. Key EventAgrs)
Handles 对象名 KeyUp
    事件过程代码
End Sub
```

说明：第一个形参 Sender 表示触发事件的对象；第二个形参 e 包含事件相关数据的对象，它具有以下常用属性。

- e. Shift、e. Control、e. Alt 属性分别表示 Shift、Ctrl、Alt 键是否被按下或释放。例如，当 Shift 键按下时，e. Shift 属性的值为 True。因此通过判断这 3 个属性的值，可以得知用户是否按下了 Shift、Ctrl、Alt 键。
- e. KeyCode 属性，该属性值表示的是当 KeyDown 和 KeyUp 事件发生时所按键的“扫描码”值，该值与键盘上的键是一一对应关系。

  由于输入字母时不管大写还是小写都要按下同一个物理键，所以不管是按下大写还是小写字母键，KeyCode 属性值为同一个值（用大写字母的 ASCII 码表示），如按下“A”或按下“a”键，得到的 KeyCode 属性值都是 65（即 &H41）。大键盘上的数字键和数字键盘上的数字键由于不是同一个键，所以 KeyCode 属性值不同。另外当按下某个同时具有上档字符和下档字符的键时，所得到的 KeyCode 属性值是下档字符的 ASCII 值。KeyCode 属性的值为 System. Windows. Forms 命令空间下的 Key 枚举类型，每一个枚举成员表示了每一个键的扫描码值。

  可见通过判断 KeyCode 属性的值，即可得知用户按下的是键盘上的哪一个键。
- e. Handled 属性：与 KeyPress 事件中的 e. Handled 意义相同。

在程序运行中，当按下键盘上的某个键（不能产生 KeyPress 事件的键除外）时，具有输入焦点的当前控件的键盘事件 KeyDown、KeyUp、KeyPress 事件都会发生，三者的先后顺序是：KeyDown、KeyPres 和 KeyUp。在实际使用时，应该编写对应哪一个事件的事件过程，还要根据具体的实际要求来定。

2. 鼠标事件

鼠标事件是由用户操作鼠标而引发的能被 VB. NET 中的各种对象识别的事件。常用的鼠标事件有鼠标单击（Click）事件，鼠标双击（Double Click）事件，鼠标按键按下（Mouse Down）事件，鼠标按键抬起（Mouse Up）事件，鼠标移动（Mouse Move）事件等。

与这些鼠标事件相对应的事件过程的一般格式为：

```
Private Sub 对象名_鼠标事件名称(ByVal Sender As Object,ByVal e As System. Windows. Forms. Mouse
EventAgrs) Handles 对象名鼠标事件名称
    事件过程代码
End Sub
```

说明：① 以上格式中的“鼠标事件名称”可以是 Click、Mouse Down、Mouse Up、Mouse Move 等，“对象名” 即发生鼠标事件的对象的名称。

② 程序运行时，当在某个对象上按下鼠标按键再放开时，会同时触发 Mouse Down、Mouse Up 和 Click 3 个事件。其事件发生的先后顺序是 Mouse Down 事件、Click 事件、Mouse Up 事件。

③ 若鼠标事件是 MouseDown、MouseUp、MouseMove，其事件过程中的形参 e 有如下几

个重要属性。

- e. Button 属性：当鼠标事件发生时，其属性值表示鼠标的哪个键被按下，该值是 System. Windows. Forms 命名空间下的 Mouse Button 枚举类型。
- e. Location 属性：该属性值表示的是当鼠标事件发生时鼠标光标所在的位置。
- e. X 属性：该属性值表示的是当鼠标事件发生时鼠标光标所在的位置的横坐标 X。
- e. Y 属性：该属性值表示的是当鼠标事件发生时鼠标光标所在的位置的纵坐标 Y。

例如，以下事件过程代码的作用是：单击窗体后，在 Label1 标签上显示单击位置的坐标：

```
Private Sub Form1_MouseDown(ByVal sender As Object, _
          ByVal e As System.Windows.Forms.MouseEventArgs) Handles Me.MouseDown
    Label1.Text = "(" & e.X & "," & e.Y & ")"
End Sub
```

编程实现

一、界面设计

选择“项目”→“添加 Windows 窗体”命令，分别创建 Form1 和 Form2 窗体，并按图 6-2-1、图 6-2-2 和图 6-2-3 建立窗体上的各个控件，设置相应属性值。

二、事件过程代码

1. 定义全局变量

需要记录“计算成绩”窗口中计算出的成绩，供“显示所有成绩”窗口中显示，必须定义一个全局变量和数组，记录已输入的成绩个数和成绩值。选择“项目”→“添加模块”命令，建立 Module1. vb 模块文件，并输入以下程序代码：

```
Module Module1
      Public score(100) As Single, n As Integer = 0
End Module
```

2. 单击“计分牌”窗体(Form1)上“计算成绩”按钮的事件过程代码

```
Private Sub Button1_Click(ByVal sender As System.Object, ByVal e As System.EventArgs) _
          Handles Button1.Click
    Dim frm2 As New Form2
    frm2.ShowDialog()
    Label1.Text = "第" & n & "位选手得分：" & frm2.Label6.Text
End Sub
```

3. 单击“计分牌”窗体(Form1)上“显示所有成绩”按钮的事件过程代码

```
Private Sub Button2_Click(ByVal sender As System.Object, ByVal e As System.EventArgs) _
          Handles Button2.Click
    My.Forms.Form3.Show()
End Sub
```

4. 当鼠标指针离开“计分牌”窗体(Form1)上“计算成绩”按钮时的事件过程代码

```
Private Sub Button1_MouseLeave(ByVal sender As Object, ByVal e As System.EventArgs) _
        Handles Button1.MouseLeave
    Label2.Text = ""
End Sub
```

5. 当鼠标指针指向“计分牌”窗体(Form1)上“计算成绩”按钮时的事件过程代码

```
Private Sub Button1_MouseMove(ByVal sender As Object, _
        ByVal e As System.Windows.Forms.MouseEventArgs) Handles Button1.MouseMove
    Label2.Text = "输入评委的给分,并计算得分"
End Sub
```

6. 单击“计算成绩”窗体(Form2)上“计算”按钮的事件过程代码

```
Private Sub Button1_Click(ByVal sender As System.Object, ByVal e As System.EventArgs) _
        Handles Button1.Click
    Dim ave As Single, i As Integer, s(4) As Integer, smax, smin, ssum As Integer
    s(0) = Val(TextBox1.Text) : s(1) = Val(TextBox2.Text) : s(2) = Val(TextBox3.Text)
    s(3) = Val(TextBox4.Text) : s(4) = Val(TextBox5.Text)
    smax = s(0) : smin = s(0) : ssum = s(0)
    For i = 1 To 4
        If smax < s(i) Then smax = s(i)
        If smin > s(i) Then smin = s(i)
        ssum += s(i)
    Next
    ave = Math.Round((ssum - smax - smin) / 3, 1)
    Label6.Text = ave
    score(n) = ave
    n += 1
End Sub
```

7. 单击“计算成绩”窗体(Form2)上“关闭”按钮的事件过程代码

```
Private Sub Button2_Click(ByVal sender As System.Object, ByVal e As System.EventArgs) _
        Handles Button2.Click
    Me.Close()
End Sub
```

8. 单击“显示所有成绩”窗体(Form3)上“显示”按钮的事件过程代码

```
Private Sub Button1_Click(ByVal sender As System.Object, ByVal e As System.EventArgs) _
        Handles Button1.Click
    Dim i As Integer
    Label1.Text = ""
    For i = 0 To n - 1
        Label1.Text &= "第" & (i + 1) & "位选手成绩: " & score(i) & vbCrLf
    Next
End Sub
```

9. 单击“显示所有成绩”窗体(Form3)上“返回”按钮的事件过程代码

```
Private Sub Button2_Click(ByVal sender As System.Object, ByVal e As System.EventArgs) _
            Handles Button2.Click
    Me.Hide()
End Sub
```

实践活动

1. 创建具有如下功能的程序：程序运行的启动窗体为“密码输入窗体”，单击“确定”按钮，如果密码错误提示重新输入(密码自定)，密码正确则进入“欢迎窗体”，密码输入窗体消失。如图 6－2－5 所示。

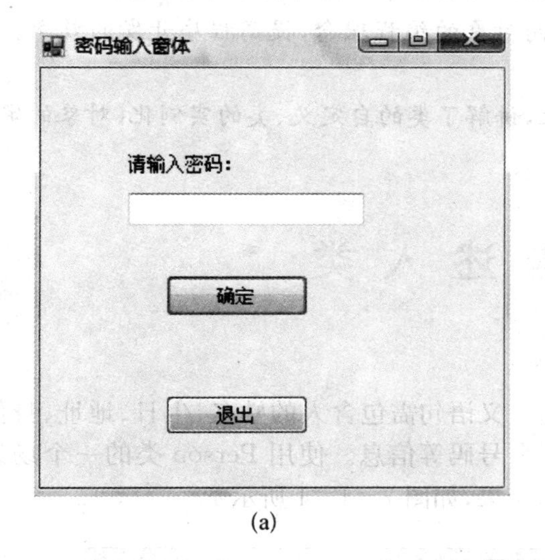

(a)

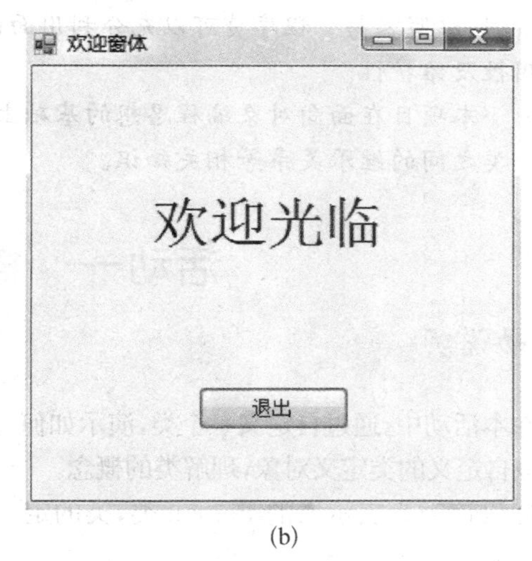

(b)

图 6－2－5

2. 建立程序，如图 6－2－6，其中产品编号拥有过滤输入数据功能：第一个字必须输入英文字符，接着才可以输入第 2～5 个字符，且必须是输入数字，其他字符都无法输入。

图 6－2－6

项目七　创建面向对象

面向对象的程序设计，具备了更好地模拟现实世界环境的能力，使得复杂的工作条理清晰、编写容易。程序员可以充分利用面向对象的编程理念，提高程序开发的效率、可重用性及维护性。

本项目在面向对象编程思想的基础上，讲解了类的自定义、类的实例化（对象的定义）和类之间的继承关系等相关知识。

活动一　描述人类

活动说明

在本活动中，通过自定义一个类，演示如何利用该自定义的类定义对象，理解类的概念。

假设该类为表示人的Person类，类的定义语句需包含人的姓名、生日、地址、身份证号码等信息。使用Person类的一个场景效果，如图7-1-1所示。

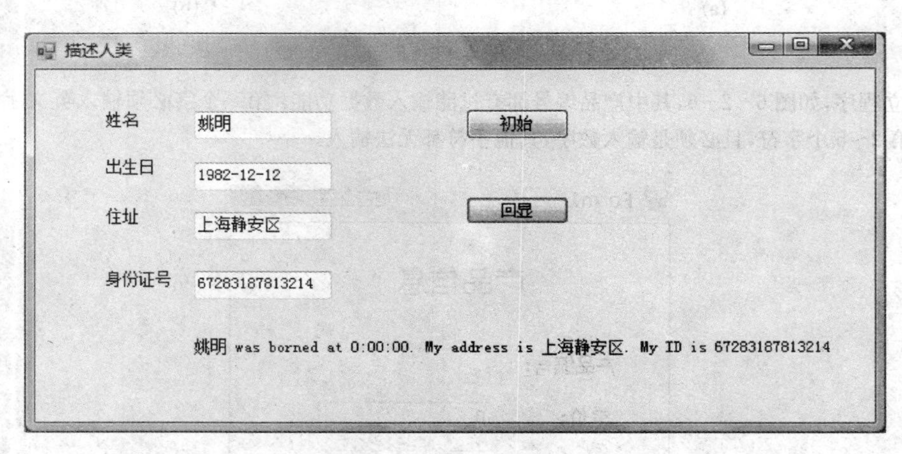

图7-1-1　程序运行效果图

活动分析

类提供了对象的模板，根据类（只要该类不是抽象类）可以定义对象。

类的成员包括字段(Field)、属性(Property)、方法(sub或Function)及事件(event)等。对应姓名、生日、地址、身份证号码等信息，在Person类中不妨设置m_Name、m_BirthDate、 m_Address、m_ID 等私有的字段；通过属性 Name、BirthDate、Address、ID 等对各字段实现取值 Get 和赋值 Set 的操作；WhoAmI 方法可用来告知对象内部信息。在图 7-1-2 所示的"类关系图"中，对此作了展示。

> **提示**：类关系图在 Visual Studio.NET 编程环境中，可以通过以下步骤获得：选中"解决方案资源管理器"(快捷键为 Ctrl + Alt + L)中的类定义文件(如本活动中的 Person.vb)，点击"解决方案资源管理器"标题栏下方的"察看类关系图"按钮 。

Person
Class
字段
m_Address
m_BirthDate
m_ID
m_Name
属性
Address
BirthDate
ID
Name
方法
New (+ 1 重载)
WhoAmI

图 7-1-2　Person 类关系图

学习支持

一、类声明语法

在 VB. NET 框架中，类的声明(或称类的定义)是以 Class 与 End Class 之间所包含的语句完成的，其语法格式如下：

[Public | Private | Protected | Friend | Protected Friend] [Shadows] [MustInherit | NotInheritable]
Class 类名称 (**of** 类型列表)
[**Inherits** 继承的类的名称]
[: **Implements** 接口名称]
　　......'书写类的相关成员，如属性、方法等
End class

在表 7-1-1 中对声明类时放在类名称前的关键字作了相应的解释。

表 7-1-1　类声明时的部分关键字

关键字	解　　释
Public	对于当前或其他工程没有访问限制。所有程序代码都可以使用它。
Private	只用在声明它的上下文中。只在自己所处工程中可用。
Protected	只在自己所在类，或者该类的子类中可以访问。
Friend	可以从声明上下文中或在同一个程序的任何位置访问这个类。
Protected Friend	拥有 Protected 以及 Friend 的特性(在当前工程中无限可用，但对于工程外就只有派生类可用)。
Shadows	Shadows 可以在派生类中保护与基类中同名的类，它不可以与 Override 一起声明。
MustInherit	标志这个类是抽象的，不能直接实例化为对象，只有被继承才能发挥作用。
NotInheritable	代表这个类是最终类，即不能被其他类继承。

注：VB.NEN 中通常将为了解决某一问题的若干文件的集合称为一个项目(project)，这些文件包含窗体文件，资源文件，配置文件等各种不同类型的文件。每一个项目中会包含一个后缀名为 obproj 的文件，通常称为该项目的"项目文件"。

类之间可存在继承关系，通常称被继承的类为基类(Base Class)或父类(Parent Class)，通过继承(inherit)而设计生成的类通常称为派生类(derived class)或子类(subclass)。

利用关键字 MustInherit，类声明为抽象类。抽象类(Abstract Class)无法进行实例化(即无法直接定义一个对象为某一抽象类)，而必须在派生类中继承后才能实例化。抽象类的好处是，在需要更新自定义的组件时，可将新增的方法添至作为基类的抽象类，则子类就会拥有这些新增方法，不需要逐一更新这些子类。就此而言，抽象类有类似于接口(Interface)的作用。

二、类成员

类包含字段(field)、属性(property)、方法(Sub 或 Function)和事件(event)等成员，它们组合起来抽象描述对象。

1. 类声明的第一类成员是字段

类既可以包含公共字段(public field)，也可以包含私有字段(private field)，它们与 Class 代码块内声明的变量类似。如本活动代码部分声明的 Person 类中的 m_FistName 和 m_LastName均是字段。

```
Public Class Person
    Private m_FistName As String  '私有的名为 m_FistName 的字段
    Private m_LastName As String  '私有的名为 m_FistName 的字段
  ......
End Class
```

字段名前面的修饰符影响字段的作用域，应根据设计需要在 Private，Public，Protected，Friend，Protected Friend 中任选其一。例如，如果用 Friend 修饰，则该字段允许由相同项目中的任意其他代码访问，但不能由其他程序集中的代码访问。

注意：字段的标记尽管可以选择 Public，Protected，Friend，Protected Friend，Private 中的任意一个，但良好的编程规则应该是：类中所有字段都是私有的(private)。就某一个字段而言，如果要使其取值可以由该类外部的代码访问，可以实现一个包装它的公共属性(Public Property)。对于这一规则唯一可接受的例外是——类级变量共享只读字段(shared read only field)。

根据程序设计需要，编程者甚至可以将数组和常量在类定义部分声明为字段。如：

```
Public Const Nationality As String = "China"
Public Address(3) As String
```

这里分别声明了一个名为 Nationality 的字符串常量字段以及一个名为 Address 的数组字段。

2. 类声明中的第二类成员是属性

属性(Property)可以看作一种更智能的字段(Field)，只不过属性是通过 Property Get 和

Property Set 来实现取值与赋值的。

利用 Property... End Property 代码块实现一个属性，同时可以定义属性的名称、类型及参数签名。如本活动代码部分声明的 Person 类中的 FirstName 和 LastName 均为属性。

```
Property FirstName() As String
        Get
            Return m_FistName
        End Get
        Set(ByVal value As String)
            m_FistName = value
        End Set
End Property
Property LastName() As String
        Get
            Return m_LastName
        End Get
        Set(ByVal value As String)
            m_LastName = value
        End Set
End Property
```

属性代码块中，可编写一个 Get ... End Get 代码块和一个 Set ... End Set 代码块。通过前者，该属性得到返回值；后者将值指定给该属性。

在大多数情况下，属性映射到一个 Private 字段上。如上面的属性 FirstName 和 LastName 分别映射到私有字段 m_FistName 和 m_LastName。

注意：Property 代码块同样可以通过影响作用域的关键字予以标记。默认缺省为公共(Public)。为使程序便于阅读且充分说明编程者的意图，建议编写程序时显式地使用 Public。

另外，Set...End Set 代码总需接收一个参数，也就是被指定给该属性的值。这个参数必须使用 ByVal 进行声明，进行传值使用，且数据类型与 Property 语句中定义的类型需相同。

VB. NET 允许使用 ReadOnly 或者 WriteOnly 关键字对属性定义中的 Get ... End Get 代码或 Set ... End Set 代码予以修饰。此时，有 Get ... End Get 代码表示该属性是只读的，则不能出现 Set ... End Set 代码；同样，如果有 Set ... End Set 代码表示该属性是只写的，则不能出现 Get ... End Get 代码。

以下代码中，借助于私有字段 m_BirthDay 和关键字 ReadOnly 可定义一个只读的属性 Age：

```
ReadOnly Property Age() As Integer
        Get
            Return Now().Year - m_BirthDay.Year
        End Get
End Property
```

3. 类声明中的第三类成员是方法(包括 Function 和 Sub)

Function 和 Sub 通称为方法，表示类或类的实例可执行的操作。

VB. NET 支持 Sub 和 Function(在面向对象术语中称为“方法”)，其作用域同样可以通过关键字 Public,Protected,Friend,Protected Friend,Private 予以修饰。缺省默认为 Public。标记为 Function 的过程可以返回一个值,而 Sub 过程则不能。

不管 Sub 还是 Function 都可带参数,且参数可以通过关键字 ByVal,ByRef,Optional 或者 ParamArray 予以修饰。

如果使用了 ByVal 关键字,VB. NET 按值传递参数,那么当调用该方法时,会"复制"此参数的一个"副本",并将其传递给方法使用。此时,若方法代码中修改了该参数,参数的原始值不受影响。与此相反,如果将一个变量传递给 ByRef 修饰的参数,参数在过程代码中的任何变化都会反映在变量中。

注意:程序设计者经常会混淆 ByVal 与 ByRef 的效果。尤其是当类的实例(对象)作为参数,传递给 Sub 或者 Function 时,传递的实际上是对象的引用(对象在内存中的地址),而不是所谓的值。所以,方法的参数即使使用 ByVal 来修饰,仍然能够影响原来的对象。

例 7-1-1:尽管 ProcTwo 中以关键字 ByVal 来修饰参数,但实际运行时,在 ProcOne 中传递给 ProcTwo 的参数 Pers 的任何修改在 ProcTwo 退出时也将保留。将下列代码复制到一个"控制台应用程序"的 Module1. vb 文件中,运行并观察结果。

```
Module Module1
    Sub Main()
        ProcOne()
        Console.Read()
    End Sub
    Sub ProcOne()
        Dim pers As New Person                    '定义一个 Person 类的对象 pers
        pers.FirstName = "Shanghai"
        ProcTwo(pers)
        Console.WriteLine(pers.FirstName)
    End Sub
    Sub ProcTwo(ByVal p As Person)                '该过程使用了 ByVal 关键字
        Console.WriteLine(p.FirstName)
        Dim tempPerson As New Person
        tempPerson.FirstName = p.FirstName.ToUpper()
        P = tempPerson
        Console.WriteLine(tempPerson.FirstName)
    End Sub
    Public Class Person                           '定义了一个 Person 类
        Private m_FirstName As String
        Public Property FirstName() As String
            Get
                Return Me.m_FirstName
            End Get
            Set(ByVal value As String)
                Me.m_FirstName = value
            End Set
        End Property
    End Class
End Module
```

Optional 关键字表征可选参数。即使可选参数的默认值为空字符串，Nothing，或 0，也必须为可选参数明确指定一个默认值。

例 7－1－2：下列代码定义了有三个可选参数的 Sub 过程 ProcXXX。

```
Sub ProcXXX(Optional ByVal x As Integer = -1, _
    Optional ByVal p As Person = Nothing, Optional ByVal s As String = " ")
  ...'ProcXXX 的其他代码省略
End Sub
```

在调用该 ProcXXX 过程的时候，可以省略任意可选参数。以下语句都是合法的：

```
P ProcXXX()                                  '省略了所有参数
ProcXXX(1)                                   '省略了第二，第三个参数
ProcXXX(, , "Visual Basic Learning")         '省略了第一，第二个参数
ProcXXX(, New Person)                        '省略了第一，第三个参数
```

ParamArray 关键字提供了一种机制，使得设计者可以创建具有任意多个可选参数的过程，可以定义任何特定类型参数的数组。

例 7－1－3：下列代码块定义了一个名为 Sum 的 Function，且带有一个用 ParaArray 修饰的数组参数。

```
Function Sum(ByVal ParamArray args() As Integer) As Integer
    Dim result As Integer = 0
    For index As Integer = 0 To UBound(args)
        result += args(index)
    Next
    Return result
End Function
```

注意：对于 ParamArray 有三个技术细节。其一，ParamArray 参数总是按值传递，在过程内对参数的操作不会影响调用者所看到的原变量；其二，对于需要 ParamArray 的过程，在实际调用时，绝对不能省略其参数；其三，总是可以将一个实际数组传递给需要 ParamArray 参数的过程方法。

在类定义中有一种特殊的 Sub，如果被命名为 Sub New，则为构造函数，且同一个类定义文件中可以有多个构造函数。构造函数的优点在于可强制客户端以有效状态创建对象。构造函数控制类的新对象的初始化，是一种在创建类的实例时运行的方法。当对象超出了作用域或使用完了时，不能总是占用系统资源，否则，系统资源会耗尽。析构函数负责控制资源的释放。构造函数和析构函数一起支持可靠且可预知的类库的创建。

在 VB.NET 中，构造函数方法总是被命名为 Sub New，且一个类可拥有多个构造函数，这种机制称为构造函数的重载。如本活动中定义的 Person 类有三个构造函数：

```
Public Class Person    ...
    ...
Sub New()
                                             '无参数的建构函数
        Me.m_FistName = "Ma"
        Me.m_LastName = "Lixin"
```

```
            Me.m_BirthDay = Now()
    End Sub
    Sub New(ByVal firstName As String, ByVal lastname As String)
                                                          '有不完整参数的建构函数
            Me.m_FistName = firstName
            Me.m_LastName = lastname
            Me.m_BirthDay = Now()
    End Sub
    Sub New(ByVal firstName As String, ByVal lastname As String, ByVal birthDay As Date)
                                                          '有完整参数的建构函数
            Me.m_FistName = firstName
            Me.m_LastName = lastname
            Me.m_BirthDay = birthDay
    End Sub
    End Class
```

提示：当类中有多个构造函数时，称为构造函数重载，但不必使用 Overloads 关键字。多个构造函数的名字相同，不同的是参数的有无，参数的多少和顺序。

利用构造函数来定义对象，这称为定义类的对象或者类的实例化。如，以下代码分别使用了不同的构造函数各实例化一个 Person 类的对象：

```
Dim myPerson As New Person
                                    '利用无参构造函数定义了一个名为 myPerson 的 Person 类的对象实例
Dim yourPerson As New Person(TextBox1.Text, TextBox2.Text)
                                    '利用有参构造函数定义了一个名为 yourPerson 的 Person 类的对象实例
```

4. 类的第四类成员是事件

事件是一个信号，它告知应用程序有事情发生。例如，用户单击窗体上的某个控件时，窗体引发一个 Click 事件，该事件被系统捕获并纳入事件队列等待处理，然后调用一个处理该事件的过程。

编程实现

一、自定义 Person 类的代码文件(Person. vb)中的代码

提示：基于 visual studio. NET 的 IDE 编程环境，在项目中添加一个自定义类的代码文件至少有两种途径：其一，点击菜单“项目”中的子菜单项“添加类”；其二，右单击“解决方案资源管理器”中的项目文件，在弹出的快捷菜单中选择“添加(D)”下一级菜单中的“类(C)...”菜单项。

```
Public Class Person
        '字段声明部分
        Private m_Name As String
        Private m_BirthDate As Date
        Private m_Address As String
        Private m_ID As String
        '属性声明部分
```

```
        Public Property Name() As String
            Get
                Return m_Name
            End Get
            Set(ByVal value As String)
                Me.m_Name = value
            End Set
        End Property

        Public Property BirthDate() As Date
            Get
                Return m_BirthDate
            End Get
            Set(ByVal value As Date)
                Me.m_BirthDate = value
            End Set
        End Property

        Public Property Address() As String
            Get
                Return Me.m_Address
            End Get
            Set(ByVal value As String)
                Me.m_Address = value
            End Set
        End Property
        Public Property ID() As String
            Get
                Return m_ID
            End Get
            Set(ByVal value As String)
                Me.m_ID = value
            End Set
        End Property

        '方法声明部分
        Public Function WhoAmI() As String
            Return Name + " was borned at " + BirthDate + ". My address is " + Address + ". My ID is " + ID
        End Function

        '建构函数声明部分
        Sub New(ByVal name As String, ByVal birthDate As Date, ByVal address As String, _
                ByVal id As String)
            Me.Name = name
            Me.BirthDate = birthDate
            Me.Address = address
            Me.ID = id
        End Sub
    End Class
```

二、窗体中 Form1 的代码

```
Public Class Form1
    '在 Button1_Click 和 Button2_Click 的外部定义两个 Person 对象,person1 和 person2
    Dim person1 As New Person()                         '使用默认缺省的无参构造函数
    Dim person2 As New Person("MaLixin", #12/12/1985#,"上海市杨浦区长白农场号", _
"123456789")                                            '使用带参数的构造函数
Private Sub Button1_Click(ByVal sender As System.Object, ByVal e As System.EventArgs) _
        Handles Button1.Click                           '处理 Button1 的 click
    '从 Form1 界面中的各个 TextBox 取值
    person1.Name = TextBox1.Text
    person2.BirthDate = CDate(TextBox2.Text)
    person1.Address = TextBox3.Text
    person1.ID = TextBox4.Text
End Sub

Private Sub Button2_Click(ByVal sender As System.Object, ByVal e As System.EventArgs) _
        Handles Button2.Click                           '处理 Button2 的 click
    '通过调用 Person1 的 WhoAmI 方法,在 Label5 中显示 person1 的信息
    Label5.Text = person1.WhoAmI
    '通过调用 Person2 的 WhoAmI 方法,在 MsgBox 中显示 person2 的信息
    MsgBox("Infor from person2" + person2.WhoAmI(), MsgBoxStyle.Information, "Display
the Information")
    End Sub
End Class
```

实践活动

1. 为小学一年级的同学编写一个程序,该程序实现对给定的两个整数的加减运算,以弹出对话框的形式显示运算结果。

提示:声明一个类 JiaJian,且定义该类两个公共成员方法分别实现整数的加减功能。利用系统自带的 MsgBox 方法实现结果的回显。

2. 为小学高年级的同学编写一个程序,该程序实现以下功能,运算的结果以弹出对话框的形式显示:任意两个给定实数的加减乘除运算。

提示:不妨定义一个类 YunSuan,且定义该类 5 个公共成员方法来实现实数的加减乘除运算的功能。利用系统原有的 MsgBox 方法实现结果的回显。

活动二　父子情深

活动说明

定义 Person 类,并构造 ID 属性,将 Athlete 类定义为 Person 类的派生类,利用类的继承机制使用 Person 类的成员,可提高软件的生产效率及可维护性。如图 7-2-1 所示。

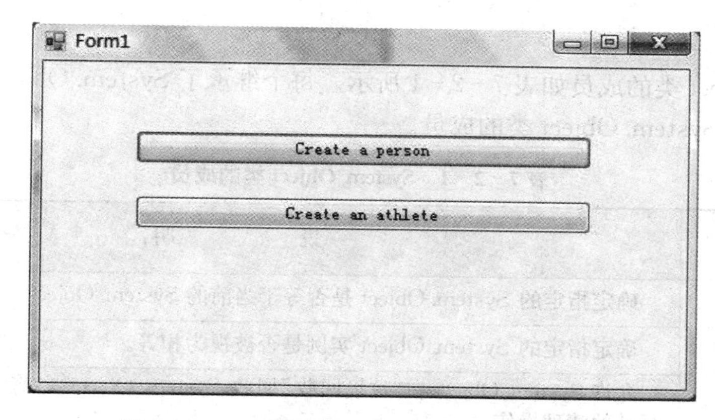

图 7－2－1　利用继承机制的 Person 和 Athlete

活动分析

继承性是面向对象程序设计的重要特性。利用继承性，可以实现代码重用，提供无限重用利用程序资源的途径，节省程序开发的时间和资源。

“继承”对于显示两个类之间的 is-a 关系尤为有效。例如，在继承 Person 类基础上创建一个新的 Athlete 类，代表运动员。

类 Athlete 除了继承了类 Person 的表示一般特征和行为的属性(id)及方法(如运动、睡觉、吃饭等)外，同时，还可以添加新属性和新方法扩展 Person 类，甚至重新改写 Person 类中的某些成员。

通过继承机制，Athlete 类可进一步被其他类继承产生新的其他类。

学习支持

所谓继承，就是在现有类的基础上构造新的类，新类继承了原有类的数据成员、属性、方法和事件。现有的类称为基类，新类称为派生类。从集合的角度来讲，派生类是基类的子集。如图 7－2－2 所示。

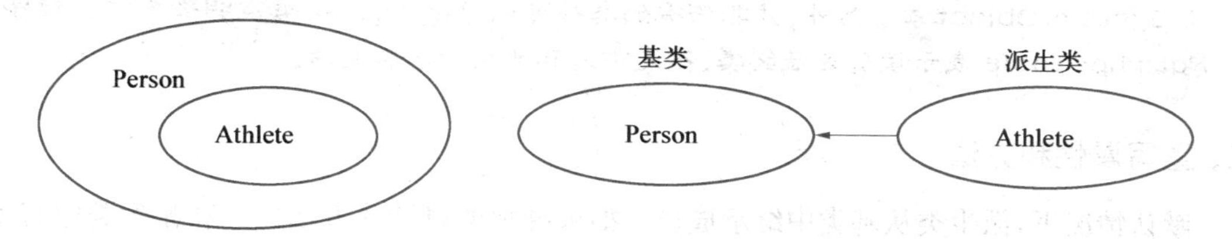

图 7－2－2　基类与派生类的关系

一、基本的 Object 类

在认识继承机制之前，需要先认识 VB. NET 框架中的 System. Object 类。

VB. NET 框架中的一切都是对象，都可以将它们具体归属为某一个类，如窗体中的任一按钮归属为 System. Windows. Form. Button 类，定义的整型变量为 System. Integer 类等。VB. NET 框架中所有的类都直接或者间接的从 System. Qbject 类派生而来，包括用户自定义的类也是如此。

System. Object 类的成员如表 7-2-1 所示。每个继承了 System. Object 类的类，在某些情况下可以重写 System. Object 类的成员。

表 7-2-1　System. Object 类的成员

成　员	说　　明
Equals(obj)	确定指定的 System. Object 是否等于当前的 System. Object。
Equals(objA, objB)	确定指定的 System. Object 实例是否被视为相等。
Finalize()	允许 System. Object 在“垃圾回收”回收 System. Object 之前尝试释放资源并执行其他清理操作。
GetHashCode()	用作特定类型的哈希函数。System. Object. GetHashCode 适合在哈希算法和数据结构(如哈希表)中使用。
ToString()	返回表示当前 System. Object 的 System. String。
GetType()	返回 Type 对象，包含关于当前对象的信息。

二、继承的语法

VB. NET 引入了下列类级别语句和修饰符以支持继承：

Public class 子类名 inherits 父类名

……. '书写子类的相关成员，如属性、方法等

End class

inherits 子语句用于基于现有类(基类，父类)来声明新类(派生类，子类)。新类继承并可扩展原有类中定义的属性、方法、事件、字段等。如果使用了 inherits 语句，则该语句必须是类定义中的第一个非空白的非注释行。

例如，要从 Athlete 类继承 Person 类，只需要在紧随 Class Athlete 语句之后添加一个 inherits Person 子句即可。

注意：用户自定义类时，如果没有通过 inherits 关键字明确指出基类，则默认基类为 System. Object 类。另外，并非所有的类都可以被继承，如果类声明部分有关键字 Notinheritable 表示该类是最终类，不能作为其他类的基类使用。

三、重写属性和方法

默认情况下，派生类从基类中继承成员。如果继承的属性或方法需要在派生类中有不同的行为，则可以“重写”它，即可以在派生类中保留该属性或者方法签名的同时重新定义该方法的新实现。下列修饰符用于控制如何重写属性和方法：

Overridable　　允许某个类中的属性或方法在其派生类中被重写。

Overrides　　重写基类中定义的 Overridable 属性或方法。

NotOverridable　　防止某个属性或方法在继承类中被重写。默认情况下，Public 方法为 NotOverridable。

MustOverride　　要求派生类重写属性或方法。当使用 MustOverride 关键字时，方法定义仅由 Sub,Function,或 Property 语句组成。不允许有其他语句,尤其是不能有 End Sub 或 End Function 语句。必须在 MustInherit 类中声明 MustOverride 方法。

注：Overridable(表示允许重写,方法的执行功能可被覆盖)和 Override(重载)之间的差别。

四、抽象类(Abstract class)

抽象类不能被实例化对象,只能作为基类继承后使用,可以通过使用 MustInherit 关键字标记该类达到声明为抽象类的目的,如下所示:

```
Public MustInherit Class 抽象类名
    '抽象类可以拥有方法、属性和其他成员
End Class
```

当需要一个类定义行为或者从未具体存在过的原型对象时,一般使用抽象类。例如,具有一般意义的 Animal 类就是一个典型的实例,它应当定义为抽象类,因为绝对不会实例化一个一般动物,而是创建一种具体动物(例如,猫、狗、猴子),这种动物从抽象的 Animal 类中派生出其一些属性。

抽象类可以拥有方法、属性和其他成员,可以将抽象类想象为只标志派生类的基本功能。抽象类中可以使用 MustOverride 关键字标记方法,这种方法在抽象类中没有具体的实现代码,必须在派生类中实现。在使用关键字 MustOverride 时,要指定唯一的方法签名,还必须省略掉 End Property,End Sub 或 End Function 等关键字,如下代码所示:

```
Public MustInherit Class Shape
    '抽象类中定义的必须在派生类中重载的方法
    Public MustOverride Sub ToDisplay()
End Class
```

如果某一个类中出现了多个通过 MustOverride 标记的成员,则该类本身是抽象的,而且必须使用 MustInherit 关键字标记。

编程实现

一、自定义 Person 类的 Person.vb 代码文件

```
Public Class Person
        '字段部分
        Private m_ID As String
        '属性部分
        Public Property ID() As String
            Get
                Return Me.m_ID
            End Get
            Set(ByVal value As String)
```

```
                Me.m_ID = value
            End Set
        End Property

        '方法部分
        Public Overridable Sub SayHello()
            MsgBox(" Hello,I am a Person ")
        End Sub
        Public Overrides Function ToString() As String
            Return " My ID is " + Me.ID
        End Function
        '无参数构造函数
        Public Sub New()
        End Sub
        '完整参数的构造函数
        Public Sub New(ByVal id As String)
            Me.ID = id
        End Sub
    End Class
```

二、继承 Person 的类 Athlete 的代码文件 Athlete.vb

```
    Public Class Athlete
        Inherits Person
        Private m_number As Integer
        Public Property Number() As Integer
            Get
                Return Me.m_number
            End Get
            Set(ByVal value As Integer)
                Me.m_number = value
            End Set
        End Property

        Public Overloads Property ID() As String            '属性重写
            Get
                Return MyBase.ID
            End Get
            Set(ByVal value As String)
                MyBase.ID = value
            End Set
        End Property

        Public Overrides Sub SayHello()                     '方法重写
            MsgBox(" Hello,I am an athelet.")
        End Sub
```

```
        '构造函数
        Private Sub New()   '私有构造函数
        End Sub
        Public Sub New(ByVal id As String, ByVal number As Integer)
            '有完整参数列表的构造函数
            MyBase.ID = id
            Me.Number = number
        End Sub
    End Class
    Private Sub Button1_Click(ByVal sender As System.Object, ByVal e As System.EventArgs) _
            Handles Button1.Click
        Dim myp As New Person("007")
        myp.SayHello()
        MsgBox("--" + myp.ToString)
    End Sub
    Private Sub Button2_Click(ByVal sender As Object, ByVal e As System.EventArgs) _
            Handles Button2.Click
        Dim mya As New Athlete("008", 2009)
        mya.SayHello()
        MsgBox("++" + mya.ToString + "++" + mya.Number.ToString)
    End Sub
```

三、自定义抽象类 Shape 的代码文件 Shape.vb

```
    Public MustInherit Class Shape
        '抽象类中定义的必须在派生类中重载的方法
        Public MustOverride Sub ToDisplay()
        Public MustOverride Sub VetoresList()
    End Class

Public Class Form1
    Private Sub Button1_Click(ByVal sender As System.Object, ByVal e As System.EventArgs)_
            Handles Button1.Click
        Dim myp As New Person("007")
        myp.SayHello()
        MsgBox("--" + myp.ToString)
    End Sub

    Private Sub Button2_Click(ByVal sender As Object, ByVal e As System.EventArgs)_
            Handles Button2.Click
        Dim mya As New Athlete("008", 2009)
        mya.SayHello()
        MsgBox("++" + mya.ToString + "++" + mya.Number.ToString)
    End Sub
End Class
```

四、窗体 Form1.vb 代码文件(包括 Button1_Click 事件代码和 Button2_Click 代码)

```
Public Class Form1
    Private Sub Button1_Click(ByVal sender As System.Object, ByVal e As System.EventArgs)_
            Handles Button1.Click
        Dim myp As New Person("007")
        myp.SayHello()
        MsgBox("--" + myp.ToString)

    End Sub
    Private Sub Button2_Click(ByVal sender As Object, ByVal e As System.EventArgs)_
            Handles Button2.Click
        Dim mya As New Athlete("008", 2009)
        mya.SayHello()
        MsgBox("++" + mya.ToString + "++" + mya.Number.ToString)
    End Sub
End Class
```

实践活动

1. 一款射击类游戏软件中为了便于软件的开发将游戏中的武器分为：手枪、长枪、冲锋枪、匕首、手雷等。请根据软件设计工程师给出的图 7-2-3 设计各个类,要求充分发挥类的继承机制。

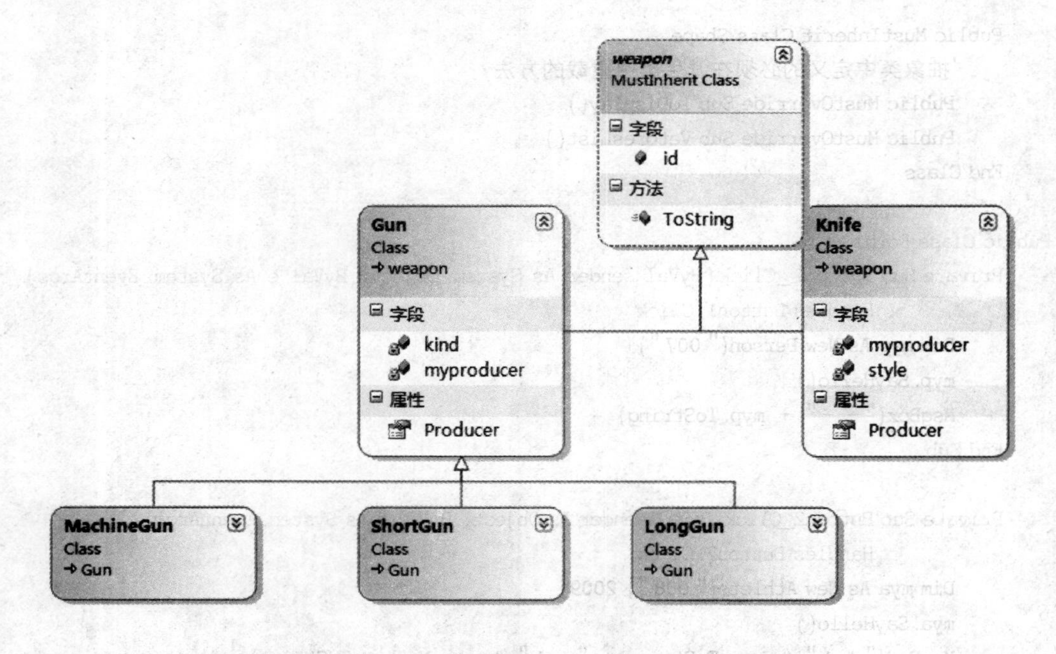

图 7-2-3 实践——类的继承

2. 信息技术的发展与进步催生了若干不同种类的电子产品。为了便于管理它们的信息，在一个仓储系统中，将计算机分为服务器和 pc 机，前者又进一步分为大型矩阵机和小型 SCASS 机；后者又分为台式机、手提电脑，手提电脑又分为笔记本和上网本。请根据上述分类设计它们的基本的类图，充分利用类的继承机制。如图 7－2－4 所示。

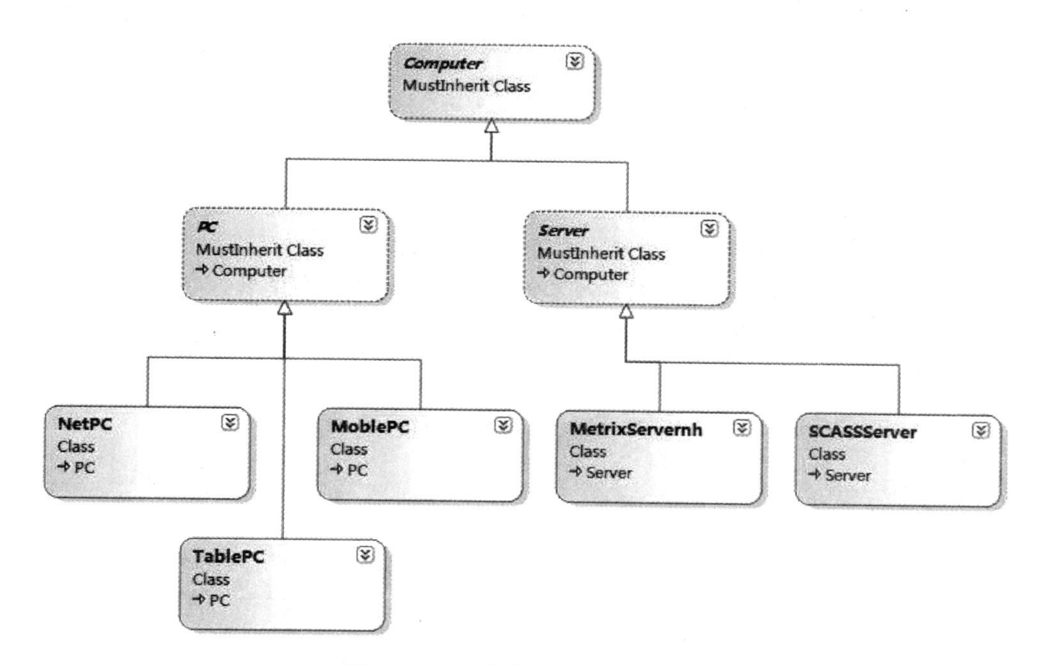

图 7－2－4　实践二——类的继承

项目八　文件编辑

VB. NET 具有较强的对文件进行处理的能力，为用户提供了多种处理方法。它既可以直接读写文件，同时又提供了大量与文件管理有关的语句和函数，以及用于制作文件系统的控件。程序员在开发应用程序时，这些手段都可以使用。

活动一　文件编辑器

活动说明

编制一个文件编辑器程序。该程序运行时，窗体上有一个菜单栏，菜单栏上有一个文件菜单项，文件菜单项中包括“打开”、“关闭”、“保存”和“退出”四个菜单命令。如图 8－1－1所示。

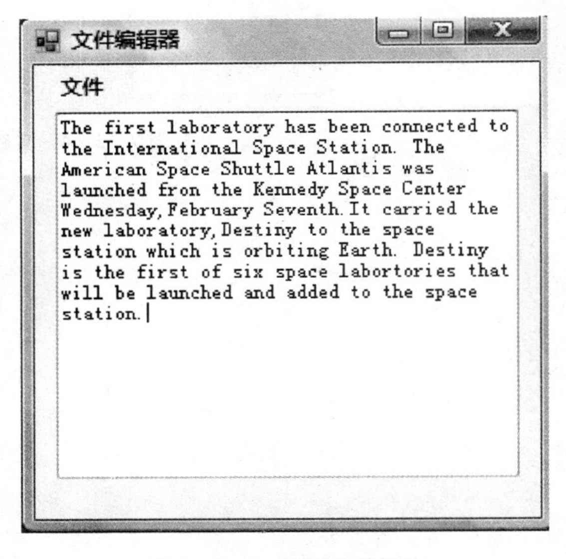

图 8－1－1　顺序文件操作

活动分析

程序运行时，单击“打开”菜单命令，可以打开一个文本文件，并把该文本文件读入显示在文本框中；单击“关闭”菜单命令，把文本框清空；单击“保存”菜单命令，程序可以把文本框中的内容保存到指定的文本文件中；单击“退出”菜单命令，退出整个程序。整个程序主要是利用顺序文件的读写等操作。

学习支持

一、文件及其结构

计算机操作系统是以文件为单位来对数据进行管理的，文件是存储在某种介质上的数据的集合。计算机处理文件中的数据时以记录为基本单位，一条记录由若干个相互关联的数据项组成，文件是记录的集合。例如，某个文件保存了学生信息，每个学生的信息作为一条记录，它由学号、姓名、出生日期、家庭地址等数据项组成。一个班级有 50 名学生，则 50 条记录组成了一个文件。

VB. NET 提供了三种访问文件的模式，它们是顺序访问模式、随机访问模式和二进制访问模式。按照访问模式可以把文件分成三种：顺序文件、随机文件和二进制文件。

计算机的数据文件按其数据的存放方式，分为以下 3 种类型：

顺序访问模式的访问规则是读写数据时按照“顺序”依次从第一条记录读写到最后一条记录，不能跳过中间的记录直接读后面的记录。顺序访问模式是专门用来处理文本文件的。文本文件中以每一行字符串作为一条记录，记录与记录之间以换行符为分隔符，各条记录的长度可以是不同的。

在随机访问模式下，文件中的每条记录的长度都是相同的，记录与记录之间没有分隔符。读写数据时，根据记录号和记录长度直接访问指定的记录，可以跳过前面的记录。与顺序访问模式相比，随机访问数据的速度快，易于更新数据。

二进制访问模式是以字节为单位来访问数据的，直接以二进制码读写数据，没有格式要求。事实上，任何文件都可以用二进制模式访问。二进制模式与随机模式非常相似，它以一个字节为一条记录，进行访问。

二、文件处理函数

在 VB. NET 文件中，文件处理一般需要 3 个步骤，首先打开文件，然后进行文件的读写操作，最后关闭文件。

一个文件必须打开后才能进行读/写处理。把内存中的数据输出到外部存储设备（如硬盘、磁盘等）的操作称为写操作；把文件中的数据传输到内存中的操作称作读数据。文件处理之后要关闭文件，以免因误操作而丢失文件数据。

1. 文件的打开与关闭

(1) 文件的打开

打开文件使用 FileOpen 函数，其格式为：

FileOpen(文件号,文件名,访问方式[,[访问类型][,[共享类型][,[记录长度]]]])

其中：

① 文件号是一个 1～511 之间的整型表达式。文件打开之后，文件号与指定的文件相关联，其他函数可利用文件号对磁盘上的指定文件进行访问。

② 访问方式用来指定文件的输入/输出方式，其值是枚举类型 OpenMode，它包括以下枚举值。

- Input：指定顺序输入方式。

以 Input 方式打开的文件，只能进行顺序文件的读操作。文件打开后，文件指针定位在文件起始位置，执行读操作时，就从这里开始读。如果要打开的文件不存在，会显示错误报告。

- Output：指定顺序输出方式。
- Append：指定顺序输出方式。

以 Output 和 Append 方式打开的文件，都可以进行顺序文件的写操作，但是，用 Output 方式打开文件，文件指针定位在文件的开始，执行写操作时，数据会覆盖原文件的数据；用 Append 方式打开文件，文件指针定位在文件的末尾，执行写操作时，数据会附加到原文件的后面。

- Random：指定随机存取方式，也是默认方式。

以 Random 方式打开的文件既可以进行读操作又可以进行写操作。

- Binary：指定二进制存取方式。

以二进制方式打开的文件，可以对文件中任何位置的字节进行读/写。

当以 Output、Append、Random 或者 Binary 方式打开文件时，如果指定的文件存在，就按要求打开该文件；如果指定的文件不存在，则建立这样的一个文件。

③ 访问类型用来指定访问文件的类型。

④ 共享类型主要用在多用户或多进程环境中，通过这个参数可以设定其他用户或进程对文件的读/写操作。

⑤ 记录长度是一个 Integer 类型的表达式。如果以顺序方式打开文件，该值用来确定缓冲区的大小，缺省情况下的缓冲区容量为 512 B。如果以随机方式打开文件，该值用来指出记录的长度。如果以二进制方式打开文件，则忽略该值。

例如：

```
FileOpen(1," D:\ifile.txt ",OpenMode.Input)
```

该语句是以顺序方式打开 D 盘下的文本文件 ifile.txt，如果文件打开成功，就可以从该文件中按照顺序方式读取数据。

```
FileOpen(2," D:\rfile.dat ",OpenMode.Random, , ,34)
```

该语句是以随机方式打开 D 盘下的文本文件 rfile.dat，如果该文件不存在，就建立一个新的文件 rfile.dat。如果文件已存在，文件打开后，就可以对该文件进行随机读/写操作。该文件的记录长度是 34 B。

文件的读/写操作完成后，应及时将文件关闭。文件关闭时，系统会把文件缓冲区中的数据写到文件中，同时释放与该文件相联系的文件号。

(2) 文件的关闭

关闭文件使用 FileClose 函数。其格式为：

FileClose([文件号])

该函数的功能是关闭与文件号对应的文件。如果省略“文件号”，则关闭所有已打开的文件。例如：

```
FileOpen(1," D:\aa.txt ",OpenMode.Input)
FileOpen (2," D:\bb ",OpenMode.Random, , ,34)
FileClose(1)     '关闭文件" D:\aa.txt "
FileClose()      '关闭所有已打开的文件
```

2. 文件操作函数

这里介绍几个与文件读/写操作有关的函数，通过这些函数可以更方便地对文件进行读/写操作。

(1) Seek 函数

函数的格式为：

Seek(文件号[,位置])

Seek 函数可以设置文件指针的位置，即文件中下一个读或写的位置。一般地，完成一次读/写操作后，文件指针自动移到下一个读/写操作的起始位置。顺序文件中文件指针移动的长度与它所读/写的字符串长度相同；随机文件中文件指针的移动单位是一个记录的长度，而且，在随机文件中文件指针还可以根据指定的记录号移动文件指针。

(2) LOF 函数

函数的格式为：

LOF(文件号)

该函数的功能是返回与文件号对应的文件分配的字节数，即文件的长度。如果返回 0 值，则表示该文件是一个空文件。如果指定的文件是随机文件，Length 是记录长度，则文件的记录数可表示为 LOF(文件号)/Length。

(3) EOF 函数

函数的格式为：

EOF(文件号)

EOF 函数用来测试文件指针是否指到文件的结束位置，如果指到了文件尾，EOF 函数返回 True，否则返回 False。对文件中所有数据进行逐一处理的循环结构可描述为：

```
Do While Not EOF(1)
    文件读写语句
Loop
```

三、顺序文件的读、写操作

在 VB. NET 中，顺序文件的写操作使用 Print 和 PrintLine 函数，读操作使用 Input 和 Linelnput 函数。

1. Print 函数和 PrintLine 函数

格式：

Print(文件号, [[Spc(n) | Tab(n)][表达式表]])

PrintLine(文件号, [[Spc(n) | Tab(n)][表达式表]])

Print 函数和 PrintLine 函数的功能是：把数据写入到与指定文件号对应的文件中。其中：

- 函数中，“表达式表”是一个或多个表达式。如果是多个表达式，各表达式之间要使用逗号隔开，在缺省 Spc 和 Tab 函数的情况下，各数据将按照标准的分区格式写入数据。
- 使用 Spc(n)函数的目的是在写入文件的两个数据之间留出 n 个空格，Spc 函数与输出项之间也使用逗号隔开。

例 8-1-1：

```
Print(1,26,Spc(6)," VB.NET 教程",Spc(6),#1/2/1996#,Spc(6),False)
```

该函数把 4 个表达式的值写入了文件号为 1 的文件中，两个相邻的数据之间存在 6 个空格，其写入的形式为：

26   VB.NET 教程   1996-1-2   False

• 使用 Tab 函数可以把文件指针移到当前行的第 n 列的位置，然后可以在这个位置写入下一个数据，Tab 函数与写入的数据之间用逗号隔开。如果 n 小于文件指针当前的写入位置，则写入位置在下一行的第 n 列处。

Tab 函数与 Spc 函数的主要区别在于：Tab 函数需要从对象的左端开始计数，而 Spc 函数只表示两输出项之间的间隔。

例 8-1-2：

```
Print(1,26," VB.NET 教程",Tab(32),#1/2/1996#,Tab(49),False)
```

写入文件的结果为：

26   VB.NET 教程   1996-1-2   False

• Print 函数不能自动换行。如果想在文件中换行写入数据，可以使用 Print(文件号,Chr(13)&Chr(10))语句，也可以使用 PrintLine(文件号)语句输出一个空行。

例 8-1-3：

```
Print(1, (5+4)/6,Chr(13)&Chr(10))
PrintLine(1)
Print(1,a=(5+4)/6)
```

写入文件的结果为：

1.5

False

• PrintLine 函数与 Print 基本一样，主要的区别在于 Print 函数输出数据的行尾不包含换行，而 PrintLine 函数在行尾包含换行。

例 8-1-4：

```
Print(1, (5+4)/6)
Print(1,a=(5+4)/6)
```

写入文件的结果为：

1.5 False

例 8-1-5：

```
PrintLine(1, (5+4)/6)
Print(1,a=(5+4)/6)
```

写入文件的结果为：

1.5

False

2. Write 函数和 WriteLine 函数

函数的格式：

Write（文件号,[表达式表]）

WriteLine(文件号,[表达式表])

其中：

- Write 和 WriteLine 函数与 Print 和 PrintLine 函数的功能基本相同，主要区别在于，当把数据项写入文件时，Write 和 WriteLine 函数会自动为字符数据加上双引号，为日期型数据和逻辑型数据加上“#”号，还会在两个写入项之间添加逗号。

例 8-1-6：

```
Private Sub Button1_Click(ByVal sender As System.Object, ByVal e As System.EventArgs) _
        Handles Button1.Click
    FileOpen(1, "d:\aa.txt", OpenMode.Output)
    Write(1, 26, "VB.NET 教程")
    Write(1, #1/2/1996#, False)
    FileClose()
End Sub

Private Sub Button2_Click(ByVal sender As System.Object, ByVal e As System.EventArgs)_
        Handles Button2.Click
    Dim i As Integer, s As String, r As Date, f As Boolean
    FileOpen(1, "d:\aa.txt", OpenMode.Input)
    Input(1, i)
    Input(1, s)
    Input(1, r)
    Input(1, f)
    FileClose()
    Label1.Text = i & vbCrLf & s & vbCrLf & r & vbCrLf & f
End Sub
```

- Write 函数与 WriteLine 函数的区别在于 Write 函数输出数据的行尾不包含换行，而 WriteLine 函数在行尾包含换行。

3. Input 语句

语句的格式为：

Input(文件号,变量)

Input 语句可以从一个以 Input 方式打开的顺序文件中读取文件指针所指的数据项，并将数据赋给指定的变量。其中：

- “变量”不能是数组、结构变量或对象变量，而且“变量”的类型应与从文件中读取的数据项类型匹配。
- 使用该函数一次只能读出一条记录，如果要读取文件中的所有数据，则应构造一个循环语句，用 EOF 函数判断文件指针是否移到文件尾。
- Input 函数可以读取由 Print 或 Write 函数写入数据的文件。该函数还可以用于随机文件的数据读取。

4. LineInput 函数

函数的格式为：

字符串变量=LineInput(文件号)

该函数可以从顺序文件的当前指针位置连续读取字符，直到遇到回车或换行符为止，并把读取的字符串赋给一个字符串变量。其中：

- 由于 LineInput 函数要读取文件一行的全部字符，因此，如果读取用 Write 或者 WriteLine 函数写入的数据，会把一行中的分隔符也读入字符串变量。
- LineInput 函数也可以用于随机文件。
- LineInput 函数常用来复制文本文件。

编程实现

一、界面设计

建立一个文本框，在工具箱的"菜单和工具栏"中选择 MenuStrip，将 MenuStrip 控件加入到窗体，按表 8-1-1 建立各菜单项。

表 8-1-1 菜单结构

分　类	标题(Text)	快捷键(ShortCutKeys)
主菜单项 1	文件	
子菜单项 1	打开	Ctrl+O
子菜单项 2	关闭	Ctrl+C
子菜单项 3	保存	Ctrl+S
子菜单项 4	退出	Ctrl+E

二、事件过程代码

1. 单击"打开"菜单项的事件过程代码

```
Private Sub 打开 ToolStripMenuItem_Click(ByVal sender As System.Object, _
            ByVal e As System.EventArgs) Handles 打开 ToolStripMenuItem.Click
    Dim s As String
    '设置打开文件对话框的属性
    OpenFileDialog1.Filter() = "Text files (*.txt)|*.txt|All files (*.*)|*.*"
                                                '过滤文件类型
    OpenFileDialog1.FilterIndex = 2             '默认的过滤器
    OpenFileDialog1.InitialDirectory = "D:\"    '设置初始目录
```

```
        OpenFileDialog1.FileName = "aa.txt"            '设置要打开的文件名
        '显示打开文件对话框
        OpenFileDialog1.ShowDialog()
        '打开指定的文件,把文件中的数据读入文本框
        FileOpen(1, OpenFileDialog1.FileName, OpenMode.Input)
        Do While Not EOF(1)
            s = LineInput(1): TextBox1.Text = TextBox1.Text & s
                                                       '在文本框中显示文件内容
        Loop
        FileClose(1)                                   '关闭文件
    End Sub
```

2. 单击"关闭"菜单项的事件过程代码

```
Private Sub 关闭 ToolStripMenuItem_Click(ByVal sender As System.Object, _
            ByVal e As System.EventArgs) Handles 关闭 ToolStripMenuItem.Click
    TextBox1.Text = " "
End Sub
```

3. 单击"保存"菜单项的事件过程代码

```
    Private Sub 保存 ToolStripMenuItem_Click(ByVal sender As Object, _
                ByVal e As System.EventArgs) Handles 保存 ToolStripMenuItem.Click
        '设置保存文件对话框的属性
        SaveFileDialog1.Filter = "Text files (*.txt)|*.txt|All files (*.*)|*.*"
        SaveFileDialog1.InitialDirectory = "D:\"
        SaveFileDialog1.OverwritePrompt = True  '当指定的文件名已经存在,对话框显示警告标志
        SaveFileDialog1.Title = "保存文件"
        '显示保存文件对话框
        SaveFileDialog1.ShowDialog()
        '创建指定的文件,把文本框的数据写入文件
        FileOpen(1, SaveFileDialog1.FileName, OpenMode.Append)
        PrintLine(1, TextBox1.Text)
        FileClose(1)
    End Sub
```

4. 单击"退出"菜单项的事件过程代码

```
Private Sub 退出 ToolStripMenuItem_Click(ByVal sender As Object, _
            ByVal e As System.EventArgs) Handles 退出 ToolStripMenuItem.Click
    End
End Sub
```

实践活动

1. 建立一个包含 3 位学生姓名、专业和年龄 3 项数据的文本文件,分别用 PrintLine 与 WriteLine 语句写

入到当前目录的 t1. txt 和 t2. txt 文件内，然后再将文件内容分别读入到 TextBox1 和 TextBox2 文本框。另外将文本文件 t2. txt 合并到 t1. txt 文件中，并通过 TextBox3 显示合并后 t1. txt 文件的内容。运行界面如图 8-1-2 所示。

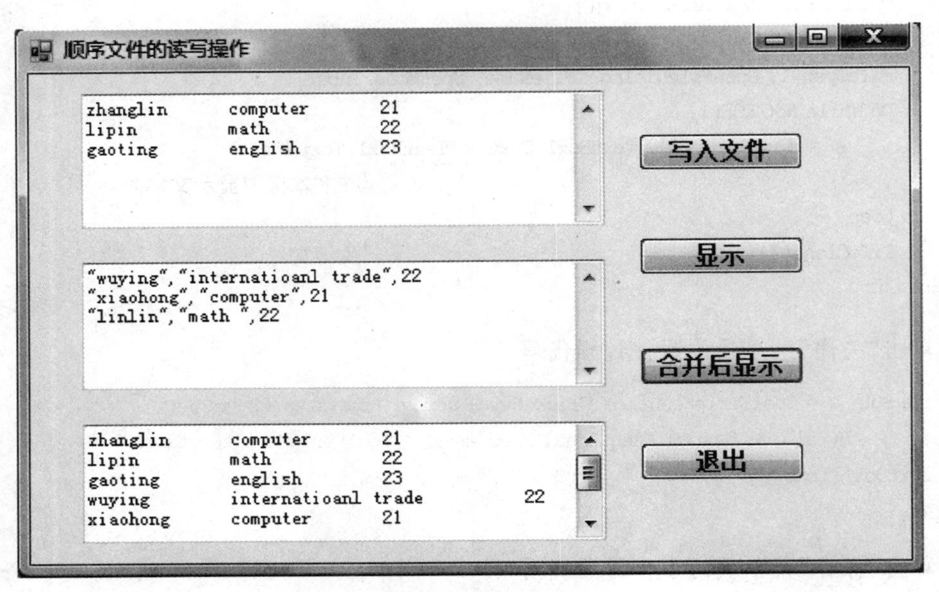

图 8-1-2　实践活动题 1 的运行界面

提示：① 利用 InputBox()函数输入 6 位学生的信息。

② 合并文件时，先以 Append 方式打开 t1.txt 文件，再将 t2.txt 文件的内容追加到 t1.txt 文件中。

③ 单击"合并后显示"按钮的事件过程代码为：

```
Dim s As String, Name As String, spe As String, age As Integer
FileOpen(1, "D:\t1.txt", OpenMode.Append)
FileOpen(2, "D:\t2.txt", OpenMode.Input)
Do While Not EOF(2)
    Input(2, Name)
    Input(2, spe)
    Input(2, age)
    PrintLine(1, Name, spe, age)
Loop
FileClose()
FileOpen(1, "D:\t1.txt", OpenMode.Input)
Do While Not EOF(1)
    s = s & LineInput(1) & Chr(13) & Chr(10)
Loop
TextBox3.Text = s
FileClose()
```

2. 编写一个具有以下功能的完整程序：单击"显示文件内容"按钮，在"打开"对话框中选定文本文件(如配套光盘中的"实践活动素材\活动八\chengji. txt")。以该文件中每行作为一位学生的成绩，将文件中的所有数据显示在列表框中，并保存在数组中。单击“统计合格率”按钮，计算数组中值大于等于60的元素个数(即合格人数)，并计算合格率(＝合格人数÷总人数)，显示在列表框中。程序界面如图8-1-3所示。

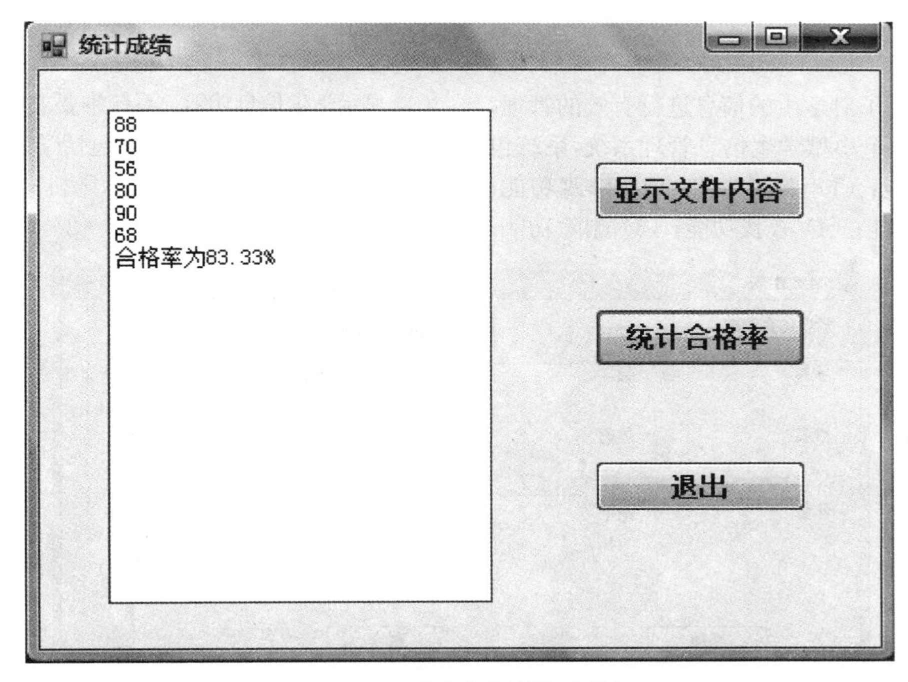

图8-1-3 “统计成绩”程序界面

提示：① 保存成绩的数组和统计总人数的变量在“显示文件内容”和“统计合格率”按钮的Click事件过程中都要使用，应在通用声明段中声明：

```
Dim score(100) As Integer, n As Integer
```

② 单击“显示文件内容”按钮的事件过程代码是：

```
'设置打开文件对话框的属性
OpenFileDialog1.Filter() = "Text files (*.txt)|*.txt"
'显示打开文件对话框
OpenFileDialog1.ShowDialog()
'打开指定的文件,把文件中的数据读入文本框
FileOpen(1, OpenFileDialog1.FileName, OpenMode.Input)
Do While Not EOF(1)
    n = n + 1
    score(n) = Val(LineInput(1))
    ListBox1.Items.Add(score(n))
Loop
FileClose()
```

活动二　简单数据处理

活动说明

学校为了对学生的信息进行有效的管理，需要编写一个小型学生信息管理系统，系统包括如下功能：(1) 添加功能；(2) 修改功能；(3) 保存功能；(4) 查找功能；(5) 删除功能；(6) 显示学生信息功能。系统中要求建立一个学生记录随机文件，每个记录包括学号、姓名、年龄、数学、英语、电子，将其存入随机文件，数据通过键盘输入。运行界面如图 8-2-1 所示。

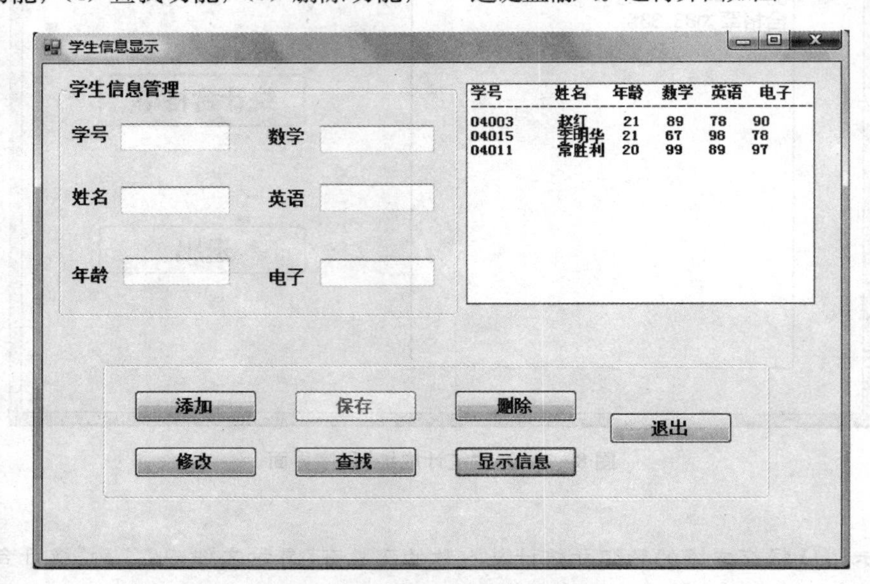

图 8-2-1　学生信息处理程序界面

活动分析

如要添加某一学生的信息，就得将该学生的相关信息输入到对应的文本框，再单击“添加”按钮。如信息输入完整，该学生的相关信息就添加到 record.dat 随机文件中，如信息输入不完整，则会弹出一个信息框提示“学生信息不完整”。

如要修改某一记录，单击“修改”按钮后弹出“输入记录号”对话框，记录号输入后单击“确定”按钮。对应记录号的记录信息就在窗体中显示出来，用户可对其进行修改，修改后单击“保存”按钮，修改后的信息就保存到文件中去了。

为了了解某一学生的信息，需根据学生名对学生信息进行查找，单击“查找”按钮，进入“输入姓名”对话框，姓名输入后单击“确定”按钮。如找到，对应的记录就在当前窗体内显示，并提示“记录已找到”；如找不到就提示“没有找到姓名为某某的记录”。

如要删除某一记录号的记录，单击“删除”按钮弹出“输入删除号”的对话框，输入记录号后单击“确定”按钮，如记录号不存在，则提示“记录号超出范围，重新输入”的信息；如记录号存在，对应的记录就从文件中删除。

为了查看所有学生的信息，单击“显示信息”按钮，在列表框中显示所有学生的信息。

学习支持

在随机访问模式中，文件的存取是按记录进行操作的，每个记录都有记录号并且长度全部相同。无论是从内存向磁盘写数据或从磁盘读数据，都需要事先定义内存空间。而内存空间的分配是靠变量说明进行的，所以不管是读操作还是写操作都必须事先在程序中定义变量，变量要定义成随机文件中一条记录的类型，一条记录又是由多个数据项组成的，每个数据项有不同的类型和长度。因此在程序的变量说明部分采用用户自定义类型说明语句，首先定义记录的类型结构，然后再说明成该类型，这样就为这个变量申请了内存空间用于存放随机文件中的记录。

一、结构类型的定义

在实际应用中，一组相关的数据可能是相同类型的，也可能是不同类型的。例如表示一位学生的信息可能包括学号、姓名、年龄、专业班级 4 项，那么学号可以定义为整型，姓名可以定义为字符串类型，年龄可以定义为整型，专业班级可以定义为字符串型。为了实现相关数据的封装，就需要采用包含不同类型成员的类型来定义这样的数据，这种类型就是结构。

VB. NET 中结构也称为自定义数据类型，一般由一个或多个基本数据类型组成。将数据类型相同或不同的一组相关变量组合在一起就构成了结构。结构为信息管理提供了极大的方便。

1. 结构的声明

语句格式：

[Dim | Public | Private] Structure 结构名称

结构成员声明

End Structure

结构类型的定义以 Structure 开始，以 End Structure 结束，格式中各部分的含义如下：

- Structure 语句只能在模块或文件级出现，不能在过程内部声明，但是可以嵌套结构。
- 结构成员必须用 Dim、Private 或 Public 声明。Public 或 Dim 可选。用 Public 关键字声明的结构具有公共访问权限。对于公共结构的可访问性没有任何限制。Friend 可选。Private 可选。用 Private 修饰符声明的结构具有私有访问权限，只能在同一模块中访问。
- 结构成员可以是变量、常量、属性、过程、函数、事件等。

例 8-2-1：定义一个名为“Student”的结构类型，其中包括 xh、xm、age、sx 等几个相关的成员变量。

```
Public Structure student
    <VBFixedString(10)> Dim xh As String
    <VBFixedString(6)> Dim xm As String
    Dim age As Integer
    Dim sx As Single
    Dim yy As Single
    Dim dz As Single
End Structure
```

2. 声明结构变量

语句格式：

[Dim | Public | Private]　变量名 1,变量名 2,…… As 结构名

说明：

- 先声明结构类型,再定义结构变量,按照已声明的结构类型定义一个结构变量。
- 结构变量的命名方法与简单变量名的命名方法相同,但它是用户定义的数据类型。它拥有的存储空间是结构类型各元素所占存储空间之和。
- 结构变量的使用方法与简单变量的使用方法相同。

例如：Dim stu As student

该语句声明了一个学生结构变量 stu。

3. 使用结构变量

语句格式：

变量名.元素名

例如：stu. xm 表示 stu 中的 xm 成员。

4. 结构类型数组

如果一个数组中每个元素的数据类型是结构类型,那么这个数组称为结构类型数组或称结构数组。

语句格式：

Dim 数组名[下标] As 结构名称

例如：Dim stus(0 To 50) As student

定义了一个 student 结构类型的结构数组 stus,该数组包含 51 个元素,数组中的每个元素的数据类型是 student。

例 8－2－2：如果要对数组中 51 个学生的信息进行输入和处理,采用下列程序段：

```
For i = 0 To 50
    With stus(i)
        .xh = InputBox("请输入学号:")
        .xm = InputBox("请输入学生姓名:")
        .age = InputBox("请输入年龄:")
        .sx = InputBox("请输入数学的成绩:")
        .yy = InputBox("请输入英语的成绩:")
        .dz = InputBox("请输入电子的成绩:")
    End With
Next i
```

注：在 With 结构类型变量名…End With 之间,可省略结构类型变量名,仅用点"."和元素名表示即可,这样可省略同一变量名重复书写。

二、随机文件

随机文件中的一行数据称为一条记录。随机文件对文件的读写顺序没有限制，可以随意读写某一条记录。这就要求记录的长度是固定的，以便由记录号来定位。随机文件的读写速度较快，但其占用空间较大。

对随机文件的操作包括建立随机文件、打开随机文件、关闭随机文件和读写随机文件，以及删除记录和增加记录等。

1. 随机文件的打开与关闭

随机文件的打开用 FileOpen 语句，函数格式如下：

FileOpen(文件号, 文件名, **OpenMode. Random** [, [访问类型] [, 共享类型]], 记录长度)

“记录长度”等于各字段长度之和，以字符为单位。

随机文件的关闭同顺序文件一样，用 FileClose 语句。

2. 随机文件的读写操作

打开随机文件名，可以进行读写操作。使用 FilePut 函数将内存中的数据写入磁盘，函数的格式为：

FilePut(文件号,变量[,记录号])

其功能是将变量内容写入指定的记录位置，若记录位置已有内容，则替换它。记录号是大于 1 的整数，表示指定的是第几条记录。如果忽略记录号，则表示在当前记录后插入一条记录。

使用 FileGet 把“文件号”所指定的磁盘文件中的数据读到“变量”中，函数的格式为：

FileGet(文件号,变量[,记录号])

其功能是将一条记录读入变量中。记录号指定了读入第几条记录，是大于 1 的整数。如果忽略记录号，则表示读出当前记录后的那一条记录。

例 8-2-3：要将若干个学生的信息保存到随机文件中，可以运行以下程序段：

```
Dim recordvar As student
Dim recLen As Integer = Len(recordvar)
Dim recordnumber As Long
Dim aspect As Char
FileOpen(1, "D:\record.dat", OpenMode.Random, , , Len(recordvar))
recordnumber = LOF(1) / Len(recordvar)
Do
    With recordvar
        .xh = InputBox("请输入学号:")
        .xm = InputBox("请输入学生姓名:")
        .age = InputBox("请输入年龄:")
        .sx = InputBox("请输入数学的成绩:")
        .yy = InputBox("请输入英语的成绩:")
```

```
            .dz = InputBox("请输入电子的成绩:")
        End With
        recordnumber + = 1
        FilePut(1, recordvar, recordnumber)
        aspect = InputBox(" More(Y/N)? ")
    Loop Until UCase(aspect) = " N"
    FileClose(1)
```

例 8-2-4：读取例 8-2-3 随机文件中的记录，并显示在列表框中，可以运行以下程序段：

```
    Dim s As String, i As Integer
    Dim recordvar As student
    Dim recLen As Integer = Len(recordvar)
    Dim recordnumber As Long
    FileOpen(1, " D:\record.dat ", OpenMode.Random, , , Len(recordvar))
    recordnumber = LOF(1) / Len(recordvar)
    ListBox1.Items.Clear()
    s = "学号" & Space(6) & "姓名" & Space(1) & "年龄" & "数学" & "英语" & "电子"
    ListBox1.Items.Add(s)
    ListBox1.Items.Add("-----------------------------------")
    For i = 1 To recordnumber
        FileGet(1, recordvar, i)
        s = recordvar.xh & recordvar.xm & Space(2) & recordvar.age & Space(3) & recordvar.sx _
            & Space(3) & recordvar.yy & Space(3) & recordvar.dz
        ListBox1.Items.Add(s)
    Next i
    FileClose(1)
```

3. 记录的删除

要删除随机文件中的某条记录，按照以下步骤执行：

(1) 创建一个新文件。

(2) 把有用的所用记录从原文件复制到新文件。

(3) 关闭原文件并用 Kill 语句删除它。

(4) 使用 ReName 语句把新文件以原文件的名字重新命名。

随机文件对存储结构一定的数据比较方便，在早期的 VB 版本中，常用随机文件来做数据库文件，现在的 VB 已经具有更为强大的数据库管理功能。

编程实现

一、界面设计

在“学生信息处理”窗体中建立两个框架和一个列表框，在上面的框架中建立 6 个文本框，文本框 txtNo 用于输入学号，文本框 txtName 用于输入姓名，文本框 txtAge 用于输入年龄，文本框 txtSx 用于输入数学成绩，文本框 txtYy 用于输入英语成绩，文本框 txtDz 用于输入电子成绩。在下面的框架中建立 7 个命令按钮，“添加”按钮命名为 btnAdd，“保存”按钮命名为 btnSave，“删除”按钮命名为 btnDelete，“修改”按钮命名为 btnModify，“查找”按钮命名为 btnSearch，“显示”按钮命名为 btnDisplay，“退出”按钮命名为 btnExit。

二、事件过程代码

1. 在模块中定义 student 记录类型

```
Public Structure student
        <VBFixedString(10)> Dim xh As String        'xh 被定义为定长字符串
        <VBFixedString(6)> Dim xm As String         'xm 被定义为定长字符串
        Dim age As Integer
        Dim sx As Single
        Dim yy As Single
        Dim dz As Single
End Structure
```

2. 在“学生信息处理”窗体 frmstudent 窗体的通用部分声明变量

```
Dim stu1 As student
Dim lastrecord As Integer
Dim recno As Integer
```

3. frmstudent 窗体的 Form_load 事件过程代码

```
Private Sub Form1_Load(ByVal sender As System.Object, ByVal e As System.EventArgs) Handles MyBase.Load
        FileOpen(1, "d:\record.dat", OpenMode.Random, , , Len(stu1))
        lastrecord = LOF(1) / Len(stu1)
End Sub
```

4. 单击“添加”按钮的事件过程代码

```
Private Sub btnAdd_Click(ByVal sender As System.Object, ByVal e As System.EventArgs) _
            Handles btnAdd.Click        '添加记录的程序段
    Dim message As String
    If (txtNo.Text <> "") And (txtName.Text <> "") And (txtSx.Text <> "") _
        And (txtAge.Text <> "") And (txtYy.Text <> "") And (txtDz.Text <> "") Then
        With stu1
            .xh = txtNo.Text
            .xm = txtName.Text
            .age = Val(txtAge.Text)
            .sx = Val(txtSx.Text)
            .yy = Val(txtYy.Text)
            .dz = Val(txtDz.Text)
        End With
        lastrecord = lastrecord + 1
        'stu1 记录变量的内容写入打开的磁盘文件中指定的记录位置处
```

```
            FilePut(1, stu1, lastrecord)
            txtNo.Text = " ": txtName.Text = " ": txtSx.Text = " ": txtAge.Text = " "
            txtYy.Text = " ": txtDz.Text = " "
        Else
            message = "请输入完整的学生信息"
            MsgBox(message, , "学生信息不完整")
        End If
        txtNo.Focus()
    End Sub
```

5. 单击“修改”按钮的事件过程代码

```
    Private Sub btnModify_Click(ByVal sender As System.Object, ByVal e As System.EventArgs) _
            Handles btnModify.Click                          '修改记录的程序段
        Dim aa As String
        aa = InputBox("请输入要修改的记录号", "输入记录号")
        recno = Val(aa)
                            '从磁盘文件将记录号为 recno 的记录内容读入 stu1 记录变量中
        FileGet(1, stu1, recno)
        With stu1
            txtNo.Text = .xh
            txtName.Text = .xm
            txtAge.Text = .age
            txtSx.Text = .sx
            txtYy.Text = .yy
            txtDz.Text = .dz
        End With
        btnSave.Enabled = True                              '"保存"按钮有效
        btnModify.Enabled = False                           '"修改"按钮无效
    End Sub
```

6. 单击“保存”按钮的事件过程代码

```
    Private Sub btnSave_Click(ByVal sender As System.Object, ByVal e As System.EventArgs) _
            Handles btnSave.Click  '保存记录的程序段
        With stu1
            .xh = txtNo.Text
            .xm = txtName.Text
            .age = txtAge.Text
            .sx = txtSx.Text
            .yy = txtYy.Text
            .dz = txtDz.Text
        End With
        FilePut(1, stu1, recno)                        '修改后重新写入记录号为 recno 的记录中
        btnSave.Enabled = False
        btnModify.Enabled = True
    End Sub
```

7. 单击"查找"按钮的事件过程代码

```
Private Sub btnSearch_Click(ByVal sender As System.Object, ByVal e As System.EventArgs) _
        Handles btnSearch.Click            '查找记录的程序段
    Dim flag As Boolean
    Dim i As Integer
    flag = False
    Dim aa As String
    aa = InputBox("请输入要查找的姓名", "输入姓名", "aa")
    For i = 1 To lastrecord
        FileGet(1, stu1, i)
        If Trim(stu1.xm) = Trim(aa) Then
            flag = True
            Exit For
        End If
    Next i
    '如找到了则在当前窗体内显示该记录的信息
    If flag = True And i <= lastrecord Then
        With stu1
            txtNo.Text = .xh
            txtName.Text = .xm
            txtAge.Text = .age
            txtSx.Text = .sx
            txtYy.Text = .yy
            txtDz.Text = .dz
        End With
        MsgBox("记录已找到")
    Else
        MsgBox("没有找到姓名为:   " & aa & "的记录")
    End If
End Sub
```

8. 单击"删除"按钮的事件过程代码

```
Private Sub btnDelete_Click(ByVal sender As System.Object, ByVal e As System.EventArgs) _
        Handles btnDelete.Click            '删除记录的程序段
    Dim aa As String, i As Integer
    FileOpen(2, "D:\temp.dat", OpenMode.Random, , , Len(stu1))
                                          '打开一个文件名为 temp.dat 的文件,作为临时文件
    lastrecord = LOF(1) / Len(stu1)
    aa = InputBox("请输入要删除的记录号,记录号范围在--" & Str(lastrecord), "输入删除号")
    Do While Val(aa) > lastrecord
        MsgBox("记录号超出范围,重新输入")
        aa = InputBox("请输入要删除的记录号,记录号范围在--" & Str(lastrecord))
    Loop
    For i = 1 To lastrecord
```

```
            If i <> Val(aa) Then
                FileGet(1, stu1, i)
                FilePut(2, stu1)
            End If
        Next i
        FileClose()
        Kill("D:record.dat")
        Rename("D:\temp.dat", "D:\record.dat")
        FileOpen(1, "D:\record.dat", OpenMode.Random, , , Len(stu1))
        lastrecord = LOF(1) / Len(stu1)
    End Sub
```

9. 单击"显示信息"按钮的事件过程代码

```
    Private Sub btnDisplay_Click(ByVal sender As System.Object, ByVal e As System.EventArgs) _
            Handles btnDisplay.Click
        Dim s As String
        Dim i As Integer
        ListBox1.Items.Clear()
        s = "学号" & Space(6) & "姓名" & Space(1) & "年龄" & "数学" & "英语" & "电子"
        ListBox1.Items.Add(s)
        ListBox1.Items.Add("------------------------------")
        For i = 1 To lastrecord
            FileGet(1, stu1, i)
            s = stu1.xh & Space(6) & stu1.xm & Space(2) & stu1.age & Space(3) & stu1.sx & _
                    Space(3) & stu1.yy & Space(3) & stu1.dz
            ListBox1.Items.Add(s)
        Next i
    End Sub
```

10. 单击"退出"按钮的事件过程代码

```
Private Sub btnExit_Click(ByVal sender As System.Object, ByVal e As System.EventArgs) _
        Handles btnExit.Click
    FileClose()        '关闭所有的文件
    End
End Sub
```

实践活动

1. 设计一个应用程序，用于输入一个班学生的成绩，数据按随机访问模式存取，该应用程序包括如下功能：(1) 新增功能；(2) 排序功能；(3) 求最高分功能。程序中要求建立一个学生记录随机文件，每个记录包括记录号、姓名、班级、数学、外语、语文、物理、总分，将其存入随机文件，其中"记录号"、"总分"自动显示，其他数据通过键盘输入。运行界面如图 8-2-2 所示。

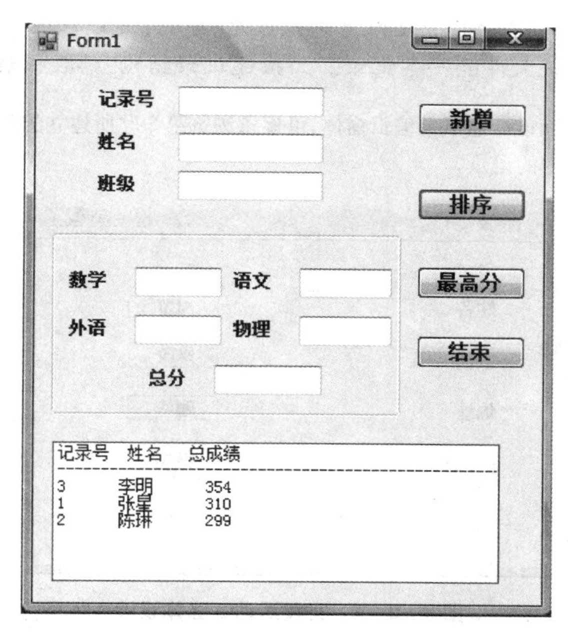

图 8-2-2　实践活动 1 窗体设计

注：如要新增一条记录，首先在文本框内输入某条记录的信息，再按"新增"按钮，一条新记录就存入了随机文件；如果在随机文件中已有若干条记录，按"排序"按钮，在列表框中显示按总分排序后的记录，如图 8-2-2 所示，如果随机文件中无记录，按"排序"按钮，则提示"无记录"；按"最高分"按钮，则在文本框中显示最高分学生的信息。

提示：① 本题需要建立随机文件，所以应先在模块中定义结构类型。

② 排序时先定义一个结构类型的数组，把所有学生的信息读入各数组元素内，最后用冒泡法按总分的降序进行排序。

2. 按图 8-2-3 所示界面设计通讯录登录程序，将每次登录信息添加到随机文件 xm.txt 中，对输入信息仅做写入处理。

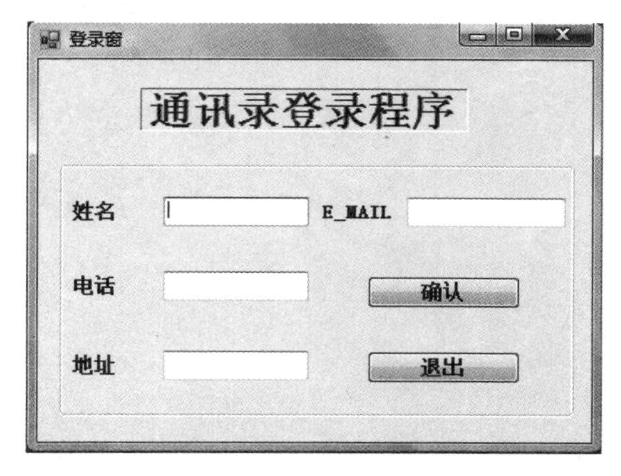

图 8-2-3　实践活动 2 窗体设计

提示：由图 8-2-3 可知，登录信息包括姓名、电话、地址和 E_Mail 4 个数据项，可将这些数据项构成随机文件的一条记录。为描述记录结构，需在模块中定义结构类型。

3. 按图 8-2-4 所示界面设计通讯录编辑窗体，可逐条浏览第 2 题所建立的随机文件 xm. txt 的内容，在浏览时允许修改或删除所显示的记录。

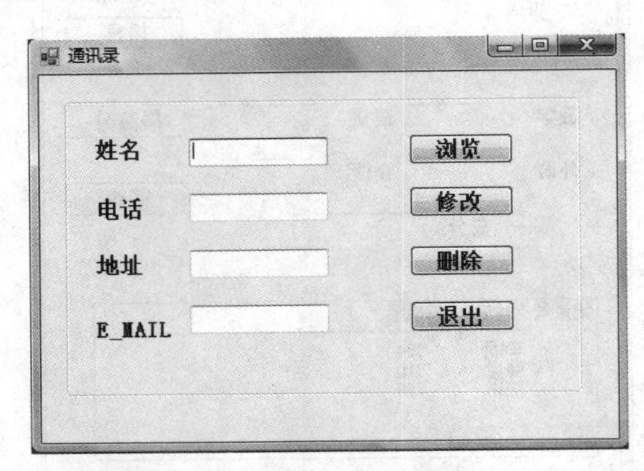

图 8-2-4　实践活动 3 窗体设计

提示：每次读出随机文件的一条记录，并赋予相应的文本框，当读完最后一条记录后，可将记录指针指向第一条记录，形成循环方式。

项目九　绘图与动画

界面的艺术、新颖能为软件系统赢得更多用户，在界面设计中提高视觉效果的“良方”则是“Graphics”，它是计算机术语，指任何可显示在屏幕上的文本、图画、图像或图标。在VB. NET开发环境中，可利用Graphics对象绘制形状、图、图表，还能通过替换和移动图形实现简单的动画效果，可利用定时器(Timer)控件创建各种动画效果。

活动一　画　　展

活动说明

编制一个程序，其功能是利用图片框控件实现电子画展，整个窗体由一个图片框和若干按钮组成，由按钮控制图片的切换，并为图片加上相关的文字注释。其运行效果见图9-1-1。

图9-1-1　“画展”运行效果图

活动分析

本活动的难点是为图片配上文字，其文字不是用标签控件实现的，而是绘制的文字。绘制文字需要构造画布、画刷，利用画刷按指定的颜色、字体、大小完成文字的绘制。通过这一活动使读者熟悉从建立画布到绘制图形的全过程。

在“画展”界面上有5个按钮，通过其中的3个按钮进入画展的不同展区。例如，单击“自然风光”按钮则带用户进入画展的“自然风光”展区，从该展区可以欣赏到各地风光；单击“动画”按钮则让用户快速浏览整个画展。

学习支持

一、图片框

使用 Windows 窗体和图片框(PictureBox)控件，可以在设计时将 Image 属性设置为有效图片，从而在窗体或图片框上加载和显示图片。可选用的图像文件类型如表 9-1-1 所示。

表 9-1-1

类　型	文件扩展名
位图	. bmp
Icon	. ico
GIF	. gif
图元文件	. wmf
JPEG	. jpg

在窗体或图片框内装入图像有两种方式：一是在窗体设计时使用对象的 Image 属性装入，二是在程序中修改图片框 Image 属性或使用通用输入对话框装入。

图片大小则由 SizeMode 属性控制，如果设置成 AutoSize，图片则按实际尺寸显示在图片框中，此时，图片框的大小与图片实际尺寸一致(图片框自动按图片尺寸变化)；如果设置成 StretchImage，图片则按图片框的尺寸进行整体缩放；如果设置成 CenterImage，图片则按图片框的实际尺寸显示图片中心部分；如果设置成 Zoom，图片则显示缩略图；如果设置成 Normal，图片则按图片框的实际尺寸显示部分图片(通常以图片左上角为起点，向右下角扩展，截取一区域，区域大小与图片框的实际尺寸相同)。

二、绘制文字

Windows GDI(Graphics Device Interface，图形装置界面)，这是 Windows 操作系统的一个图形包，用于支持 Windows 操作系统中的图形界面，它也帮助开发人员在不考虑特定设备细节的情形下进行绘图。

随着开发技术的进步，GDI 从某种意义上已经不能满足需求，于是微软把 GDI 进一步封装抽象，形成新的 GDI+，并在性能和功能上进一步完善。GDI+构成了 Windows XP 操作系统及其后续版本的子系统的应用程序编程接口(API)。GDI+负责在屏幕和打印机上显示信息，它是 GDI 的改进，同时也是 VB. NET 框架结构的重要组成部分。和 GDI 一样，它提供了对二维图形、图像和文字排版处理的支持，通过 GDI+能够创建与设备无关的应用程序。使用 GDI+可以创建图形、绘制文本以及将图形、图像作为对象来操作，旨在提高对图像的处理性能。

GDI+在 System. Drawing 命名空间中定义，包含了图形处理的许多类，在图形开发中最常用的类如表 9-1-2 所示。

表 9-1-2

类　名	功　　能
Graphice 类	包含了绘图的基本方法，例如直线、矩形等。绘图时必须建立 Graphice 类的实例
Pen 类	处理图形的轮廓部分
Brush 类	对图形进行填充处理

续　表

类　名	功　　　能
Font 类	字体功能，例如字体样式、旋转等
Icon 类	处理图形的各种结构，例如 Point、Rectangle

使用 GDI+在对象上绘制图形的过程如下：

1. 构造画布

用对象的 CreateGraphics()方法构造 Graphics 类的实例：

Dim 画布 As Graphics

画布 = 控件对象.CreateGraphics()

例如，创建名为 g 的画布的程序代码为：

```
Dim g As Graphics
g = Me.CreateGraphics
```

2. 建立绘图工具(画笔、画刷、字体等)

例如，声明一个名为 sb 的、棕色的画刷的程序代码为：

```
Dim sb As New SolidBrush(Color.Brown)
```

又如，建立名为 f 的字体对象，显示的字体为宋体、20 磅、加粗，程序代码为：

```
Dim f As New Font("宋体", 20, FontStyle.Bold)
```

3. 调用绘图方法绘制图形

例如，语句 g.DrawString("常熟的花朵", f, sb, 550, 100) 表示在画布 g 上绘制文字"常熟的花朵"，颜色为棕色(sb 画刷)，使用 f 字体：宋体、20 磅、加粗。

4. 调用 Dispose 方法释放绘图对象

绘图结束后，用以下程序代码分别释放名为 f、sb 和 g 的绘图对象：

```
f.Dispose()
sb.Dispose()
g.Dispose()
```

绘制文字需要使用 Font 类，字体 Font 类决定文本的字体格式(字体类型、大小以及风格)。用 Font 类的构造函数建立一种字体，定义 Font 类的语句格式为：

Dim 字体对象 As New Font(字体,大小,样式)

其中包含需要 3 个参数，即：字体、大小、样式。

例如，活动一中的代码：Dim f As New Font("宋体", 20, FontStyle.Bold)，其中字体对象为 f，字体参数为：宋体 20，大小参数为：20，样式参数为：FontStyle.Bold。

编程实践

一、界面设计

设计一个(954×513)窗体，将光标定位在(48,39)处，插入一个图片框(649×338)，将属性

Sizemode 设置成 stretchimage，Image 属性设置成载入图片文件“天天.jpg”。将光标定位在(12,406)处，插入 5 个按钮，并按图 9-1-1 所示修改按钮的 Text 属性，即：Button1 的 Text 属性为自然风光，Button2 的 Text 属性为人文景观，Button3 的 Text 属性为动画，Button4 的 Text 属性为退出，Button5 的 Text 属性为清除。

二、事件过程代码

1. 单击“自然风光”按钮的事件过程代码

```
Private Sub Button1_Click(ByVal sender As System.Object, ByVal e As System.EventArgs) _
        Handles Button1.Click
    PictureBox1.Image = Image.FromFile(Application.StartupPath() + "\a1.jpg")
                                            '在图片框载入图片文件 a1.jpg
    Dim g As Graphics                       '声明 Graphics
    g = Me.CreateGraphics                   '构造画布 g
    g.Clear(SystemColors.Control)           '清除画布
    Dim sb As New SolidBrush(Color.Brown)   '声明了一个棕色的单色刷 sb
    Dim f As New Font("宋体", 20, FontStyle.Bold)
                                        '构建字体工具 f,书写 20 像素的宋粗体字
    g.DrawString("常熟的花朵", f, sb, 550, 100)
                        '用字体工具 f 和棕色的单色刷 sb 在 550,100 处绘制文字"常熟的花
朵"
    f.Dispose()                             '调用 Dispose 方法释放字体工具 f
    sb.Dispose()                            '调用 Dispose 方法释放单色刷 sb
    g.Dispose()                             '调用 Dispose 方法释放画布 g
End Sub
```

2. 单击“人文景观”按钮的事件过程代码

```
Private Sub Button2_Click(ByVal sender As System.Object, ByVal e As System.EventArgs) _
        Handles Button2.Click
    PictureBox1.Image = Image.FromFile(Application.StartupPath() + "\a2.jpg")
                                            '在图片框载入图片文件 a2.jpg
    Dim g As Graphics                       '声明 Graphics
    g = Me.CreateGraphics                   '构造画布 g
    g.Clear(SystemColors.Control)           '清除画布
    Dim sb As New SolidBrush(Color.Green)   '声明了一个绿色的单色刷 sb
    Dim f As New Font("宋体", 20, FontStyle.Bold)
                                        '构建字体工具 f,书写 20 像素的宋粗体字
    g.DrawString("常熟人", f, sb, 550, 100)
                        '用体工具 f 和绿色的单色刷 sb 在 550,100 处绘制文字"常熟人"
    f.Dispose()                             '调用 Dispose 方法释放字体工具 f
    sb.Dispose()                            '调用 Dispose 方法释放单色刷 sb
    g.Dispose()                             '调用 Dispose 方法释放画布 g
End Sub
```

3. 单击“动画”按钮的事件过程代码

```
Private Sub Button3_Click(ByVal sender As System.Object, ByVal e As System.EventArgs) _
        Handles Button3.Click
    PictureBox1.Image = Image.FromFile(Application.StartupPath() + "\r1.gif")
    Dim g As Graphics                                    '声明 Graphics
    g = Me.CreateGraphics                                '构造画布 g
    g.Clear(SystemColors.Control)                        '清除画布
    Dim sb As New SolidBrush(Color.Green)                '声明了一个绿色的单色刷 sb
    Dim f As New Font("宋体", 20, FontStyle.Bold)
                                                '构建字体工具 f,书写 20 像素的宋粗体字
    g.DrawString("日全食", f, sb, 550, 100)
                            '用字体工具 f 和绿色的单色刷 sb 在 550,100 处绘制文字"日全食"
    f.Dispose()                                          '调用 Dispose 方法释放字体工具 f
    sb.Dispose()                                         '调用 Dispose 方法释放单色刷 sb
    g.Dispose()                                          '调用 Dispose 方法释放画布 g
End Sub
```

4. 单击“退出”按钮的事件过程代码

```
Private Sub Button4_Click(ByVal sender As System.Object, ByVal e As System.EventArgs) _
        Handles Button4.Click
  End
End Sub
```

5. 清除画布所显示的图使画布初始化的代码

```
Private Sub Button5_Click(ByVal sender As System.Object, ByVal e As System.EventArgs) _
        Handles Button5.Click
    PictureBox1.Image = Nothing                          '在清除图片框中的图片
    Dim g As Graphics                                    '声明 Graphics
    g = Me.CreateGraphics                                '构造画布 g
    Dim rect As New Rectangle(730, 180, 210, 80)         '定义矩形区域
    Dim sb As New SolidBrush(Color.WhiteSmoke)           '声明了一个灰白的单色刷 sb
    g.FillRectangle(sb, rect)                            '用单色刷 sb 填充矩形区域
    g.Clear(SystemColors.Control)                        '清除画布
End Sub
```

实践活动

1. 设计一个可对图的大小和所见位置进行控制(利用图片框控件的 SizeMode 属性)的展板,其效果见图 9-1-2。

2. 用加粗的宋体分别绘制文字“迎世博,讲文明”,单击“进入”按钮绘制棕色的、大小为 20 的文字,单击“放大”按钮绘制橙色的、大小为 30 的文字,单击“变色放大”绘制由橙色和蓝色叠加产生阴影效果的、大小为 40 的文字,其效果见图 9-1-3。

图 9-1-2 “可变展板”运行效果图

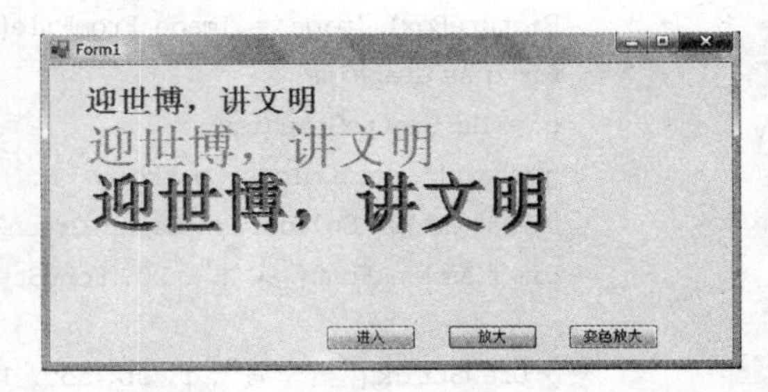

图 9-1-3 “文字绘制”运行效果图

活动二　统计与汇总

活动说明

编制一个程序，其功能是实现图形的绘制，利用窗体 1 绘制统计图和曲线图，利用窗体 2，通过 Region 属性改变窗体外形，从而实现利用窗体显示不规则图片的目标，图片的变化由快捷菜单控制。其运行效果见图9-2-1。

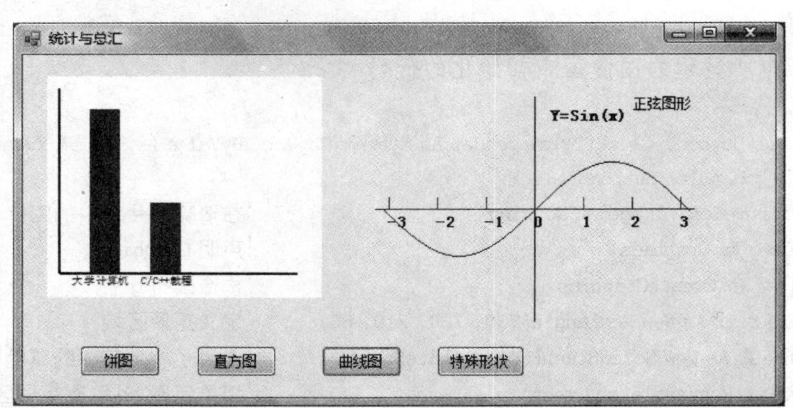

图 9-2-1 活动二运行效果图

活动分析

本活动的难点是根据数据文件的数据绘制统计图；用 TranslateTransform 方法将坐标平移到标签控件中心，使画布原点与标签控件中心重合。通过这一活动使读者熟悉从数据到统计图的绘制过程，了解坐标移动的方法，掌握窗体外形变化的方法。

在窗体 1 界面上设计 4 个按钮，通过其中的“饼图”按钮进入统计图形的绘制，“直方图”按钮则将统计图形由饼图转换成直方图；而“曲线”按钮则能绘制各种曲线；而“特殊形状”按钮则能将图片变成不规则形状。

学习支持

一、绘图工具

1. 画笔 Pen

在 Graphics 画布上处理图形的轮廓部分需要使用的工具是画笔 Pen；通过使用 Pen 类可以设置所画线条的颜色、线宽和样式，在使用前需要引用 System. Drawing. Drawing2D 名称空间。创建画笔的格式为：

Dim 画笔对象 As New Pen(颜色，[线宽])

画笔的 DashStyle 属性用于设置线的样式，其具体定义见表 9-2-1。

表 9-2-1

成员名	说明	图例
Dash	虚线	▬ ▬ ▬ ▬ ▬ ▬ ▬
DashDot	点划线	▬ ▪ ▬ ▪ ▬ ▪ ▬ ▪ ▬
DashDotDot	双点划线	▬▬ ▪ ▪ ▬▬ ▪ ▪ ▬▬
Dot	点线	▪▪▪▪▪▪▪▪▪▪▪▪▪▪▪▪▪▪▪▪▪▪▪▪
Solid	内实线	▬▬▬▬▬▬▬▬▬▬▬▬

例 9-2-1：活动二“活动说明”中“曲线图”按钮使用画笔代码如下：

```
Dim g As Graphics                        '声明 Graphics 对象
g = Label1.CreateGraphics                '构造 Graphics 类的实例
Dim p As New Pen(Color.Blue)             '构造蓝色画笔
……
```

2. 画刷 Brush

画刷 Brush 主要用于封闭图形的填充，只能用一种颜色填充区域的称为单色刷，声明单色刷的格式为：

Dim 画刷对象 As SolidBrush = New SolidBrush(Color. 颜色)

用一个图片来填充图形的画刷称为纹理刷，声明纹理刷的格式为：

Dim 画刷对象 As New TextureBrush(New Bitmap("图片名"))

用线性渐变色来填充图形的画刷称为渐变刷，声明渐变刷的格式为：

Dim 画刷对象 As New LinearGradientBrush(Point1, Point2, Color1, Color2)

参数 Point1、Point2 构成一个矩形区域，Color1、Color2 分别设置渐变的起始点颜色和终点颜色。

用条纹模式来填充图形的画刷称为网格刷，声明网格刷的格式为：

Dim 画刷对象 As New HatchBrush(条纹类型，前景色，背景色)

例 9-2-2：活动二“活动说明”中“曲线图”按钮中使用黑色画刷代码如下：

```
Dim f As New Font("宋体", 10, FontStyle.Bold)          '构造字体对象
```

```
Dim sb As New SolidBrush(Color.Black)                '构造黑色画刷
......
```

二、绘图的基础

其实在开始绘制图时，需要补充如下知识点，即：

1. 像素

"像素"(Pixel) 是由 Picture(图像) 和 Element(元素)这两个单词的字母所组成的，是用来计算数码影像的一种单位，如同摄影的相片一样，数码影像也具有连续性的浓淡阶调，若把影像放大数倍，会发现这些连续色调其实是由许多色彩相近的小方点所组成，这些小方点就是构成影像的最小单位"像素"(Pixel)。这种最小的图形单元能在屏幕上显示的通常是单个染色点。像素位越高，其拥有的色板也就越丰富，越能表达颜色的真实感。通俗意义上可以认为计算机屏幕是由成千个微小的点组成，这些点就是屏幕的"像素"，控制这些像素就能控制屏幕所显示的信息，然而，控制这些像素的任务由程序完成。

2. 坐标系

画布的尺寸是用英寸或厘米度量的，而窗体的尺寸是用像素度量的。"坐标"系统决定了每个像素的位置，默认的坐标原点为对象的左上角，横向向右为 X 轴的正向，纵向向下为 Y 轴的正向(见图 9-2-2)。计算机屏幕分辨率决定了屏幕所能显示的像素数量，例如，当屏幕分辨率为 1 024×768 时，屏幕能显示 768×432 个像素，分辨率确定后，每个像素在屏幕上的位置就确定了。

图 9-2-2　坐标系

如果要在距离窗体左边 20 个像素，距离窗体顶部 10 个像素处绘制一个点，则此点的 X 轴和 Y 轴的坐标应表示为(20,10)。如果要定义一个长和宽均为 50 个像素的正方形，并且此正方形的左上角距离窗体左边和顶部均为 10 个像素，则此正方形顶点 X 轴和 Y 轴的坐标应表示为(10,10,60,60)。

3. Paint 事件

在屏幕上进行绘制的操作称为"绘画"。窗体和控件都具有 Paint 事件，当显示窗体或窗体被另一个窗口覆盖时，Paint 事件立即发生，因此，一般用户将用于显示图形的任何代码都放在 Paint 事件处理程序中。

4. 颜色

颜色是"绘画"的重要工具，在 VB. NET 中颜色用 Color 结构和 Color 枚举表示。Color 结构中颜色用 4 个整数值 Red、Green、Blue 和 Alpha 表示。其中 Red、Green、Blue 可简写成 R、G、B，分别表示颜色的色值取值范围，一般为 0～255，其中 0 表示没有该颜色，而 255 则为所指定颜色的完整饱和度；Alpha 为透明参数，取值范围为：0～255，数值越小越透明，0 表示全透明。

使用 Color. FromArgb 方法设置和获取颜色，Color. FromArgb 方法的语法格式为：

```
Color.FromArgb([A,] R,G,B)
```

系统用英文命名了 140 多种颜色，用户可以直接使用，常用的有 Red、Green、Blue、Yellow、Brown、White、Gold、Tomato、Pink、SkyBule 和 Orange 等。使用系统命名颜色的语法为：

Color. 颜色名称

如果需要将 TextBox1 的背景颜色设置成绿色，可以直接使用系统命名颜色，即：

```
Color.Green
```

也可以使用 Color.FromArgb 方法设置，即：

```
Color.FromArgb(0,255,0)
```

三、图形绘制

1. 绘制直线

绘制直线的格式为：

Graphics 对象.DrawLine（pen，point1，point2）

参数 Point1、Point2 表示直线的起点和终点位置。

例 9-2-3：活动二"活动说明"中"曲线图"按钮中绘制直线代码如下：

```
Dim p As New Pen(Color.Blue)                         '构造蓝色画笔
Dim x1, x2, y1, y2, i, j, a, b As Single
a = Label1.Width / 2: b = Label1.Height / 2          '标签的中心点坐标
g.TranslateTransform(a, b)                           '平移坐标系
g.DrawLine(p, -a, 0, a, 0)                           '在画布 g 上画 X 轴
g.DrawLine(p, 0, -b, 0, b)                           '画 Y 轴
……
```

2. 绘制弧线

绘制弧线的格式为：

Graphics 对象.DrawArc(pen，rect，startangle，sweepangle)

参数 pen 为画笔；rect 为 Rectangle 结构，指定圆的外切矩形区域；startangle 和 sweepangle 为弧线起始角度和扫过的角度。X 轴的正向为 0，顺时针方向为正值，逆时针为负值。

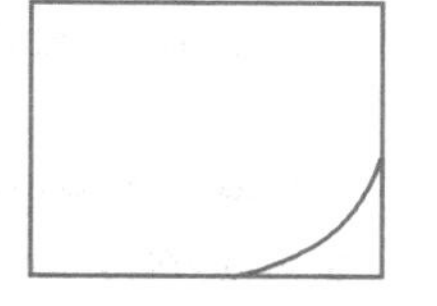

图 9-2-3　弧线

例 9-2-4：绘制红色四角形、用黑色弧线截取部分图的程序代码为(效果如图 9-2-3 所示)：

```
Dim g As Graphics = PictureBox1.CreateGraphics() 'Graphics 对象的作成
g.DrawRectangle(Pens.Red, 10, 20, 100, 80)       '在位置(10, 20)处描绘一个 100×80 的红色四角形
g.DrawArc(Pens.Black, 10, 20, 100, 80, 0, 90)    '使用黑色线截取椭圆一部分描绘，开始角度为 0
                                                 度、Sweep 角度为 90 度)圆弧
g.Dispose()                                      '资源释放
```

3. 绘制扇形

绘制扇形的格式为：

Graphics 对象.DrawPie（pen，rect，startangle，sweepangle）

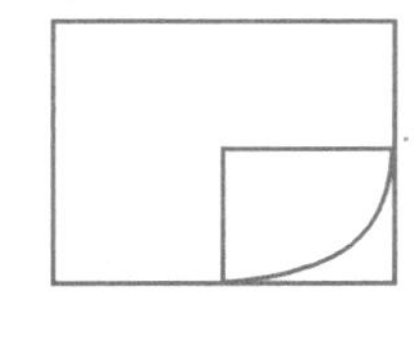

图 9-2-4　四边形

参数 pen 为画笔；rect 为 Rectangle 结构，指定圆的外切矩形区域；startangle 和 sweepangle 为弧线起始角度和扫过的角度。X 轴的正向为 0，顺时针方向为正值，逆时针为负值。

例 9-2-5：绘制红色四角形、用黑色饼图截取的程序代码为(效果如图 9-2-4 所示)：

```
Dim g As Graphics = PictureBox1.CreateGraphics()  'Graphics 对象的作成
g.DrawRectangle(Pens.Red, 10, 20, 100, 80)        '在位置(10, 20)处描绘一个 100x80 的红色四角形
g.DrawPie(Pens.Black, 10, 20, 100, 80, 0, 90)
                  '使用黑色线截取椭圆一部分描绘,开始角度为 0 度、Sweep 角度为 90 度的扇形
g.Dispose()                                       '资源释放
```

4. 填充扇形

填充扇形的格式如下:

Graphics 对象. FillPie (brush, rect, startangle, sweepangle)

参数 brush 为画刷,其他参数与 DrawPie 方法相同。

例 9-2-6:在红色四角形中填充红色饼图区域的程序代码为:

```
Dim redBrush As New SolidBrush(Color.Red)              '构造红色画笔
Dim rect As New Rectangle(0, 0, 200, 100)              '绘制红色四角形
Dim startAngle As Single = 0.0F                        '构造扇形角度
Dim sweepAngle As Single = 45.0F
e.Graphics.FillPie(redBrush, rect, startAngle, sweepAngle)  '在红色四角形中填充红色饼图
```

5. 绘制椭圆

绘制椭圆的格式为:

Graphics 对象. DrawEllipse (pen, rect)

pen 为画笔;参数 rect 为 Rectangle 结构,指定圆的外切矩形区域。

例 9-2-7:绘制一个红色矩形、在矩形中描绘一个黑色的椭圆,程序代码如下(如图 9-2-5):

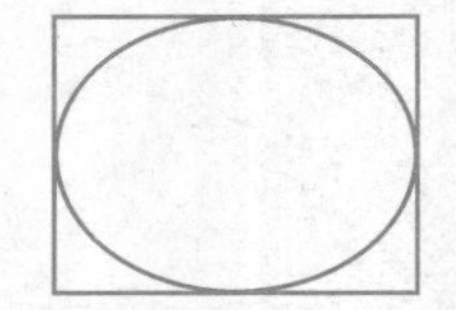
图 9-2-5 四角形

```
Dim g As Graphics = PictureBox1.CreateGraphics()   'Graphics 对象的作成
g.DrawRectangle(Pens.Red, 10, 20, 100, 80)
                         '在位置(10, 20)处描绘一个大小为 100×80 的红色矩形
g.DrawEllipse(Pens.Black, 10, 20, 100, 80)         '在矩形中描绘一个黑色的椭圆
g.Dispose()                                        '资源释放
```

6. 填充椭圆

填充椭圆的格式为:

Graphics 对象. FillEllipse (brush, rect)

参数 brush 为画刷,rect 为 Rectangle 结构,控制椭圆大小并指定绘图区域。

例 9-2-8:在红色矩形中填充红色椭圆区域,程序代码如下:

```
Dim redBrush As New SolidBrush(Color.Red)            '构造红色画笔
Dim x As Single = 0.0
Dim y As Single = 0.0
Dim width As Single = 200.0
Dim height As Single = 100.0
Dim rect As New RectangleF(x, y, width, height)      '绘制红色四角形
e.Graphics.FillEllipse(redBrush, rect)               '在红色四角形中填充红色椭圆形
```

7. 绘制非闭合曲线

DrawCurve 方法可以绘制非闭合曲线，其语法格式为：

Graphics. DrawCurve(Pen, point[], offset, numberofsegments, tension)

其中，point 为点的数组，可以是 point 结构数组或 pointF(浮点)结构数组，这些点定义样条曲线，其中至少包含 4 个点。offset：从 point 参数数组中的 1 个元素到曲线中起始点的偏移量，如果从第 1 个点开始画，则偏移量为 0，如果从第 2 个点开始画，则偏移量为 1，以此类推。Numberofsegments：表示起始点之后所包含的曲线线段段数。tension：表示曲线的张力，值越大，拉紧程度越大，当 tension 为 0 时，用直线连接各点，tension 取值范围为：<=1.0F.

例 9-2-9：在窗体中绘制绿色非闭合曲线。

```
Private Sub Form1_Paint(ByVal sender As Object, _
        ByVal e As System.Windows.Forms.PaintEventArgs) Handles Me.Paint
    Dim gobj As Graphics = Me.CreateGraphics()
    Dim parray As Point() = {New Point(30, 30), New Point(50, 50), New Point(80, 90), _
            New Point(70, 60), New Point(130, 50), New Point(150, 10)}
    gobj.DrawCurve(Pens.Green, parray, 0, 5, 0.8)
End Sub
Private Sub Form1_Paint(ByVal sender As Object, _
        ByVal e As System.Windows.Forms.PaintEventArgs) Handles Me.Paint
    Dim gobj As Graphics = Me.CreateGraphics()
    Dim parray As Point() = {New Point(30, 30), New Point(50, 50), New Point(80, 90), _
            New Point(70, 60), New Point(130, 50), New Point(150, 10)}
    gobj.DrawCurve(Pens.Red, parray, 0, 5, 0.2)
End Sub
```

图 9-2-6　绿色非闭合曲线

8. 绘制贝赛尔曲线

贝赛尔曲线是用数学方法生成非一致曲线，一条贝赛尔曲线有 4 个点，在第 1 个点和第 4

个点之间绘制贝赛尔样条，第 2 个点和第 3 个点是确定曲线形状的控制点。其绘制语法为：

Graphics. DrawBezierCurve(Pen, point1, point2, point3, point4)

其中，point1、point2、point3 和 point4 为点的数组，可以是 point 结构数组或 pointF(浮点)结构数组，分别表示曲线的起始点，第 1 个控制点，第 2 个控制点，结束点。

例 9-2-10：在窗体中绘制绿色贝赛尔曲线。

```
Private Sub Form1_Paint(ByVal sender As Object, _
        ByVal e As System.Windows.Forms.PaintEventArgs) Handles Me.Paint
    Dim gobj As Graphics = Me.CreateGraphics()
    Dim p1 As New Point(30, 30)
    Dim p2 As New Point(50, 50)
    Dim p3 As New Point(80, 90)
    Dim p4 As New Point(150, 30)
    gobj.DrawBezier(Pens.Green, p1, p2, p3, p4)
End Sub
```

图 9-2-7　绿色贝赛尔曲线

9. 绘制闭合曲线

DrawClosedCurve 方法可以绘制空心闭合曲线，其语法格式为：

Graphics. DrawClosedCurve(Pen, point[])

其功能是使用指定的张力绘制由 point 数组定义的闭合基数样条。数组至少有 4 个点。如果最后一个点与第 1 个点不匹配，则在最后一个点和第 1 个点之间添加一条附加曲线线段以使其闭合。

如果要填充闭合曲线，则使用 FillClosedCurve 方法，其语法格式为：

Graphics. FillClosedCurve(Brush, point[])

例 9-2-11：在窗体中绘制空心闭合曲线、填充闭合曲线。

```
    Private Sub Form1_Paint(ByVal sender As Object, ByVal e As System.Windows.Forms.
PaintEventArgs) Handles Me.Paint
        Dim gobj As Graphics = Me.CreateGraphics()
        Dim parray1 As Point() = {New Point(20, 20), New Point(50, 50), New Point(80, 90), _
                New Point(70, 60), New Point(110, 50), New Point(100, 10)}
        Dim parray2 As Point() = {New Point(140, 20), New Point(170, 50), New Point(200,
                90), _
                New Point(190, 60), New Point(230, 50), New Point(220, 10)}
        gobj.DrawClosedCurve(Pens.Tomato, parray1)
        gobj.FillClosedCurve(Brushes.Chartreuse, parray2)
    End Sub
```

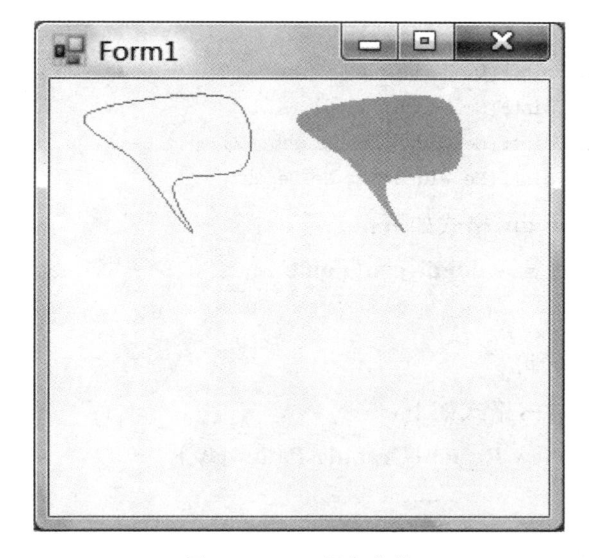

图 9-2-8　闭合曲线

四、非规则窗体

窗体对象的 Region 属性可改变窗体外形。将 Region 属性设置成椭圆或其他形状，就可获得特殊形状窗体的效果。设置 Region = Nothing，可恢复窗体的原始形状。

用窗体的宽与高控制椭圆大小，构造 GraphicsPath 对象 gp，格式如下：

Dim GraphicsPath 对象 As GraphicsPath= New GraphicsPath

其代码为：

```
Dim gp As GraphicsPath = New GraphicsPath
```

再将椭圆轮廓线赋予 gp，格式如下：

GraphicsPath 对象.AddEllipse(New Rectangle(0, 0, Me.Width, Me.Height))

其代码为：

```
gp.AddEllipse(New Rectangle(0, 0, Me.Width, Me.Height))
```

最后设置 Region 属性，格式如下：

Me. Region = New Region(GraphicsPath 对象)

其代码为：

```
Me.Region = New Region(gp)
```

而菱形窗体需要设置菱形 4 个角的坐标点，格式如下：

Dim points(3) As 数组对象

Points(0) = New 数组对象(0, Me. Height / 2)

Points(1) = New 数组对象(Me. Width / 2, 0)

Points(2) = New 数组对象(Me. Width, Me. Height / 2)

Points(3) = New 数组对象(Me. Width / 2, Me. Height)

其代码为：

```
Dim points(3) As PointF                                    '声明 PointF 数组对象
Points(0) = New PointF(0, Me.Height / 2)
Points(1) = New PointF(Me.Width / 2, 0)
Points(2) = New PointF(Me.Width, Me.Height / 2)
Points(3) = New PointF(Me.Width / 2, Me.Height)
```

再将菱形轮廓线赋予 gp，格式如下：

GraphicsPath 对象. AddPolygon(Points)

其代码为：

```
gp.AddPolygon(Points)
```

最后设置 Region 属性，格式如下：

Me. Region = New Region(GraphicsPath 对象)

其代码为：

```
Me.Region = New Region(gp)
```

窗体对象的 Opacity 属性能改变窗体的透明度，其格式为：

Me. Opacity =值

其中：Opacity 属性值为 1，窗体不透明，Opacity 属性值为 0，窗体完全透明，在时钟控件的 Tick 事件中改变 Opacity 属性值，可实现窗体的淡入淡出效果。

编程实现

一、界面设计

设计一个(843×405)窗体 1，将光标定位在(26,23)处，插入一个图片框(302×235)，将光标定位在(63,309)处，插入 4 个按钮，并按图 9-2-1 所示修改按钮的 Text 属性，即：Button1 的 Text 属性为饼图，Button2 的 Text 属性为直方图，Button3 的 Text 属性为曲线图，Button4 的 Text 属性为特殊形状。将光标定位在(384,44)处，插入一个标签(347×240)。

设计一个(782×557)窗体 2，设置 Backgroundimage 属性为天天. jpg，设置 BorderStyle 属性为 NO，设置 ContextMenuStrip 属性为 ContextMenuStrip1；添加 ContextMenuStrip 控件，

控件包含的项为：椭圆、扇形、环形、恢复矩形、退出。

二、事件过程代码

1. 在窗体初始化处代码

```
Imports System.IO
Imports System.Drawing
Imports System.Drawing.Drawing2D
Imports System.Math
Public Class Form1
    Dim x(3, 2) As String, sum As Single
    Dim p As New System.Drawing.Pen(Color.Black, 2)
    Dim br(3) As HatchBrush
    ……(其他事件过程代码)
End Class
```

2. 单击“饼图”按钮的事件过程代码

```
Private Sub Button1_Click(ByVal sender As System.Object, ByVal e As System.EventArgs) _
        Handles Button1.Click
    Dim g As Graphics = PictureBox1.CreateGraphics
    PictureBox1.CreateGraphics.Clear(Color.White)
    Dim i As Integer, a, w, h As Single, s(3) As String
    br(1) = New HatchBrush(HatchStyle.DiagonalBrick, Color.Blue, Color.White)
    br(2) = New HatchBrush(HatchStyle.Plaid, Color.Black, Color.White)
    br(3) = New HatchBrush(HatchStyle.LargeCheckerBoard, Color.Purple, Color.White)
    w = PictureBox1.Size.Width - 20                    '定义 PictureBox1 的宽度
    h = PictureBox1.Size.Height - 20                   '定义 PictureBox1 的高度
    FileOpen(1, "..\data.txt", OpenMode.Input)         '使用 FileStream 对象读入图形文件
    Do While Not EOF(1)
        Input(1, x(i, 1)): x(i, 1) &= "  "
        Input(1, x(i, 2))
        sum = sum + x(i, 2)
        i = i + 1
    Loop
    FileClose(1)
    Dim rect1 As New Rectangle(10, 10, w, h)
    i = 1: a = 0
    For i = 1 To 3
        s(i) = x(i, 2) * 360 / sum
        g.FillPie(br(i), rect1, a, s(i))               '填满
        a = a + s(i)
    Next
End Sub
```

3. 单击“直方图”按钮的事件过程代码

```
Private Sub Button2_Click(ByVal sender As System.Object, ByVal e As System.EventArgs) _
        Handles Button2.Click
    Dim g As Graphics = PictureBox1.CreateGraphics
    PictureBox1.CreateGraphics.Clear(Color.White)
    Dim bl, i As Integer, a As String, m, h, x1, y As Single
```

```
        h = PictureBox1.Height()
        g.TranslateTransform(10, h - 20)
        g.DrawLine(p, 0, 0, PictureBox1.Width - 30, 0)
        g.DrawLine(p, 0, 0, 0, 30 - PictureBox1.Height)
        FileOpen(1, "..\data.txt", OpenMode.Input)  '使用 FileStream 对象读入图形文件
        Do While Not EOF(1)
            Input(1, x(i, 1)): x(i, 1) &= "  "
            Input(1, x(i, 2))
            sum = sum + x(i, 2)
            i = i + 1
        Loop
        FileClose(1)
        m = Val(x(1, 2))
        For i = 2 To 3
            If Val(x(i, 2)) > m Then m = Val(x(i, 2))
        Next
        bl = Int((h - 30) / m)
        Dim sb As New SolidBrush(Color.Blue)
        a = ""
        For i = 1 To 3
            x1 = (2 * i - 1) * 25
            y = -Val(x(i, 2)) * bl                     '第一位候选人直条图左上垂直坐标位置
            g.FillRectangle(sb, x1, y, 25, -y)         '绘第一位候选人得票率的填满长条图
            a = a & x(i, 1)
        Next
        g.DrawString(a, New Font("宋体", 7), sb, 8, 1)
    End Sub
```

4. 单击“曲线图”按钮的事件过程代码

```
    Private Sub Button3_Click(ByVal sender As System.Object, ByVal e As System.EventArgs) _
            Handles Button3.Click
        Dim g As Graphics                                   '声明 Graphics 对象
        g = Label1.CreateGraphics                           '构造 Graphics 类的实例
        Dim p As New Pen(Color.Blue)                        '构造蓝色画笔
        Dim f As New Font("宋体", 10, FontStyle.Bold)       '构造字体对象
        Dim sb As New SolidBrush(Color.Black)               '构造黑色画刷
        Dim x1, x2, y1, y2, i, j, a, b As Single
        a = Label1.Width / 2: b = Label1.Height / 2         '标签的中心点坐标
        g.TranslateTransform(a, b)                          '平移坐标系
        g.DrawLine(p, -a, 0, a, 0)                          '在画布 g 上画 X 轴
        g.DrawLine(p, 0, -b, 0, b)                          '画 Y 轴
        For i = -4 To 4                                     '将 Sin 曲线放大倍进行绘制
            j = 40 * i
            g.DrawLine(p, j, 0, j, -10)                     '从当前点画到下一点
            g.DrawString(i, f, sb, j - 4, 5)                '输出文字
```

```
        Next
        For i = -3.14159 To 3.14159 Step 0.05          '将 Sin 曲线放大倍进行绘制
            x1 = i * 40                                 '设置前一点坐标
            y1 = -Sin(i) * 40                           '产生 Y 轴正向向上的效果
            x2 = (i + 0.05) * 40                        '设置下一点坐标
            y2 = -Sin(i + 0.05) * 40
            g.DrawLine(p, x1, y1, x2, y2)               '从当前点画到下一点
            'g.DrawLine(p, x1, y1, x1, 100)             '画垂直填充线
        Next i
        g.DrawString("Y=Sin(x)", f, sb, 10, 10 - b)    '输出文字
        f.Dispose(): sb.Dispose()                       '释放绘图对象
        p.Dispose(): g.Dispose()
    End Sub
```

5. 单击“特殊图形”按钮的事件过程代码

```
Private Sub Button4_Click(ByVal sender As System.Object, ByVal e As System.EventArgs) _
        Handles Button4.Click
    Dim frm2 As New Form2
    frm2.Show()
End Sub
```

6. 在 Form2 中单击快捷菜单中的“椭圆”菜单项的事件过程代码

```
Imports System.Drawing.Drawing2D
Public Class Form2
    Private Sub 椭圆 ToolStripMenuItem_Click(ByVal sender As System.Object, _
            ByVal e As System.EventArgs) Handles 椭圆 ToolStripMenuItem.Click
        Dim p As GraphicsPath = New GraphicsPath()
        Dim Width As Integer = Me.ClientSize.Width
        Dim Height As Integer = Me.ClientSize.Height
        p.AddEllipse(0, 20, Width - 50, Height - 100)
        '根据要绘制椭圆的形状来填写 AddEllipse 方法中椭圆对应的相应参数
        Me.Region = New Region(p)
    End Sub
    ……(其他事件过程代码)
End Class
```

7. 在 Form2 中单击快捷菜单中的“扇形”菜单项的事件过程代码

```
    Private Sub 扇形 ToolStripMenuItem_Click(ByVal sender As System.Object, _
            ByVal e As System.EventArgs) Handles 扇形 ToolStripMenuItem.Click
        Dim p As GraphicsPath = New GraphicsPath()
        Dim Width As Integer = Me.ClientSize.Width
        Dim Height As Integer = Me.ClientSize.Height
        p.AddPie(10, 10, 250, 250, 5, 150)
        '根据要绘制椭圆的形状来填写 AddEllipse 方法中椭圆对应的相应参数
        Me.Region = New Region(p)
    End Sub
```

8. 在 Form2 中单击快捷菜单中的“环形”菜单项的事件过程代码

```
Private Sub 环形 ToolStripMenuItem_Click(ByVal sender As System.Object, _
        ByVal e As System.EventArgs) Handles 环形 ToolStripMenuItem.Click
    Dim p As GraphicsPath = New GraphicsPath()
    Dim Height As Integer = Me.ClientSize.Height
    Dim width As Integer = 100
    p.AddEllipse(0, 0, Height, Height)
    p.AddEllipse(width, width, Height - (width * 2), Height - (width * 2))
    '根据环形的形状来分别填写 AddEllipse 方法中相应的参数
  Me.Region = New Region(p)
End Sub
```

9. 在 Form2 中单击快捷菜单中的“恢复矩形”菜单项的事件过程代码

```
Private Sub 恢复矩形 ToolStripMenuItem_Click(ByVal sender As System.Object, _
        ByVal e As System.EventArgs) Handles 恢复矩形 ToolStripMenuItem.Click
    Dim p As GraphicsPath = New GraphicsPath()
    Dim Width As Integer = Me.ClientSize.Width
    Dim Height As Integer = Me.ClientSize.Height
    p.AddRectangle(New Rectangle(0, 0, Me.Width, Me.Height))
    '根据要绘制椭圆的形状来填写 AddEllipse 方法中椭圆对应的相应参数
    Me.Region = New Region(p)
End Sub
```

10. 在 Form2 中单击快捷菜单中的“退出”菜单项的事件过程代码

```
Private Sub 退出 ToolStripMenuItem_Click(ByVal sender As System.Object, _
        ByVal e As System.EventArgs) Handles 退出 ToolStripMenuItem.Click
  Close()
End Sub
```

实践活动

1. 模拟电子丝巾设计，即在窗体用画刷 Brush 设计几种图案，通过按钮选择显示不同图案的电子丝巾，其效果参见图 9-2-9(可以自行设计不规则的电子丝巾)。

2. 利用画笔工具绘制图 9-2-10 所示的图形(可以自行设计类似图形)。

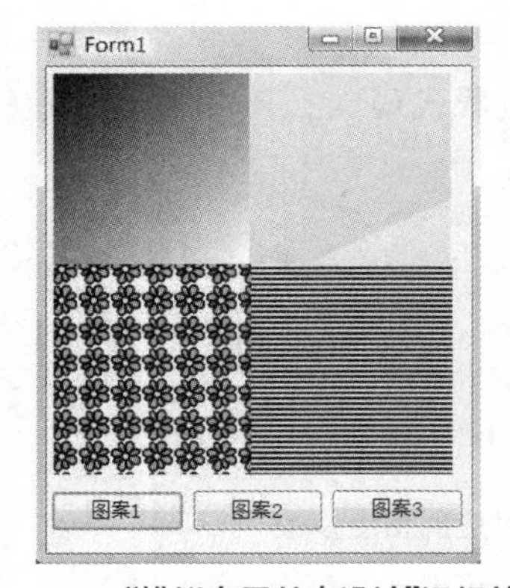

图 9-2-9 “模拟电子丝巾设计”运行效果图

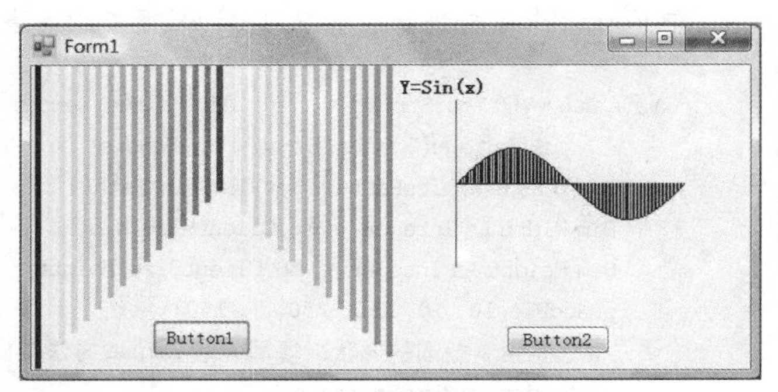

图 9-2-10 实践活动运行效果图

活动三　模拟交通管理系统

活动说明

编制一个程序，其功能是模拟交通管理系统，在窗体1设置一个十字路口的背景图片，利用图片框控件在窗体中添加交通灯，利用定时器控件控制交通灯的变化，从而实现模拟交通管理功能，其运行效果见图9－3－1。

图9－3－1　“模拟交通管理”运行效果图

活动分析

本活动的难点是正确应用定时器控件制作位置不动、形态变化的动画；利用3个图片框控件分别存放交通灯的3种形态图，第4个图片框控件在定时器的控制下存入当前状态的图，同时将其余3个图片框控件设置成不可见，整个窗体可见的是第4个图片框中的图，而该图由定时器的控制其变化，即：红灯亮、黄灯亮、绿灯亮；通过这一活动使读者熟悉位置不动、形态变化的动画制作方法。

学习支持

一、动画技术的相关概念

将屏幕上显示的画面或者画面的一部分，能按照一定的规则或要求在屏幕上移动的技术，称为动画技术。在屏幕上实现动画有三种方式：

（1）位置不动，形态变化。

(2) 形态不变,位置变化。

(3) 位置和形态均变化。

动画制作有许多方法，此活动中所介绍的是：把一系列动作连续的图像保存在多个图片框中来实现图像的快速变换。

二、形态变化的动画制作方法

形态变化的动画制作方法为：

(1) 将一系列动作连续的图像分别存入不同的图片框,其 Visible 属性设置成 False(不可见);

(2) 设置一个图片框,其 Image 属性为空,其 Visible 属性设置成 True(可见);

(3) 用按钮或定时器控制,将不可见图片框中的图片按一定顺序放入可见图片框中。

三、位置变化的动画制作方法

位置变化的动画制作方法为：

(1) 将图像放入一个图片框中;

(2) 将定时器控件(Timer)加入到项目中;

(3) 编程实现在窗体的范围内移动图片框。

四、位置和形态均变化的动画制作方法

位置和形态均变化的动画制作方法为：

(1) 将一系列动作连续的图像分别存入不同的图片框,其 Visible 属性设置成 False(不可见);

(2) 设置一个图片框,其 Image 属性为空,其可视属性设置成 True(可见);

(3) 将定时器控件(Timer)加入到项目中,将不可见图片框中的图片按一定顺序放入可见图片框中;

(4) 编程实现在窗体的范围内移动可见图片框。

编程实现

一、界面设计

设计一个(809×660)窗体 1,设置窗体背景图为路边.jpg;将光标定位在(27,40)处插入一个图片框(78×145),图片框的 Image 属性为图片文件 d1.jpg;光标定位在(232,40)处,插入一个图片框(78×145),图片框的 Image 属性为图片文件 d2.jpg;光标定位在(436,40)处,插入一个图片框(78×145),图片框的 Image 属性为图片文件 d3.jpg;光标定位在(621,254)处,插入一个图片框(25×39),图片框的 Image 属性为空。上述 4 个图片框的 SizeMode 属性为 AutoSize;添加一个定时器控件。

二、事件过程代码

定时器控件控制交通灯变化的代码：

```
Private Sub Timer1_Tick(ByVal sender As Object, ByVal e As System.EventArgs) _
        Handles Timer1.Tick
    Static i As Integer
    i = (i + 1) Mod 3
    If i = 0 Then
        '显示红灯,设置时间延迟
        Timer1.Interval = 2 * 1000
        PictureBox5.Image = PictureBox1.Image
    ElseIf i = 1 Then
        '显示黄灯,设置时间延迟
        Timer1.Interval = 1 * 1000
        PictureBox5.Image = PictureBox2.Image
    Else
        '显示绿灯,设置时间延迟
        Timer1.Interval = 4 * 1000
        PictureBox5.Image = PictureBox3.Image
    End If
End Sub
```

实践活动

1. 设计一个模拟电视机,自动实现电视节目的切换(请自行添加控制按钮),其效果见图 9-3-2。

图 9-3-2　"模拟电视机"运行效果图

2. 设计一个在路上行驶的动态效果，制作形态不变位置变化的动画，其效果见图 9－3－3。

图 9－3－3 实践活动 2 运行效果图

项目十　数据管理

面向数据库编程始终是程序设计的一个难点和重点，对于大量的数据，选择使用数据库来存储管理明显优于文件存储管理。VB. NET程序设计语言自身是不具备对数据库进行操作的功能，它对数据库的处理是通过.Net环境中面向数据库编程的类库和微软的MDAC(Microsoft Data Access Components)来实现的。

以一定的方式组织并存储的相互关联的数据的集合称为数据库(DataBase，简称DB)。对数据库的管理是由数据管理系统(DataBase Management Systme，DBMS)来实现，它是用户与数据库之间的接口，它提供了对数据库使用和处理的基本操作。

本项目主要介绍用VB. NET进行数据库的基础编程技术，即用VB. NET实现对数据的浏览、添加记录、插入记录、删除记录、更改记录。VB. NET可以处理许多外部数据库(由其他数据库软件建立的数据库)，如Access、FoxPro、Dbase、Excel、SQL Server、Oracle等数据库。本项目处理的数据库是Access数据库。

活动一　名片浏览

活动说明

现有个人的名片数据库cards. mdb，其中有数据表friends，该数据表是用于记录联系人信息的，数据表的信息为：编号、姓名、公司、职务、公司地址、电话、手机、E-mail，要求在VB. NET环境下能按图10－1－1所示的窗体显示格式来浏览信

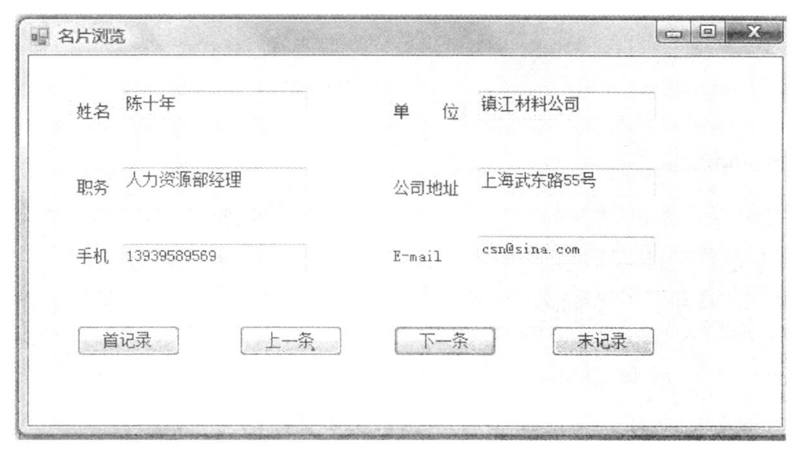

图10－1－1　信息浏览界面

息。通过命令按钮实现记录的向前、向后移动，此处文本框只用于浏览数据，不允许修改数据。

图 10－1－2 所示的则是根据职务浏览信息，即：通过 DataGridView 控件显示具有指定职务的人员信息。若不指定"职务"，则显示数据表中所有人员信息。

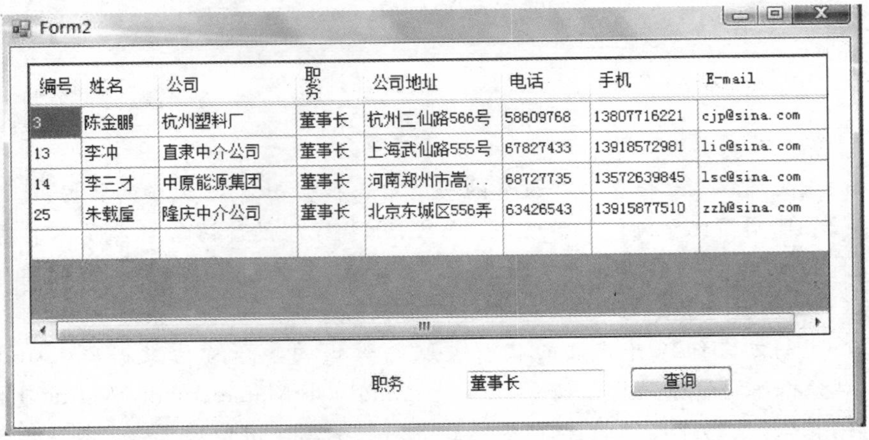

Form2

编号	姓名	公司	职务	公司地址	电话	手机	E-mail
3	陈金鹏	杭州塑料厂	董事长	杭州三仙路566号	58609768	13807716221	cjp@sina.com
13	李冲	直隶中介公司	董事长	上海武仙路555号	67827433	13918572981	lic@sina.com
14	李三才	中原能源集团	董事长	河南郑州市嵩...	68727735	13572639845	lsc@sina.com
25	朱载垕	隆庆中介公司	董事长	北京东城区556弄	63426543	13915877510	zzh@sina.com

职务　董事长　查询

图 10－1－2　朋友信息查询界面

活动分析

在 VB.NET 中，数据控件本身不能直接显示数据库记录集中的数据，而必须通过能与数据控件绑定的控件来实现。首先由 BindingSource 数据控件指定数据源，再将各个文本框和 DataGridView 控件都绑定到数据控件 BindingSource1 上，运行时各个绑定控件就能够及时显示数据库的记录。最后在窗体上增加 4 个命令按钮，通过对 4 个命令按钮的编程实现记录的浏览。通过 SQL 语句改变数据控件 BindingSource1 的 FriendsBindingSource 的值，使 DataGridView 控件显示相应的查询结果。

在设计时或运行时设置数据绑定控件的 DataBindings 属性，使数据绑定控件能够显示数据库记录集中的数据，从而达到显示数据库中的记录之目标。

学习支持

一、数据库的基本概念

按数据的组织方式不同，数据库可分为三种类型：网状数据库、层次数据库和关系数据库。其中，关系数据库是目前应用最多的数据库。

在关系数据库中，将数据存储在一些二维表中，然后可以通过建立各个表之间的关系来定义数据库的结构。

1. 表

将相关的数据按行和列的形式组织成的二维表格即为表。如表 10－1－1 所示就是一个用于描述"学生"这一实体的若干信息的表。

表 10-1-1　学生信息表

班　级	学　号	姓　名	性　别	出生日期	家庭住址
J200000101	20000101001	张少华	男	1982/5/2	中山南二路 900 号
J200000102	20000101002	李海涛	男	1982/6/7	黄山路 123 号
J200000201	20000201001	王　莹	女	1982/8/30	广西路 59 号
J200000202	20000202001	赵文文	女	1981/11/2	凤阳路 145 号
J200000301	20000301001	曹　磊	男	1981/10/29	四川路 555 号
J200000302	20000301002	林　玲	女	1982/5/30	山东路 1000 号
J200000401	20000401001	金　子	女	1982/6/6	新华南路 333 号
J200000401	20000401002	谭国庆	男	1981/12/20	江苏北路 444 号
J200000402	20000402001	成铭和	男	1982/10/28	宁夏路 788 号
S200000501	20000501001	庄小丽	女	1982/8/10	黄河路 111 号
J200000502	20000501002	陆国华	男	1982/2/13	高科路 458 号
X200000701	20000701001	沈　荣	男	1981/11/23	北城路 500 号
X200000701	20000701002	顾佳佳	女	1982/4/26	河南中路 410 号
X200000601	X0000601001	马黎丽	女	1982/5/6	天山路 999 号
X200000601	X0000601002	朱晓菲	女	1982/8/18	华山路 123 号

表 10-1-2　专业表

专业代码	系部代码	专业名称
001	001	电子工程
002	001	微电子学
003	002	英语
004	002	德语
005	002	法语
006	003	广播电视学
007	003	广告学

表 10-1-3　系部表

系部代码	系部名称
001	信息科学与工程系
002	外文系
003	新闻系

一个数据库中可以有一个或多个表，各表之间存在着某种关系。如“专业”表与“系部”表可以通过“系部代码”建立每个专业与各个系部之间的对应关系，见表 10-1-2 与表 10-1-3。数据库也有自己的名称，如可以将包含以上三个表的数据库称为“学生信息管理”数据库。

2. 表的结构

每个表由多行和多列组成，表中的每一行称为记录，如“专业”表中的每个专业的信息就是一个记录，同一个表中不应有相同的记录。表中的每一列称为一个字段，每个字段有一个字段名，如“专业”表中共有 3 列，即 3 个字段，字段名依次是：专业代码、系部代码、专业名称。每个字段具有相同的数据类型，记录中的某字段值称为数据项。在一个表中，记录的顺序和字段顺序不影响表中的数据信息。

字段名称、字段类型、字段长度等要素构成了表的结构。表 10-1-4 描述了“学生信息管理”数据库中各表的结构。

表 10-1-4 “学生信息管理”数据库中各表的结构

表　名	字段名	字段类型	字段长度
学生信息	专业代码	文本	4
	班级	文本	30
	学号	文本	12
	姓名	文本	10
	性别	文本	2
	出生日期	日期/时间	默认
	家庭住址	文本	50
系部	系部代码	文本	4
	系部名称	文本	20
专业	专业代码	文本	4
	系部代码	文本	4
	专业名称	文本	30

3. 表中的关键字

如果表中的某个字段或多个字段组合能唯一地确定一个记录，则称该字段或多个字段组合为候选关键字。如“学生信息”表中的“学号”可以作为候选关键字，因为对于每个学生来说，学号是唯一的。一个数据表中可以有多个候选关键字，但只能确定一个候选关键字作为主关键字。主关键字必须具有一个唯一的值，且不能为空值。

4. 表间的关联

表与表之间的关系是按照某一个公共字段来建立的，一个表中记录与另一个表中记录之间的关系，如“学生信息”表与“专业”表之间可以通过“专业代码”这个公共字段建立关系。表间的关系分为一对一、一对多(多对一)、多对多关系。常用的是一对多(或多对一)关系，例如，对于“专业”表中的每一个专业代码，在“学生信息”表中有多条记录与之对应，因为相同的专业代码下有多个学生。

5. 外关键字(Foreign Key)

如果公共关键字在一个关系中是主关键字，那么这个公共关键字被称为另一个关系的外关键字。由此可见，外关键字表示了两个关系之间的联系。以另一个关系的外关键字做主关键字的表被称为主表，具有此外关键字的表被称为主表的从表。外关键字又称作外键。在“专业”表中，“专业代码”是主键，在“学生信息”表中也有“专业代码”字段，因此“专业表”是主表，“学生信息表”是从表，字段“专业代码”就是主表的外键。

6. 索引

索引提供了一个针对表中特定列的数据指针，以特定的顺序记录在一个索引文件上。查找数据时，数据库管理系统先从索引文件上找到信息的位置，再根据指针从表中读取数据。

每个索引都必须有一个名称，且由一个索引表达式来确定索引的顺序，索引表达式既可以是一个字段，也可以是多个字段的组合。在一个表中可以建立多个索引，但只能有一个主索引，主索引的索引字段在整个表中不允许出现重复。例如，要按学生的学号快速检索，就要在“学生信息表”中以“学号”为索引字段建立一个索引，并为其取个名字。

只有当所有的字段中的数据经常被查询时，才需要对表创建索引。索引将占用磁盘空间，并降低添加、删除和更新记录的速度。

二、数据源控件(BindingSource)

1. 数据源控件的主要功能

数据源控件的主要功能就是连接到数据源，建立和执行针对这些数据源的命令以及将这些命令的结果检索和绑定到页上的元素。另外，数据源控件还对用户当前正在操作的记录进行跟踪。数据源控件是一个 ActiveX ® 控件，在运行时没有任何可见的界面。

用户可以直接在控件工具箱的数据标签中找到数据控件 BindingSource( )，它是 VB.NET 内部控件之一，它可以通过数据库引擎 Microsoft Jet 访问 Access、Foxpro 等数据库，还可以访问 ODBC 数据源。BindingSource 控件充当数据绑定控件和数据源之间的中介，它提供了一个通用接口，其中包含控件绑定到数据源时所需的所有功能。使用向导将控件绑定到数据源时，实际上创建并配置了一个 BindingSource 控件实例，并绑定到该实例。利用此控件和少量的代码就能实现对数据库的数据进行查询、添加、删除、更新等一系列基本操作，其原理如图 10 - 1 - 3 所示。

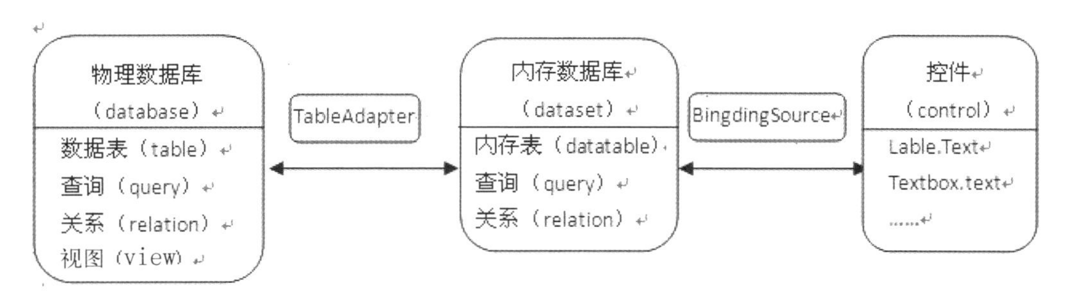

图 10 - 1 - 3 BindingSource 与数据库的连接原理图

2. 数据源控件的主要属性、事件和方法

如果创建了一个新的 Windows 窗体程序，并在主窗口 Form1 中添加了一个 BindingSource 控件，首先必须配置 BindingSource 实例，即设置其 DataSource 属性。DataSource 可以是数据源中的任何一种，包括自己创建的数据源，但通常由类型化的数据集作为数据源。这是由于使用属性窗口就能绑定项目中的类型化数据集了。BindingSource 控件中常用的属性、事件、方法参见表 10-1-5、表 10-1-6 和表 10-1-7 所示。

表 10-1-5　BindingSource 控件常用属性列表

属　性	说　明
AllowEdit	指示是否可以编辑 BindingSource 控件中的记录。
AllowNew	指示是否可以使用 AddNew 方法向 BindingSource 控件添加记录。
AllowRemove	指示是否可从 BindingSource 控件中删除记录。
Count	获取 BindingSource 控件中的记录数。
CurrencyManager	获取与 BindingSource 控件关联的当前记录管理器。
Current	获取 BindingSource 控件中的当前记录。
DataMember	获取或设置连接器当前绑定到的数据源中的特定数据列表或数据库表。
DataSource	获取或设置连接器绑定到的数据源。
Filter	获取或设置用于筛选的表达式。
Item	获取或设置指定索引的记录。
Sort	获取或设置用于排序的列名来指定排序。

表 10-1-6　BindingSource 控件常用事件列表

名　称	说　明
AddingNew	在将项添加到基础列表之前发生。
CurrentChanged	在当前绑定项更改时发生。
CurrentItemChanged	在 Current 属性值更改后发生。
DataMemberChanged	在 DataMember 属性值更改后发生。
DataSourceChanged	在 DataSource 属性值更改后发生。
ListChanged	当基础列表更改或列表中的项更改时发生。
PositionChanged	在 Position 属性的值更改后发生。

表 10-1-7　BindingSource 控件常用方法列表

名　称	说　明
Add	将现有项添加到内部列表中。
AddNew	向基础列表添加新项。
CancelEdit	取消当前编辑操作。
Clear	从列表中移除所有元素。
EndEdit	将挂起的更改应用于基础数据源。
Insert	将一项插入列表中指定的索引处。

续　表

名　　称	说　　　明
MoveFirst	移至列表中的第一项。
MoveLast	移至列表中的最后一项。
MoveNext	移至列表中的下一项。
MovePrevious	移至列表中的上一项。
Remove	从列表中移除指定的项。
RemoveAt	移除此列表中指定索引处的项。
RemoveCurrent	从列表中移除当前项。

三、数据绑定控件(DataGridView)

利用数据源控件可以实现对数据库的访问,然而数据源控件本身并不能直接显示记录集中的数据,必须通过与它绑定的控件来实现。

在 VB. NET 中,可以和数据源控件绑定的有文本框、标签、列表框、组合框等内部控件。利用标准数据绑定控件显示记录集信息,一般通过设置绑定控件 DataSource 属性来实现绑定,并通过窗体上的 DataGridView1 的任务窗口设置其显示的数据列,如图 10 - 1 - 4 所示。

图 10 - 1 - 4　DataGridView 数据绑定的设置

或用以下代码实现,即:

```
Dim ds As DataSet = GetDataSet()
```

```
DataGridView1.DataSource = ds.Tables("Customers")
```

DataGridView 一次只能显示一个表。如果绑定整个 DataSet，则不会显示任何数据，除非为用于显示的表名设置了 DataMember 属性。

DataGridView 显示遵循以下几项简单的规则：

- 为数据源中的每个字段创建一列。
- 使用字段名称创建列标题。列标题是固定的，这意味着用户在列表中向下移动时列标题不会滚动出视图。
- 支持 Windows XP 视觉样式。列标题具有新式的平面外观，并且当用户将鼠标移到其上时会突出显示。

DataGridView 还包括几个默认行为：

- 允许就地编辑。用户可以在单元格中双击或按 F2 来修改当前值。唯一的例外是将 DataColumn. ReadOnly 设置为 True 的字段。
- 支持自动排序。用户可以在列标题中单击一次或两次，基于该字段中的值按升序或降序对值进行排序。默认情况下，排序时会考虑数据类型的。
- 按字母或数字顺序进行排序。字母顺序区分大小写。
- 允许不同类型的选择。用户可以通过单击并拖动来突出显示一个单元格、多个单元格或多个行。单击 DataGridView 左上角的方块可以选择整个表。
- 支持自动调整大小功能。用户可以在标题之间的列分隔符上双击，使左边的列自动按照单元格的内容展开或收缩。

编程实现

一、界面设计

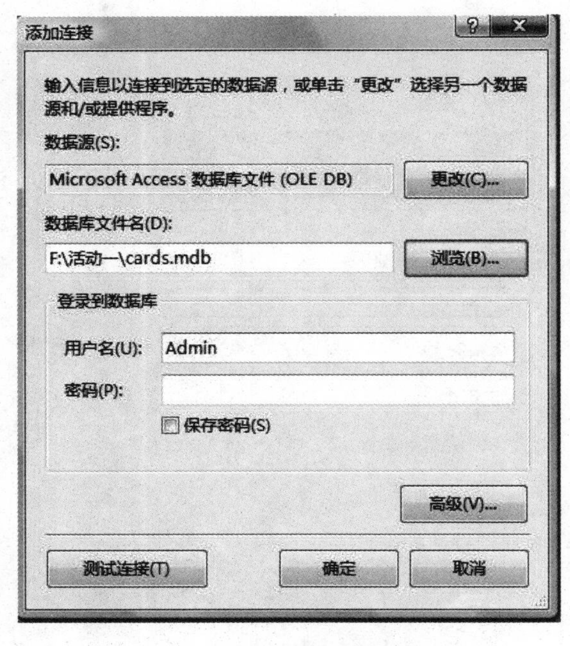

图 10-1-5 建立数据库的连接界面

设计界面分别如图 10-1-1、图10-1-2 所示，添加各个控件，并按照下面进行属性设置。

1. 在 BindingSource1 控件属性中：将 DataSource 属性中选择“添加数据源”，然后选择“数据库”，单击“下一步”，选择“新建连接”，如图 10-1-5 所示。将数据库设置为 cards. mdb。

2. 将 6 个文本框的 DataBindings 属性中的 Text 设置为 FriendsBindingSource 中相应的字段名。ReadOnly 属性设置为 True。

3. 在 DataGridView 控件属性中：将 Datasource 设置为 FriendsBindingSource。将 RowHeadersVisible 设置为 False，表示不显示左侧的行标题列。

4. 其他控件的属性均按图示设置。

二、事件过程代码

1. “首记录”按钮程序代码

```
Private Sub Button1_Click(ByVal sender As System.Object, ByVal e As System.EventArgs)_
            Handles Button1.Click
  '首记录
  FriendsBindingSource.MoveFirst()
End Sub
```

2. “上一条”按钮程序代码

```
Private Sub Button2_Click(ByVal sender As System.Object, ByVal e As System.EventArgs)_
            Handles Button2.Click
    '上一条,向上移动记录指针
    FriendsBindingSource.MovePrevious()
End Sub
```

3. “下一条”按钮程序代码

```
Private Sub Button3_Click(ByVal sender As System.Object, ByVal e As System.EventArgs)_
            Handles Button3.Click
    ' 下一条,向下移动记录指针
    FriendsBindingSource.MoveNext()
End Sub
```

4. “末记录”按钮程序代码

```
Private Sub Button4_Click(ByVal sender As System.Object, ByVal e As System.EventArgs)_
            Handles Button4.Click
    '末记录
    FriendsBindingSource.MoveLast()
End Sub
```

5. “查询”按钮程序代码

```
Private Sub Button1_Click(ByVal sender As System.Object, ByVal e As System.EventArgs)_
            Handles Button1.Click
        Dim strsql
        objConn.Open()
        objDSet.Clear()                          '清除原数据集记录
        If Trim(TextBox1.Text) = " " Then
            strsql = " select * from friends "
        Else
            strsql = " select * from friends where 职务 =' " & TextBox1.Text & " ' "
        End If

        Dim objAdap As New OleDbDataAdapter(strsql, objConn)
        objConn.Close()
        objAdap.Fill(objDSet, " friends ")
        DataGridView1.DataSource = objDSet.Tables(" friends ")
End Sub
```

拓展：用 DataGridView 属性窗口上的“编辑列”、“添加列”，对显示的记录信息进行设置。

实践活动

要求在本项目活动一的基础上增加 4 个按钮：新增、删除、修改和放弃，如图 10－1－6 所示，通过对 4 个按钮的编程建立增、删、改的功能。根据按钮提示文字调用 AddNew 方法或 Update 方法，当按钮提示为“新增”时调用 AddNew 方法，并将按钮提示文字改为“确认”，同时使“删除”按钮和“修改”按钮不可用，而使“放弃”按钮可用。当新增加记录后需再次单击“确认”按钮，调用 Update 方法添加记录，并将按钮提示文字改为“新增”，使“删除”按钮和“修改”按钮可用，而使“放弃”按钮不可用。

其他按钮的操作类似“新增”按钮。

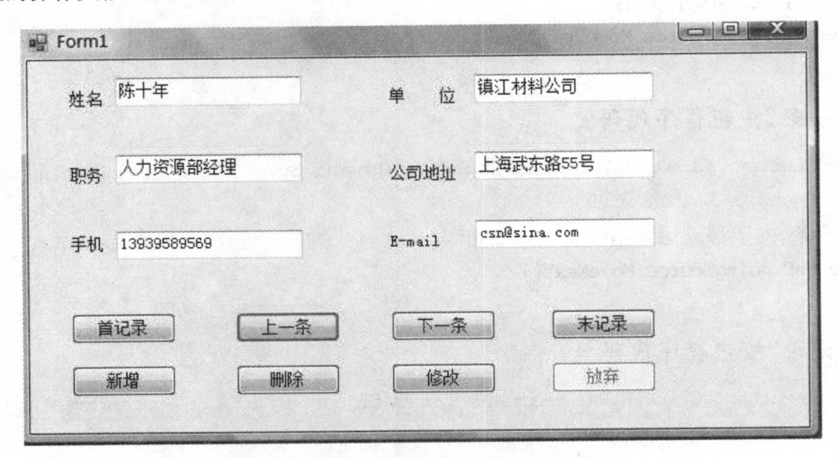

图 10－1－6　实践活动程序运行界面

活动二　学生信息管理系统

活动说明

一个简单的学生信息管理系统，运行时　　界面及其他各界面如图 10－2－1 至图

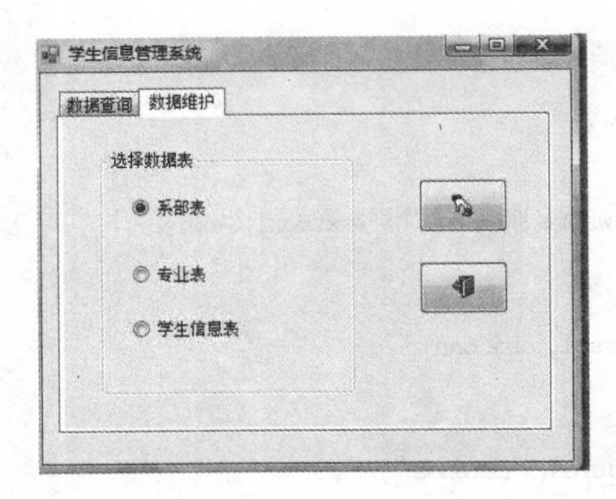

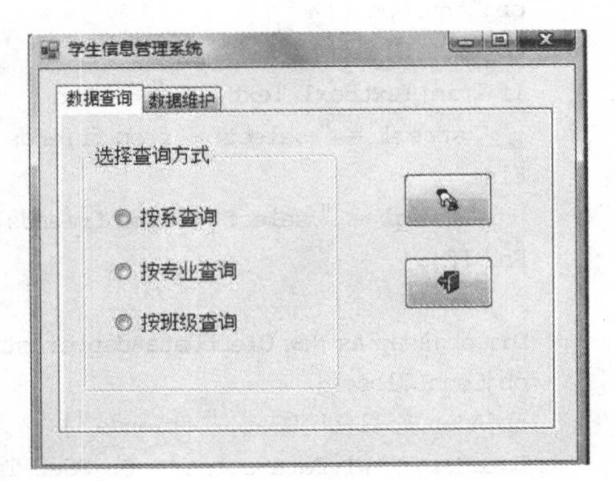

图 10－2－1　“选项卡”界面

10－2－6所示，主界面包含两个选项卡，分别为“数据查询”：用于按指定方式查询相应的信息；“数据维护”：用于指定的数据表进行浏览、添加、删除和更新操作。

图 10－2－2　查询条件输入框

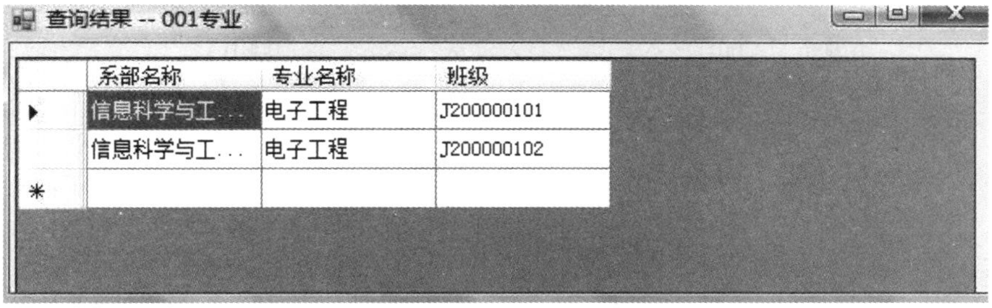

查询结果 -- 001专业

	系部名称	专业名称	班级
▶	信息科学与工...	电子工程	J200000101
	信息科学与工...	电子工程	J200000102
*			

图 10－2－3　查询结构

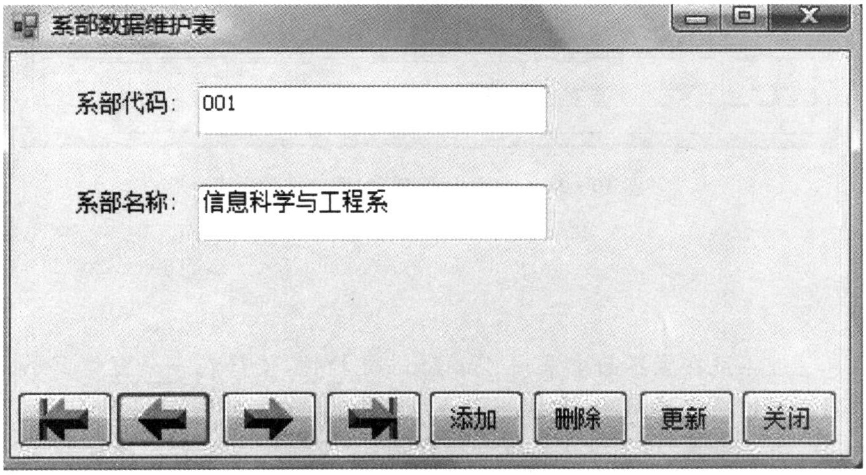

系部数据维护表

系部代码: 001

系部名称: 信息科学与工程系

添加　删除　更新　关闭

图 10－2－4　“系部”数据表维护界面

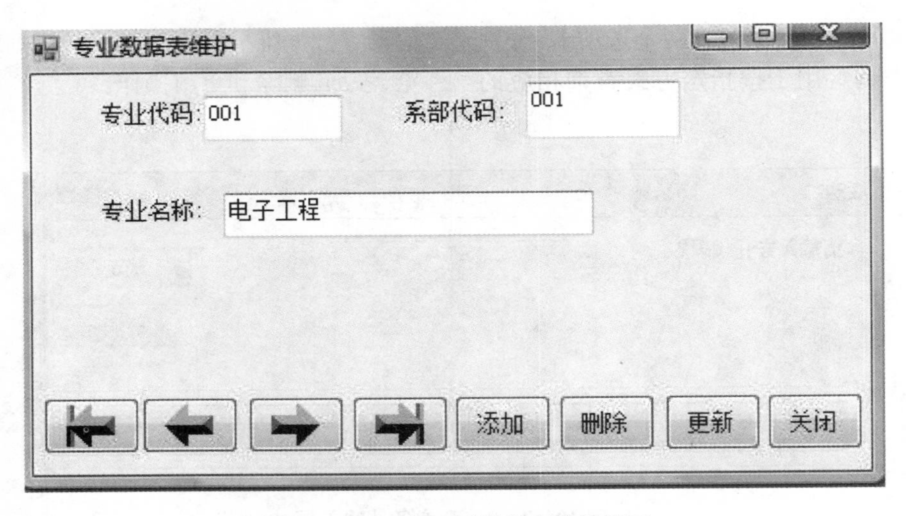

图 10-2-5 “专业”数据表维护界面

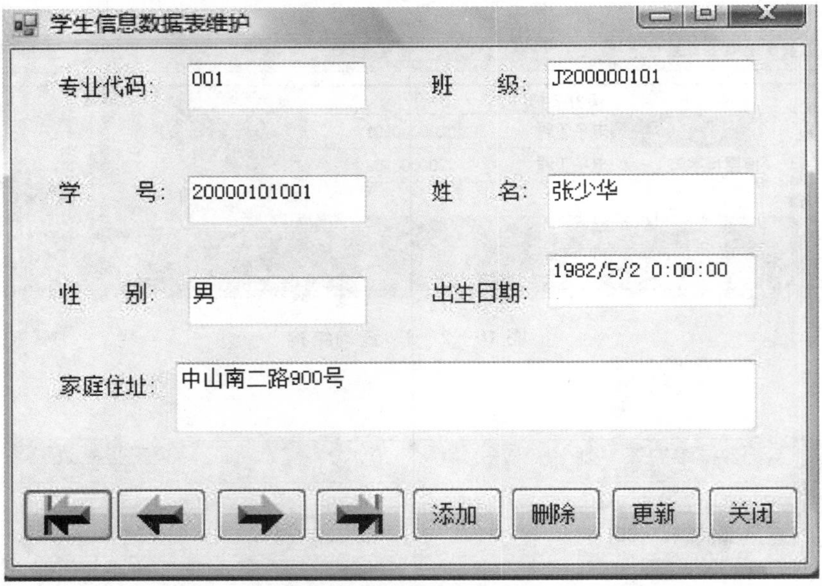

图 10-2-6 “学生信息”数据表维护界面

活动分析

学生信息管理系统在主界面中采用 TabControl 控件，使得在一个窗体 Form1 上同时拥有了几个不同的人机交互界面，如图 10-2-1 所示。

运行时，在“数据查询”选项卡中选择一种查询方式(如按专业查询后)，单击“确定”按钮，打开一个输入框，提示输入查询条件(如输入专业代码为“001”，如图 10-2-2 所示)，确定后打开查询结果窗体，显示查询结果(如图 10-2-3 所示)。

运行时，在“数据维护”选项卡中选择一个表后，单击“确定”按钮，打开相应的维护界面，分别如图 10-2-4、图 10-2-5、图 10-2-6 所示，在维护界面上可以分别对“系部”、“专业”和

“学生信息”三个表进行添加记录、删除记录和更新当前修改操作，并均可以浏览记录。

在本活动中需要 TabControl、DataGrid 等控件；添加一个标准模块，在其中定义全局变量。

学习支持

一、使用 ADO 访问数据库

ADO. NET(Active X Data Object)对象模型是美国微软公司推出的. NET 平台中的一种数据访问技术，逐步替代了 DAO 和 RDO 而成为主要的数据访问接口。ADO. NET 类库中提供了用于数据连接、处理数据操作的类。System. Data 名称空间可以通过数据提供者(provider)与数据库通信，ADO. NET 对象允许通过组件连接到数据库，在数据库中进行检索、编辑、删除和插入数据，并在程序中处理数据。ADO. NET 支持已连接环境和非连接环境的数据访问。

在本活动中学生信息管理. mdb 数据库属于 OLEDB 数据库提供的程序，因此必须在代码通用声明段声明命名空间，即：

```
Imports System.Data
Imports System.Data.OleDb
```

1. ADO. NET 组件

ADO. NET 有两个重要的组成部分——DataSet 对象和. NET 数据提供者。DataSet 对象用于以表格形式在程序中放置一组数据，它不关心数据的来源。数据提供者包含许多针对数据源的组件，设计者通过这些组件可以使程序与指定的数据源进行连接。. NET数据提供者主要包括 Connection 对象、Command 对象、DataReader 对象以及 DataAdapter 对象。如图 10－2－7 所示。

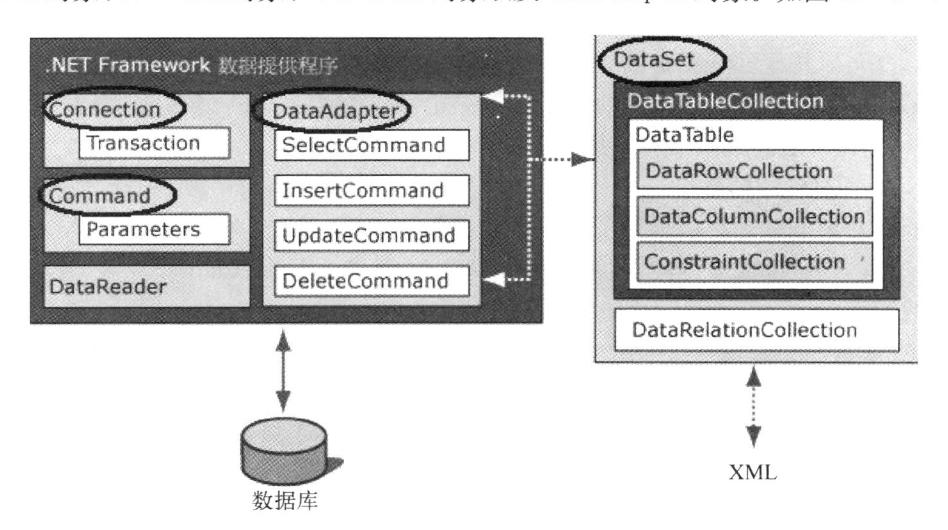

图 10－2－7　ADO. NET 结构图(来自微软 MSDN)

2. . NET Framework 数据提供程序

包括 4 种数据提供程序。本活动以 Access 数据库为案例，属于 OLE DB . NET Framework 数据提供程序。不同的数据提供程序在访问数据时操作基本相似，存在细微差别。

- SQL Server . NET Framework 数据提供程序
- OLE DB . NET Framework 数据提供程序
- ODBC . NET Framework 数据提供程序
- Oracle . NET Framework 数据提供程序

3. . NET Data Provider 核心类

. NET Framework 数据提供程序包括四个核心类，如图 10－2－8 所示，用于实现对数据库的数据处理。

(1) Connection 对象

数据应用程序和数据库进行交互是在建立数据库连接的基础上，Connection 对象成为连接对象，提供了对数据存储中正在运行的事务(Transaction)的访问技术。

例 10－2－1：

```
Dim strConn As String = "Provider = Microsoft.Jet.OLEDB.4.0;  Data Source = 学生信息管理.mdb"
Dim objConn As New OleDbConnection(strConn)
Objconn.Open()
```

(2) Command 对象

Command 对象用于执行数据库的命令操作，命令操作包括检索、插入、删除以及更新操作。

(3) DataAdapter 对象

该对象包含有 SelectCommand、InsertCommand、UpdateCommand 和 DeleteCommand 4 个属性，用来定义处理数据存储中数据的命令，并且每个命令都是对 Command 对象的一个引用，可以共享同一个数据源。常用 Fill 方法：该方法用来执行 SelectCommand，用数据源的数据填充 DataSet 对象。

(4) DataSet 对象

DataSet 对象用于实现通过 DataAdapter 数据提供程序控件和数据库相连接，然后通过相关控件和数据库应用程序连接。DataSet 的结构与关系数据库的结构相似，它包括表集合(Tables)和描述表之间关系的关系集合。

- DataSet 对象的创建

DataSet 对象的创建可以通过工具栏中的控件实现，DataSet 对象可通过 DataAdapter 对象属性窗口下方的"生成数据集"超级链接来建立，或者单击 DataAdapter 对象，在下拉表中选择"生成数据集"。

- 填充 DataSet 对象

DataSet 对象是一个必须填充的容器，填充方法有多种：调用 DataAdapter 的 Fill 方法、手工填充、复制或合并其他 DataSet 的数据。我们这里介绍使用 DataAdapter 的 Fill 方法填充 DataSet 对象。

例 10－2－2：假设 objconn 是有效的连接对象：

```
Dim strSql = "Select * From  专业"
Dim objAdap As New OleDbDataAdapter(strSql, objConn)
Dim objDSet As New DataSet
objAdap.Fill(objDSet, str)
```

二、使用代码实现数据库的访问

通过 ADO. NET 数据控件实现数据访问的方法简单，但是却不灵活。为建立灵活性更强的应用程序，可以通过代码来创建数据对象。因此需要创建连接对象、命令对象、数据适配器对象和数据集对象。创建数据对象的代码，使用如下格式：

Dim 数据对象 As New 对象类(参数)

下面以学生信息管理数据库中的系部表数据操作为例，简要叙述通过代码访问数据库的过程。

（1）根据要求设计界面。通过 TextBox 控件显示系部代码、系部名称。

（2）导入 ADO. NET 名称空间。

ADO. NET 是围绕 System. Data 基本名称空间设计的，其他都是从此派生来的。例如，有 Oledb 前缀的数据类派生自 System. Data. Oledb 空间。如果在应用程序中要引用这些类，必须在窗体的代码编辑窗的开始处导入相应的名称空间。代码如下：

```
Imports System.Data              '应用数据对象类
Imports System.Data.OleDb        '引用 Oledb 前缀的对象类
```

（3）创建 OledbConnection 连接对象

例 10－2－3：创建一个连接学生信息管理. mdb 的连接对象 objconn，在窗体的 Load 事件过程输入代码：

```
Dim strconn as String = " Provider = Microsoft.Jet.OLEDB.4.0;  Data Source = 学生信息管理.mdb"
Dim objConn As New OledbConnection(strconn)   '创建一个数据连接
Objconn.Open()                                '打开连接
```

（4）创建 OledDataAdapter 连接对象

```
Dim strSql = " Select * From 系部"
Dim objAdap As New OleDbDataAdapter(strSql, objConn)
```

（5）创建数据集对象

```
Dim objDSet As New DataSet
objAdap.Fill(objDSet, "系部")
```

（6）实现数据绑定

简单绑定需要通过控件 DataBindings 实现。使用 DataBindings 的 Add 方法为控件创建一个绑定，语法如下：

控件对象. DataBindings. Add(New Binding("控件属性",数据集,"字段名"))

```
例如 TextBox1 要绑定到 objDset 的系部表的"系部代码",代码如下:
TextBox1.DataBindings.Add(New Binding(" text ", objDSet, "系部.系部代码"))
```

为实现对数据记录的浏览，可以定义一个 BindingManagemerBase 对象 MyBind，声明绑定管理，然后通过 Position 属性实现记录的浏览。

例 10－2－4：声明绑定管理 Dim mybind As BindingManagerBase，将绑定管理赋予 MyBind：mybind ＝ Me. BindingContext(objDSet，str)。对数据记录的浏览简化为：

```
mybind.Position = 0                   '首记录
```

```
mybind.Position - = 1                '上一条
mybind.Position + = 1                '下一条
mybind.Position = mybind.Count - 1   '末记录
```

（7）数据的插入

通过重新 SQL 语句的 Insert 命令，创建命令对象，命令对象的 ExecuteNonQuery 方法是针对当前连接，执行 SQL 语句，并返回受影响的行。

例 10-2-5：

```
Dim strin As String = " Insert into " & str & "(系部代码,系部名称)" & " Values (' " & TextBox1.
Text & " ',' " & TextBox2.Text & " ')"
```

'创建命令对象 objCmd()

```
Dim objCmd As New OleDbCommand(strin, objConn)
objCmd.ExecuteNonQuery()
```

'增加记录后重新填充数据集()

```
Dim strSql = "Select * From 系部"
objAdap.SelectCommand = New OleDbCommand(strSql, objConn)
objDSet.Clear()
objAdap.Fill(objDSet, str)
MsgBox("添加成功")
```

（8）数据的更新

同数据的插入操作基本类似，通过 SQL 语句的 Update 命令，创建命令对象，使用 ExecuteNonQuery 方法，完成数据的更新。

（9）数据删除

通过数据集 objDset 的 Tables 属性和 Rows 属性，利用 Delete 方法实现数据的删除。

例 10-2-6：

```
objDSet.Tables("系部").Rows(mybind.Position).Delete()
objDSet.Tables("系部").AcceptChanges()
MsgBox("删除成功")
```

也可以这样理解，从 DataTable 对象中删除 DataRow 对象，使用 Delete 方法实现数据记录的删除。

例 10-2-7：

```
DataTable mytable = objDset.Tables["系部"];
mytable.Rows[mybind.Position].Delete();
objAdap.Update(objDset);
objDset.AcceptChanges();
MsgBox("删除成功")
```

三、结构化查询语言

SQL 是一种面向数据库的通用数据处理语言规范，能完成以下几类功能：提取查询数据，插入修改删除数据，生成修改和删除数据库对象，数据库安全控制，数据库完整性及数据保护控制。

1. select 查询语句

在众多的 SQL 命令中，select 语句应该算是使用最频繁的。select 语句主要被用来对数据库进行查询并返回符合用户查询标准的结果数据。select 语句的语法格式如下：

select column1 [, column2,etc] from tablename
[where condition];

select 语句中位于 select 关键词之后的列名用来决定哪些列将作为查询结果返回。用户可以按照自己的需要选择任意列，还可以使用通配符“*”来设定返回表格中的所有列。

select 语句中位于 from 关键词之后的表格名称用来决定将要进行查询操作的目标表格。

select 语句中的 where 可选从句用来规定哪些数据值或哪些行将被作为查询结果返回或显示。

在 where 条件从句中可以使用以下一些运算符来设定查询条件，即：

= 等于

> 大于

< 小于

>= 大于等于

<= 小于等于

<> 不等于

除了上面所提到的运算符外，LIKE 运算符在 where 条件从句中也非常重要。LIKE 运算符的功能非常强大，通过使用 LIKE 运算符可以设定只选择与用户规定格式相同的记录。此外，还可以使用通配符“%”，它用来代替任何字符串。

例 10-2-8：

```
select firstname, lastname, city  from employee
where firstname LIKE  'E%';
```

（注意，字符串必须被包含在单引号内）

上述 SQL 语句将会查询所有名称以 E 开头的姓名。或者，通过如下语句：

```
select * from employee where firstname = 'May';
```

查询所有名称为 May 的行。

2. insert 插入语句

SQL 语言使用 insert 语句向数据库表格中插入或添加新的数据行。insert 语句的使用格式如下：

insert into tablename (first_column,... last_column) values (first_value,... last_value);

例如：

```
insert into employee (firstname, lastname, age, address, city) values ('Li', 'Ming', 45, 'No.77
Changan Road', 'Beijing');
```

当向数据库表格中添加新记录时，在关键词 insert into 后面输入所要添加的表格名称，然后在括号中列出将要添加新值的列的名称。最后，在关键词 values 的后面按照前面所输入列的顺序对应地输入所有要添加的记录值。

3. update 更新语句

SQL 语言使用 update 语句更新或修改满足指定条件的记录。update 语句的格式为：

update tablename
set columnname = newvalue [, nextcolumn = newvalue2...]

where columnname OPERATOR value [andor column OPERATOR value];

例如：

```
update employee set age = age + 1
where first_name = 'Mary' and last_name = 'Williams';
```

使用 update 语句时，关键要设定好用于进行判断的 where 条件从句。

4. delete 删除语句

SQL 语言使用 delete 语句删除数据库表格中的行或记录。delete 语句的格式为：

delete from tablename
where columnname OPERATOR value [andor column OPERATOR value];

例如：

```
delete from employee where lastname = May;
```

当需要删除某一行或某个记录时，在 delete from 关键词之后输入表格名称，然后在 where 从句中设定删除记录的判断条件。注意，如果用户在使用 delete 语句时不设定 where 从句，则表格中的所有记录将全部被删除。

5. 删除数据库表格

在 SQL 语言中使用 drop table 命令删除某个表格以及该表格中的所有记录。drop table 命令的使用格式为：

drop table tablename;

例如：

```
drop table employee;
```

如果用户希望将某个数据库表格完全删除，只需要在 drop table 命令后输入希望删除的表格名称即可。drop table 命令的作用与删除表格中的所有记录不同。删除表格中的全部记录之后，该表格仍然存在，而且表格中列的信息不会改变。而使用 drop table 命令则会将整个数据库表格的所有信息全部删除。

SQL 语言的功能不仅仅如此，它还有很多功能，能够完成更高级、更深入复杂的任务。例如，创建并使用存储过程，触发器等。

SQL 语言在不同的数据库系统中，其功能、语法结构等不完全相同，都有别于标准 SQL，一般都对标准 SQL 语言做一定的扩充。上述介绍的内容在大部分关系数据库系统中都可以实现。

如今，SQL 语言已经发展成为开发关系数据库的事实上的标准语言，并且随着客户/服务器开发工具的出现以及一些大型数据库系统的广泛应用，大多数数据库应用程序的开发都要求具有 SQL 语言的知识。

编程实现

一、主窗体建立

1. 首先在窗体上创建一个 TabControl 控件；

2. 按图 10－2－1 所示添加框架、单选按钮和命令按钮等控件；
3. 按题目中各控件的属性进行设置；
4. 其他窗体按图 10－2－2 至图 10－2－6 所示进行设置。

二、主要控件的属性

1. 在 TabControl 控件的属性页中；TabPages 属性添加选项卡，将选项卡数设置为 2，并且分别为两个选项卡输入标题 Text 属性："数据查询"和"数据维护"，如图 10－2－8 所示。

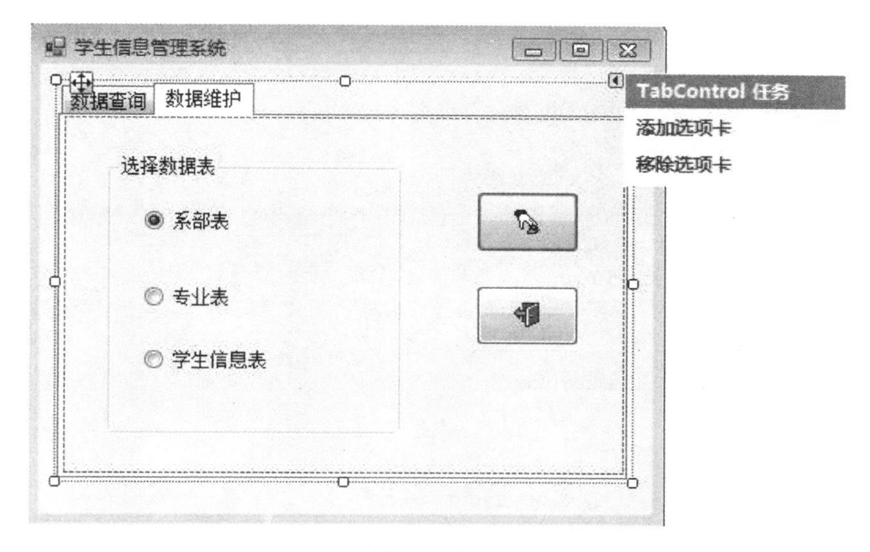

图 10－2－8

2. 将 Button 按钮的 image 属性设置为对应的图片。
3. 在 DataGridView 控件的属性中：RowHeadersVisible 属性是指示是否显示包含行的标题列，设置为 False。
4. 方向箭头为素材图片，其他控件的属性均按图示设置。

提示：TabControl 控件结合了 Visual Basic 6.0 中 TabStrip 和 SSTab 两个控件的功能。

三、事件过程代码

1. 添加一个标准模块，在模块中定义全局变量

```
Imports System.Data
Imports System.Data.OleDb

Module Module1
    Public str As String
    Public sno As String
    Public snn As String
    Public mybind As BindingManagerBase
```

```
    Public strConn As String = "Provider = Microsoft.Jet.OLEDB.4.0;  Data Source = 学生信息管理.mdb"
    Public objConn As New OleDbConnection(strConn)
    Public objAdap As New OleDbDataAdapter
    Public objDSet As New DataSet
End Module
```

2. 主界面"学生信息管理系统"窗体(Form1)代码

```
Imports System.Data
Imports System.Data.OleDb
Public Class Form1

    Private Sub Button4_Click(ByVal sender As System.Object, ByVal e As System.EventArgs)_
            Handles Button4.Click
        If RadioButton4.Checked Then
            str = "系部"
            Form2.Show()
        ElseIf RadioButton5.Checked Then
            str = "专业"
            Form3.Show()
        Else
            str = "学生信息"
            Form4.Show()
        End If
    End Sub

    Private Sub Button3_Click(ByVal sender As System.Object, ByVal e As System.EventArgs)_
            Handles Button3.Click                    '退出
        End
    End Sub

    Private Sub Button1_Click(ByVal sender As System.Object, ByVal e As System.EventArgs)_
            Handles Button1.Click                    '进入
        Dim str1, str2, str3, str4 As String
        If RadioButton1.Checked Then
            sno = InputBox("请输入系部代码? ")
            snn = "系部"
            str1 = " select 系部.系部名称,专业.专业名称"
            str2 = " from 专业,系部"
            str3 = " where 专业.系部代码 = 系部.系部代码"
            str4 = " and 系部.系部代码 =" & "'" & sno & "'"
            str = str1 & str2 & str3 & str4
        ElseIf RadioButton2.Checked Then
```

```
            sno = InputBox("请输入专业代码? ")
            snn = "专业"
            str1 = " select 系部.系部名称,专业.专业名称,学生信息.班级"
            str2 = " from 专业,系部,学生信息"
            str3 = " where 专业.系部代码=系部.系部代码 and 专业.专业代码=学生信息.专业代码"
            str4 = " and 专业.专业代码=" & "'" & sno & "'"
            str = str1 & str2 & str3 & str4
        ElseIf RadioButton3.Checked Then
            sno = InputBox("请输入班级代码? ")
            snn = "班级"
            str1 = " select 系部.系部名称,专业.专业名称,学生信息.班级,学生信息.学号,学生
信息.姓名,学生信息.性别,学生信息.出生日期,学生信息.家庭住址"
            str2 = " from 专业,系部,学生信息"
            str3 = " where 专业.系部代码=系部.系部代码 and 专业.专业代码=学生信息.专业代码"
            str4 = " and 学生信息.班级=" & "'" & sno & "'"
            str = str1 & str2 & str3 & str4
        End If
        Form5.Text = Form5.Text & " -- " & sno & snn
        Form5.Show()
    End Sub

    Private Sub Button2_Click(ByVal sender As System.Object, ByVal e As System.EventArgs)_
            Handles Button2.Click
        End                                                              '退出
    End Sub

End Class
```

3. “查询结果”窗体(Form5)代码

```
Imports System.Data
Imports System.Data.OleDb

Public Class Form5
    Private Sub Form5_Load(ByVal sender As System.Object, ByVal e As System.EventArgs)_
            Handles MyBase.Load
        objConn.Open()
        Dim objAdap As New OleDbDataAdapter(str, objConn)
        objConn.Close()
        objAdap.Fill(objDSet, snn)

        DataGridView1.DataSource = objDSet.Tables(snn)
        mybind = Me.BindingContext(objDSet, snn)
    End Sub
    End Class
```

4. “系部数据表”维护窗体(Form2)代码

```
Imports System.Data
Imports System.Data.OleDb

Public Class Form2

    Private Sub Form2_Load(ByVal sender As System.Object, ByVal e As System.EventArgs)_
            Handles MyBase.Load
        objConn.Open()
        Dim strSql = " Select * From " & str
        Dim objAdap As New OleDbDataAdapter(strSql, objConn)
        objConn.Close()
        objAdap.Fill(objDSet, str)
        TextBox1.DataBindings.Add(New Binding(" text ", objDSet, str + ".系部代码"))
        TextBox2.DataBindings.Add(New Binding(" text ", objDSet, str + ".系部名称"))
        mybind = Me.BindingContext(objDSet, str)
    End Sub

    Private Sub Button1_Click(ByVal sender As System.Object, ByVal e As System.EventArgs)_
            Handles Button1.Click
        mybind.Position = 0
    End Sub

    Private Sub Button2_Click(ByVal sender As System.Object, ByVal e As System.EventArgs)_
            Handles Button2.Click
        mybind.Position - = 1
    End Sub

    Private Sub Button3_Click(ByVal sender As System.Object, ByVal e As System.EventArgs)_
            Handles Button3.Click
        mybind.Position + = 1
    End Sub

    Private Sub Button4_Click(ByVal sender As System.Object, ByVal e As System.EventArgs)_
            Handles Button4.Click
        mybind.Position = mybind.Count - 1
    End Sub

    Private Sub Button5_Click(ByVal sender As System.Object, ByVal e As System.EventArgs)_
            Handles Button5.Click
        If Button5.Text = "确认" Then
            objConn.Open()              ' 打开连接对象
            '定义 SQL 插入语句的字符串()

            Dim strin As String = " Insert into " & str & "(系部代码,系部名称)"_
                        & " Values (' " & TextBox1.Text & " ',' " & TextBox2.Text & " ')"
```

```
            ''创建命令对象 objCmd()
            Dim objCmd As New OleDbCommand(strin, objConn)
            objCmd.ExecuteNonQuery()
            '关闭连接()
            objConn.Close()
            '增加记录后重新填充数据集()
            Dim strSql = "Select * From " & str
            objAdap.SelectCommand = New OleDbCommand(strSql, objConn)
            objDSet.Clear()
            objAdap.Fill(objDSet, str)
            MsgBox("添加成功")
            '恢复按钮提示()
            Button5.Text = "新增"
        Else
            TextBox1.Text = " "' 清空文本框
            TextBox2.Text = " "
            Button5.Text = "确认"' 改变按钮提示
        End If
    End Sub

    Private Sub Button6_Click(ByVal sender As System.Object, ByVal e As System.EventArgs)_
            Handles Button6.Click
        '删除
        objDSet.Tables(str).Rows(mybind.Position).Delete()
        objDSet.Tables(str).AcceptChanges()
        MsgBox("删除成功")
    End Sub

    Private Sub Button7_Click(ByVal sender As System.Object, ByVal e As System.EventArgs)_
            Handles Button7.Click
        objConn.Open()
        Dim strupd As String = "Update " & str & " Set 系部代码 =' " & TextBox1.Text_
                             & " ',系部名称 =' " & TextBox2.Text & " ' " & " Where 系部代
                             码 =' " & TextBox1.Text & " ' "
        Dim objcmd As New OleDbCommand(strupd, objConn)
        objcmd.ExecuteNonQuery()
        objConn.Close()
        MsgBox("更新成功")
    End Sub

    Private Sub Button8_Click(ByVal sender As System.Object, ByVal e As System.EventArgs)_
            Handles Button8.Click
        Me.Close()
    End Sub
End Class
```

5. “专业数据表”维护窗体(Form3)代码

```
Imports System.Data
Imports System.Data.OleDb

Public Class Form3

    Private Sub Form3_Load(ByVal sender As System.Object, ByVal e As System.EventArgs)_
            Handles MyBase.Load
        objConn.Open()
        Dim strSql = "Select * From " & str
        Dim objAdap As New OleDbDataAdapter(strSql, objConn)
        objConn.Close()
        objAdap.Fill(objDSet, str)
        TextBox1.DataBindings.Add(New Binding("text", objDSet, str + ".专业代码"))
        TextBox2.DataBindings.Add(New Binding("text", objDSet, str + ".系部代码"))
        TextBox3.DataBindings.Add(New Binding("text", objDSet, str + ".专业名称"))
        mybind = Me.BindingContext(objDSet, str)
    End Sub

    Private Sub Button1_Click(ByVal sender As System.Object, ByVal e As System.EventArgs)_
            Handles Button1.Click
        mybind.Position = 0
    End Sub

    Private Sub Button2_Click(ByVal sender As System.Object, ByVal e As System.EventArgs)_
            Handles Button2.Click
        mybind.Position -= 1
    End Sub

    Private Sub Button3_Click(ByVal sender As System.Object, ByVal e As System.EventArgs)_
            Handles Button3.Click
        mybind.Position += 1
    End Sub

    Private Sub Button4_Click(ByVal sender As System.Object, ByVal e As System.EventArgs)_
            Handles Button4.Click
        mybind.Position = mybind.Count - 1
    End Sub

    Private Sub Button5_Click(ByVal sender As System.Object, ByVal e As System.EventArgs)_
            Handles Button5.Click
        If Button5.Text = "确认" Then
            objConn.Open()                ' 打开连接对象
            '定义 SQL 插入语句的字符串()
            Dim strin As String = " Insert into " & str & "(专业代码,系部代码,专业名称)"_
& " Values ('" & TextBox1.Text & "','" & TextBox2.Text & "','" & TextBox3.Text & "')"
```

```
            '创建命令对象 objCmd()
            Dim objCmd As New OleDbCommand(strin, objConn)
            objCmd.ExecuteNonQuery()
            '关闭连接()
            objConn.Close()
            '增加记录后重新填充数据集()
            Dim strSql = "Select * From " & str
            objAdap.SelectCommand = New OleDbCommand(strSql, objConn)
            objDSet.Clear()
            objAdap.Fill(objDSet, str)
            MsgBox("添加成功")
            '恢复按钮提示()
            Button5.Text = "新增"
        Else
            TextBox1.Text = "" ' 清空文本框
            TextBox2.Text = "" : TextBox3.Text = ""
            Button5.Text = "确认" ' 改变按钮提示
        End If
    End Sub

    Private Sub Button6_Click(ByVal sender As System.Object, ByVal e As System.EventArgs)_
            Handles Button6.Click
        '删除
        objDSet.Tables(str).Rows(mybind.Position).Delete()
        objDSet.Tables(str).AcceptChanges()
        MsgBox("删除成功")
    End Sub

    Private Sub Button7_Click(ByVal sender As System.Object, ByVal e As System.EventArgs)_
            Handles Button7.Click
        objConn.Open()
        Dim strupd As String = "Update " & str & " Set 专业代码 ='" & TextBox1.Text_
& "',系部代码 ='" & TextBox2.Text & "',专业名称 ='" & TextBox2.Text & "'"_
& " Where 专业代码 ='" & TextBox1.Text & "'"
        Dim objcmd As New OleDbCommand(strupd, objConn)
        objcmd.ExecuteNonQuery()
        objConn.Close()
        MsgBox("更新成功")
    End Sub

    Private Sub Button8_Click(ByVal sender As System.Object, ByVal e As System.EventArgs)_
            Handles Button8.Click
        Me.Close()
    End Sub
End Class
```

6. "学生信息数据表"维护窗体(Form4)代码

```
Imports System.Data
Imports System.Data.OleDb

Public Class Form4
    Private Sub Form4_Load(ByVal sender As System.Object, ByVal e As System.EventArgs)_
            Handles MyBase.Load
        objConn.Open()
        Dim strSql = "Select * From " & str
        Dim objAdap As New OleDbDataAdapter(strSql, objConn)
        objConn.Close()
        objAdap.Fill(objDSet, str)
        TextBox1.DataBindings.Add(New Binding("text", objDSet, str + ".专业代码"))
        TextBox2.DataBindings.Add(New Binding("text", objDSet, str + ".班级"))
        TextBox3.DataBindings.Add(New Binding("text", objDSet, str + ".学号"))
        TextBox4.DataBindings.Add(New Binding("text", objDSet, str + ".姓名"))
        TextBox5.DataBindings.Add(New Binding("text", objDSet, str + ".性别"))
        TextBox6.DataBindings.Add(New Binding("text", objDSet, str + ".出生日期"))
        TextBox7.DataBindings.Add(New Binding("text", objDSet, str + ".家庭住址"))
        mybind = Me.BindingContext(objDSet, str)
    End Sub

    Private Sub Button1_Click(ByVal sender As System.Object, ByVal e As System.EventArgs)_
            Handles Button1.Click
        mybind.Position = 0
    End Sub

    Private Sub Button2_Click(ByVal sender As System.Object, ByVal e As System.EventArgs)_
            Handles Button2.Click
        mybind.Position - = 1
    End Sub

    Private Sub Button3_Click(ByVal sender As System.Object, ByVal e As System.EventArgs)_
            Handles Button3.Click
        mybind.Position + = 1
    End Sub

    Private Sub Button4_Click(ByVal sender As System.Object, ByVal e As System.EventArgs)_
            Handles Button4.Click
        mybind.Position = mybind.Count - 1
    End Sub

    Private Sub Button5_Click(ByVal sender As System.Object, ByVal e As System.EventArgs)_
            Handles Button5.Click
        If Button5.Text = "确认" Then
            objConn.Open()          '打开连接对象
            '定义 SQL 插入语句的字符串()
            Dim strin As String =" Insert into "_
& str &"(专业代码,班级,学号,姓名,性别,出生日期,家庭住址)" &" Values ('"_
& TextBox1.Text &"','" & TextBox2.Text &"','" & TextBox3.Text &"','" & TextBox4.Text &"','"_
& TextBox5.Text &"',#" & TextBox6.Text &"#,'" & TextBox7.Text &"')"
```

```
        Dim objCmd As New OleDbCommand(strin, objConn)     '创建命令对象 objCmd()
            objCmd.ExecuteNonQuery()
            '关闭连接()
            objConn.Close()
            '增加记录后重新填充数据集()
            Dim strSql = " Select * From " & str
            objAdap.SelectCommand = New OleDbCommand(strSql, objConn)
            objDSet.Clear()
            objAdap.Fill(objDSet, str)
            MsgBox("添加成功")
            '恢复按钮提示()
            Button5.Text = "新增"
        Else
            TextBox1.Text = " "' 清空文本框
            TextBox2.Text = " " : TextBox3.Text = " " : TextBox4.Text = " " : TextBox5.Text = " "
            TextBox6.Text = " " : TextBox7.Text = " "
            Button5.Text = "确认"' 改变按钮提示
        End If
    End Sub

    Private Sub Button6_Click(ByVal sender As System.Object, ByVal e As System.EventArgs)_
            Handles Button6.Click
        '删除
        objDSet.Tables(str).Rows(mybind.Position).Delete()
        objDSet.Tables(str).AcceptChanges()
        MsgBox("删除成功")
    End Sub

    Private Sub Button7_Click(ByVal sender As System.Object, ByVal e As System.EventArgs)_
            Handles Button7.Click
        objConn.Open()
        Dim strupd As String = " Update " & str & " Set 专业代码 =' " & TextBox1.Text_
& " ',班级 =' " & TextBox2.Text & " ',学号 =' " & TextBox3.Text & " ',姓名 =' "_
& TextBox4.Text & " ',性别 =' " & TextBox5.Text & " ',出生日期 = #" & TextBox6.Text_
& "#,家庭住址 =' " & TextBox7.Text & " ' " & " Where 学号 =' " & TextBox3.Text & " ' "
        Dim objcmd As New OleDbCommand(strupd, objConn)
        objcmd.ExecuteNonQuery()
        objConn.Close()
        MsgBox("更新成功")
    End Sub

    Private Sub Button8_Click(ByVal sender As System.Object, ByVal e As System.EventArgs)_
            Handles Button8.Click
        Me.Close()
    End Sub
End Class
```

拓展：本活动没有进行任何错误处理，不考虑数据信息的索引冲突，在实际应用中添加容错功能，使程序更加完善。

实践活动

设计一个学生信息的简单维护系统，数据库为“学生信息管理.mdb”，结构见表 10-1-4，界面设计如图 10-2-9 所示，运行界面如图 10-2-10 所示。

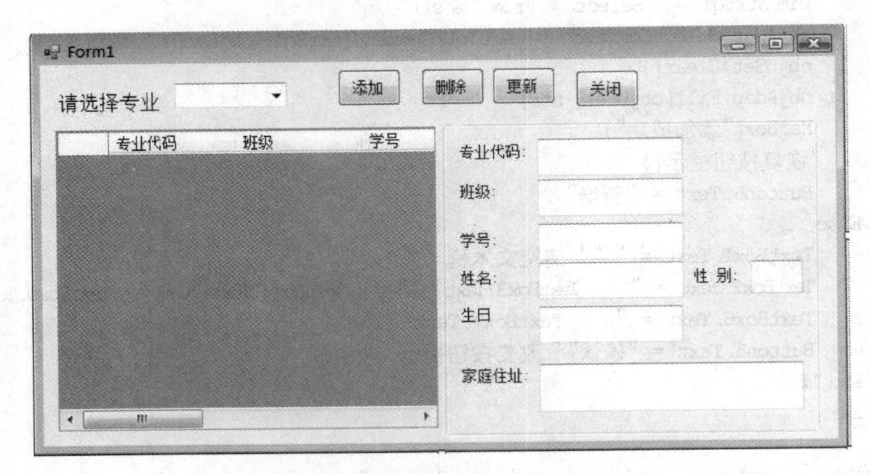

图 10-2-9　简单维护系统的设计界面

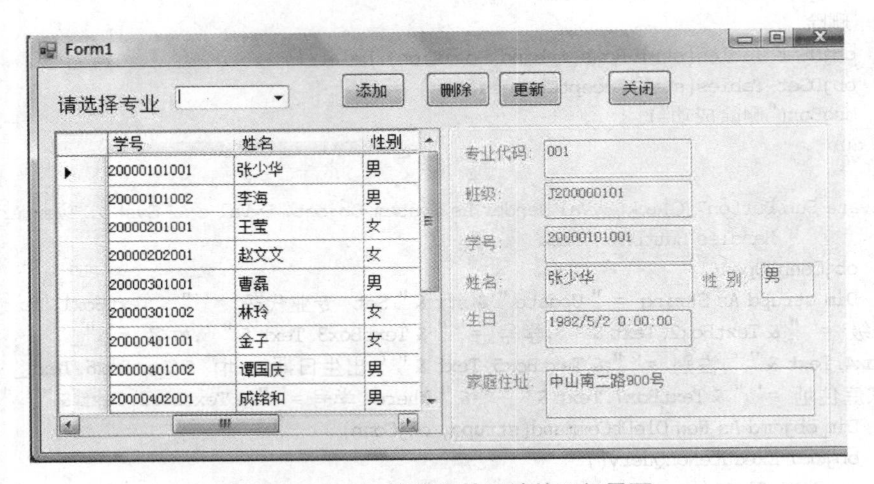

图 10-2-10　简单维护系统的运行界面

具体要求如下：

1. 使用 ADO.NET 对象访问数据库，要求用代码实现与数据库“学生信息管理.mdb”的连接。

2. 设置 DataGridView1 绑定到“学生信息”表，并显示学生信息，并使 DataGridView1 不能添加、不能删除、不能更新。

3. 组合框 ComboBox1 用于选择，使其列表内容为各专业代码。

4. 框架 GroupBox1 的文本框用于显示或编辑记录，开始运行时，框架中的所有文本框不能编辑；如图 10-2-10所示。

5. 运行时，当从 ComboBox1 中选择某专业后，在 DataGridView1 中显示相应的内容，同时，在各文本框中显示当前记录各字段的内容。

6. 当单击“新增”按钮，按钮文本改为“确认”，允许在文本框中输入一条新的记录，并再次单击“确认”按钮后，插入一条新的记录，并将文本框的内容设为只读状态。

7. 当单击“删除”按钮，删除当前记录。

8. 当单击“更新”按钮，允许在文本框中修改当前记录信息。

9. 当单击“关闭”按钮，结束程序运行。

提示：本活动没有进行任何错误处理，不考虑输入信息的校验和数据信息的冲突，在实际应用中可添加容错功能，使程序更加完善。

项目一　习　　题

班级________　姓名________　学号________

一、选择题

1. 类是对象的抽象,对象则是类的具体化。在窗体上建立的一个控件称为________。
   A. 对象　B. 容器　C. 实体　D. 类
2. 下面________是建立一个应用程序必须的步骤。(多选)
   A. 建立用户界面　B. 对象属性的设置
   C. 定义字体、字形和字号　D. 保存和运行程序
3. Visual Basic是一种面向对象的可视化程序设计语言,采取了________的编程机制。
   A. 事件驱动　B. 按过程顺序执行　C. 从主程序开始执行　D. 按模块顺序执行
4. 以下不属于Visual Basic工作模式的是________模式。
   A. 设计　B. 编译　C. 运行　D. 中断
5. 通常可以将程序错误分为________。(多选)
   A. 编辑错误　B. 语法错误　C. 运行错误　D. 逻辑错误
6. 对于窗体,下面________属性在程序运行时不可以设置值。
   A. MaximizeBox　B. FormBorderStyle　C. Name　D. Left
7. 要使文本框中的文字不能被修改,应设置________属性。
   A. Enabled　B. Visible　C. Locked　D. ReadOnly
8. 要使命令按钮Button1在运行时不显示,应对________属性进行设置。
   A. Enabeld　B. Hide　C. Visible　D. BackColor
9. 运行程序时,系统自动执行窗体的________事件过程。
   A. Click　B. Load　C. Move　D. GotFocus
10. 下面________是不合法的整型常数。
    A. 123%　B. 123&　C. &OAB　D. &HAB
11. 以下符号中,________是VB合法的变量名。(多选)
    A. x_y　B. π　C. 2x　D. Currency
12. 以下符号常量声明中正确的是________。(多选)
    A. Const C As String =" "　B. Const M As Single = 100 * 2
    C. Const X=Sin(0)　D. Const N=100
13. 以下算术运算符中________的优先级最低。
    A. *　B. /　C. \　D. Mod
14. 表达式123 + "100" & 100的值为________。
    A. 223100　B. 123100100　C. 323　D. 123200
15. 判断0≤m<100的关系表达式为________。(多选)

A. 0≤m And m<100　　B. m>=0 And m<100
C. Not m<0 And m<100　　D. m>=0 Or m<100

16. 表达式________产生一个"C"～"J"范围内的大写字母。
A. Chr(Int(Rnd) * 8+67)　　B. Int(Rnd * 8)+" C "
C. Chr(Int(Rnd * 8)+67)　　D. Asc(Int(Rnd * 8)+67)

17. 用汉字返回 2005 年 10 月 1 日是星期几的表达式为________。
A. Weekday(#10/1/2005#)　　B. WeekdayName(Weekday(#10/1/2005#))
C. Weekday(10/1/2005)　　D. WeekdayName(#10/1/2005#)

18. 表达式 Mid(Str(19.876E2), 3, 2)的运算结果为________。
A. 8　　B. 9.8　　C. 98　　D. 87

19. 以下表达式中,________运算结果为数值型。(多选)
A. Str(20.5) + " 100 "　　B. Asc(" A ")
C. Format(123.456, " 0.00 ")　　D. Instr(" Visual Basic 6.0 ", " Basic ")

二、填空题

1. ________是对象的物理性质,用来描述和反映对象特征的参数。
2. 在 Visual Basic 中最基本的对象是________,它是应用程序的基石,是其他控件的容器。
3. 在 VB 集成环境创建 VB 应用程序时,除了工具箱窗口、窗体中的窗口、属性窗口外,必不可少的窗口是________窗口。
4. 在 VB 中,多条语句可以写在同一行,中间用________分隔。
5. 如果要使命令按钮上显示文字"退出(X)",并以 Alt+X 为快捷键,则其 Text 属性应设置为________。
6. 通过命令按钮的________属性,可以设置命令按钮上显示的图形。
7. 用于定义的鼠标图标的属性是________。
8. 当对象获得焦点时,发生________事件。
9. 如果要在单击命令按钮时执行一段程序,应在________事件过程中编写代码。
10. 如果要使几个对象的大小相同,应选择"格式"菜单下________子菜单下的命令。
11. 要运行当前工程,可以按键盘上的________键。
12. 如果文本框设置为有垂直滚动条,但没有垂直滚动条显示,其原因是没有把________属性设置为 True。
13. 通过文本框的________属性,可以获得当前插入点的位置。
14. 删除字符串前导的空格的函数是________。
15. 逻辑运算时,参与运算的两个变量值都为 True,结果为 False 的逻辑运算是________运算。
16. 日期型常量的表示方法是将字面上可被认作日期和时间的字符串以________为定界符括起来。
17. 若有变量声明 Dim x, y As Single,则变量 x 为________型变量。
18. 在通用声明段中输入语句________,可以不声明变量、直接使用。
19. 算术式$(x_1 y_2+2z)^6$对应的 VB 表达式为________。
20. 判断 x 是 3 或 5 的倍数的表达式为________。
21. 函数 Len(" Today Is Sunday ")的运算结果为________。
22. 判断文本框 Text1 中输入的内容的前 2 个字是否为"VB"的表达式为________。

项目二　习　　题

班级________　姓名________　学号________

一、选择题

1. MsgBox 函数中有 4 个参数，其中必须写明的参数是________。
   A. 指定对话框中显示按钮的数目　　B. 设置对话框标题
   C. 所有参数都是可选的　　D. 提示信息
2. 语句 x=x+1 的正确含义是________。
   A. 变量 x 的值与 x+1 的值相等　　B. 将变量 x 的值存到 x+1 中去
   C. 将变量 x 的值加 1 后赋给变量 x　　D. 变量 x 的值为 1
3. 以下________程序段可以实现 x、y 变量值的交换。
   A. y=x:x=y　　B. z=x:y=z:x=y
   C. z=x:x=y:y=z　　D. z=x:w=y:y=z:x=y
4. InputBox 函数返回的函数值的类型是________。
   A. 数值　　B. 字符串
   C. 根据需要可以是任何类型数据　　D. 数值或字符串
5. 下列语句中正确的是________。（多选）
   A. x+y=5　　B. N=15
   C. Label1. Text=" time "　　D. A=x+y
6. 对于 InputBox 函数，下列说法正确的是________。（多选）
   A. 每执行一次 InputBox 函数，只能输入一个值
   B. InputBox 函数的 Prompt 参数不能默认
   C. InputBox 函数输入的是数值型
   D. 函数值必须赋予一个变量
7. 下列语句和函数调用正确的是________。（多选）
   A. MsgBox("是否继续")　　B. x= MsgBox("是否继续")
   C. InputBox("请输入数据")=x　　D. x=InputBox("请输入数据")
8. 执行以下语句后显示结果为________。
   Dim x
   If x Then Label1. Text= x Else Label1. Text= x+1
   A. −1　　B. 0　　C. 1　　D. 不确定
9. 多分支结构的 Case 语句，下列写法错误的是________。
   A. Case 1，5，7，9　　B. Case 8 To 10
   C. Case 10 To 2　　D. Case Is < " man "
10. 语句 If x=1 Then y=1，下列说法正确的是________。

A. x=1 和 y=1 均为赋值语句　　B. x=1 和 y=1 均为关系表达式

C. x=1 为关系表达式，y=1 为赋值语句　　D. x=1 为赋值语句，y=1 为关系表达式

11. 下面语句正确的是________。

A. If x<3 * y And x>y Then y=x^3　　B. If x<3 * y And x>y Then y=x^3

C. If x<3 * y ：x>y Then y=x^3　　D. If x<3 * y And x>y Then y=x * * 3

12. 下列语句不正确的是________。（多选）

A. If x≠y Then Label1. Text= "x 不等于 y"

B. If x<>y Then Label1. Text= "x 不等于 y"

C. If x><y Then Label1. Text= "x 不等于 y"

D. if x≠y Label1. Text= "x 不等于 y"

13. 下面程序段求两个数中大数，________是正确的。（多选）

A. Max=IIf(x>y,x,y)　　B. If x>y then Max=x Else Max=y

C. Max=x
　　If y>=x Then Max=y

D. If y>=x Then Max=y
　　Max=x

14. 下列程序段正确的是：________。（多选）

A.
```
If mark >= 90 Then
    Label1.Text = "优"
ElseIf mark >= 80 Then
    Label1.Text = "良"
ElseIf mark >= 70 Then
    Label1.Text = "中"
ElseIf mark >= 60 Then
    Label1.Text = "及格"
Else
    Label1.Text = "不及格"
End If
```

B.
```
If mark < 60 Then
    Label1.Text = "不及格"
ElseIf mark < 70 Then
    Label1.Text = "及格"
ElseIf mark < 80 Then
    Label1.Text = "中"
ElseIf mark < 90 Then
    Label1.Text = "良"
Else
    Label1.Text ="优"
End If
```

C.
```
If mark >= 60 Then
    Label1.Text = "及格"
ElseIf mark >= 70 Then
    Label1.Text = "中"
ElseIf mark >= 80 Then
    Label1.Text = t"良"
ElseIf mark >= 90 Then
    Label1.Text = "优"
Else
    Label1.Text = "不及格"
End If
```

D.
```
Select Case mark
    Case Is >= 90
        Label1.Text = "优"
    Case Is >= 80
        Label1.Text = "良"
    Case Is >= 70
        Label1.Text = "中"
    Case Is >= 60
        Label1.Text = "及格"
    Case Else
        Label1.Text = "不及格"
End Select
```

15. For - Next 循环的初值、终值与步长________。

A. 只能是具体的数值　　B. 只能是表达式

C. 可以是数值表达式　　D. 可以是任何类型的表达式

16. 执行下面的程序段后，n 的值为________。

```
For n = 1 To 20
  If n Mod 3<>0 Then m = m + n\3
Next n
Label1.Text = n
```

A. 15　　B. 18　　C. 21　　D. 24

17. For－Next 循环结构中，若循环控制变量的步长为 0，则________。

A. 形成无限循环　　B. 循环体执行一次后结束循环

C. 语法错误　　D. 循环体不执行即结束循环

18. 下列循环语句能正常结束循环的是________。

A.
```
i = 5
Do
  i = i + 1
Loop Until i<0
```

B.
```
i = 1
Do
  i = i + 2
Loop Until i = 10
```

C.
```
i = 10
Do
  i = i - 1
Loop Until i<0
```

D.
```
i = 6
Do
  i = i - 2
Loop Until i = 1
```

19. 对于循环结构(多选)

```
Do
 循环体
Loop While <条件>
```

则以下叙述中正确的是________。

A. 若“条件”是一个为 0 的常数，则一次也不执行循环体

B. “条件”可以是关系表达式、逻辑表达式或常数

C. 循环体中可以使用 Exit Do 语句

D. 如果“条件”总是为 True，则不停地执行循环体

20. 以下________不是正确的 For－Next 循环结构。(多选)

A.
```
For x = 1 To Step 10
...
Next x
```

B.
```
For x = 3 To -3 Step -3
...
Next x
```

C.
```
For x = 1 To 10
Re:...
Next x
If i = 10 Then goto Re
```

D.
```
For x = 3 To 10 Step 3
...
Next y
```

21. 下面哪几个程序段能分别正确显示 1!、2!、3!、4! 的值________。(多选)

A.
```
For i = 1 To 4
  n = 1
  For j = 1 To i
     n = n* j
  Next j
  Label1.Text = n
Next i
```

B.
```
For i = 1 To 4
  For j = 1 To i
    n = 1
    n = n* j
  Next j
  Label1.Text = n
Next i
```

C.
```
n=1
For j=1 To 4
    n =n*j
    Label1.Text= n
Next j
```

D.
```
n=1
j =1
Do While j<=4
    n = n*j
    Label1.Text= n
    j=j+1
Loop
```

二、程序填空

1. 根据下图，在空格处填入适当的内容：

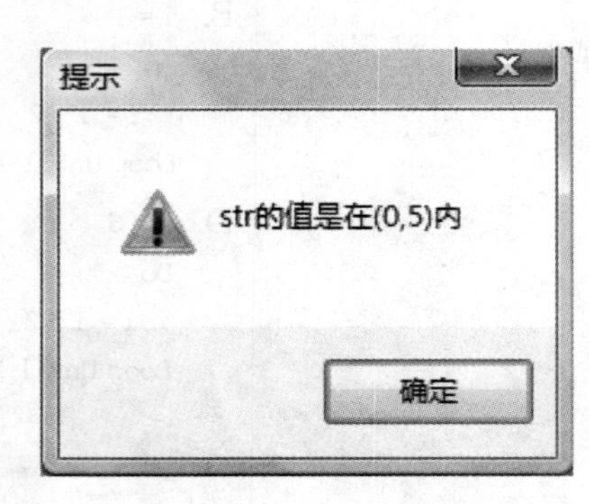

MsgBox(____①____, 48, ____②____)

2. 以下程序的功能是：输入一个 3 位正整数，将之逆序输出。例如，输入 345，则输出 543。请在空格处填入适当的内容，构成完整程序。

```
Private Sub Button1_Click(ByVal sender As System.Object, ByVal e As System.EventArgs)_
        Handles Button1.Click
    Dim a, b, c, m As Integer
    m = InputBox("请输入一个正整数:")
    a = ________①________
    b = ________②________
    c = m Mod 10
    MsgBox "结果=" + ________③________
End Sub
```

3. 以下程序的功能是：在窗体中每次单击窗体时，窗体均向右移动 100 mm。请在空格处填入适当的内容，构成完整程序。

```
Public Class Form1
    Dim x As Integer
    Private Sub Button1_Click(ByVal sender As System.Object, ByVal e As System.EventArgs)_
            Handles Button1.Click
        x = x + ________①________
        Me.________②________ = x
    End Sub
End Class
```

4. 下列程序用于检查在文本框中输入的表达式中的圆括号是否匹配，请在空格处填入适当的内容，构成完整程序。

```
        Dim num As Integer
Private Sub TextBox1_KeyPress(ByVal sender As Object, _
          ByVal e As System.Windows.Forms.KeyPressEventArgs) Handles TextBox1.KeyPress
        If ______①______ Then
            num = num + 1
        ElseIf ______②______ Then
            num = num - 1
        End If
        If Asc(e.KeyChar) = 13 Then
            If ______③______ Then
                Label1.Text = "左右括号配对"
            ElseIf ______④______ Then
                Label1.Text = "左括号多于右括号" & num & "个"
            Else
                Label1.Text = "右括号多于左括号" & - num & "个"
            End If
        End If
End Sub
```

5. 下面是一模拟袖珍计算器的程序，输出界面如下图所示。请在空格处填入适当的内容，构成完整程序。

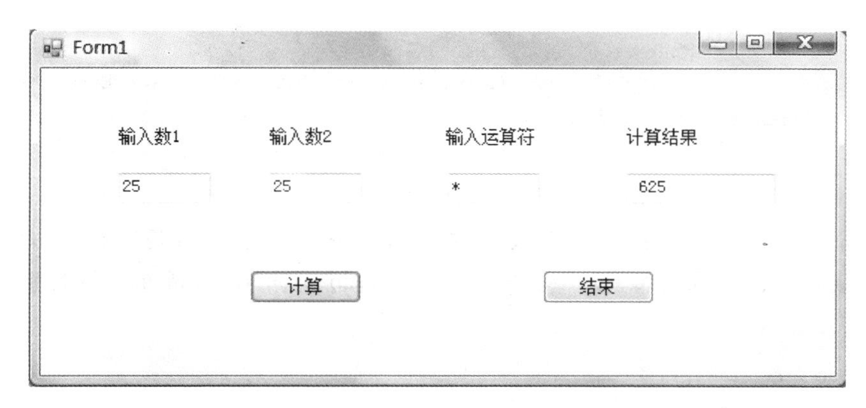


```
Private Sub Button1_Click(ByVal sender As System.Object, ByVal e As System.EventArgs)_
          Handles Button1.Click
        Dim sInput1 As Single, sInput2 As Single
        Dim iError As Integer
        sInput1 = Val(TextBox1.Text)
        sInput2 = Val(TextBox2.Text)
        Select Case ______①______
            Case "+"
                TextBox4.Text = Str(sInput1 + sInput2)
            Case "-"
                TextBox4.Text = Str(sInput1 - sInput2)
            Case "*"
```

```
                TextBox4.Text = Str(sInput1 * sInput2)
            Case "/"
                If sInput2<>0 Then
                    TextBox4.Text = Str(sInput1 / sInput2)
                Else
                    iError = MsgBox("分母为零,出错", vbRetryCancel)
                    If iError = vbRetry Then
                        TextBox2.Text = " "
                        _______②_______
                    Else
                        End
                    End If
                End If
            Case Else
                iError = MsgBox("运算符出错,再输入", vbRetryCancel)
                If iError = vbRetry Then
                    TextBox3.Text = " "
                    TextBox3.Focus()
                Else
                    End
                End If
        End Select
    End Sub

Private Sub Button2_Click(ByVal sender As System.Object, ByVal e As System.EventArgs)_
        Handles Button2.Click
    End
End Sub
```

6. 输入一个大于 0 且小于 1000 的整数,并判断其是否为同构数(所谓同构数,是指此数的平方数的最后几位与该数相等)。例如,25^2 为 625,25 是同构数,请在空格处填入适当的内容,构成完整程序。

```
Private Sub Form_Click()
    Dim a, b As Single
    a = Val(InputBox("输入一个数"))
    b = a * a
    If _______①_______ Then
        MsgBox Str(a) & "是同构数"
    Else
        MsgBox Str(a) & "不是同构数"
    End If
End Sub
```

7. 编写加密程序。在 TextBox1 中,将输入字符串中的所有小写字母转换为大写字母,同时按如下规律加密:"A"转换为"C"、"B"转换为"D"、…、"X"转换为"Z"、"Y"转换为"A"、"Z"转换为"B",出现在字符串中的其他字符不变,并在 TextBox2 中将结果输出,如下图所示。

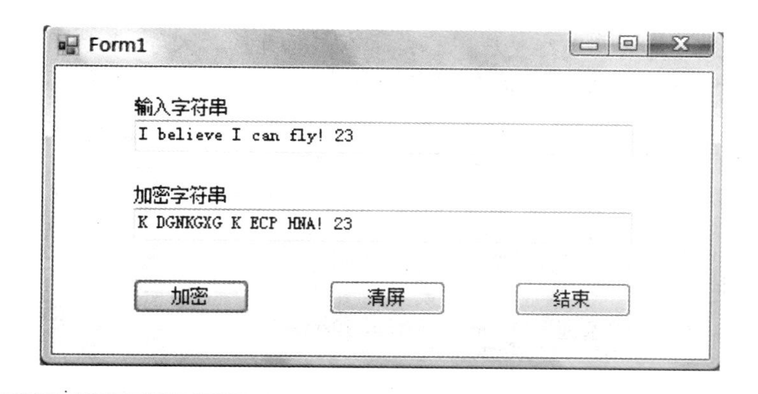

分析：加密有各种方法，最简单的加密方法是：将每个字母加一序数，本例中加序数 2。

```
Private Sub Button1_Click(ByVal sender As System.Object, ByVal e As System.EventArgs)_
        Handles Button1.Click
    Dim strin As String, code As String, ch As String
    Dim strlen, i, chasc As Integer
    strin = TextBox1.Text                    '用户输入的字符串
    strlen = ______①______                   '去掉字符串右边的空格,求真正的长度
    code = " "                               '加密后的字符串,初值为空
    For i = 1 To strlen
        ch = ______②______                   '取字符串中第 i 个字符
        ch = UCase(ch)                       '将小写字母转换为大写字母
        Select Case ch
            Case "A" To "Z"
                chasc = Asc(ch) + 2          '大写字母加序数加密
                If chasc > Asc("Z") Then chasc = chasc - 26    '加密后字母超过 Z
                code = code + ______③______
            Case Else
                code = code + ch             '当第 i 个字符为其他字符时不加密
        End Select
    Next i
    TextBox2.Text = code                     '显示加密后的字符
End Sub

Private Sub Button2_Click(ByVal sender As System.Object, ByVal e As System.EventArgs)_
        Handles Button2.Click
    Text1.Text = " "
    Text2.Text = " "
End Sub

Private Sub Button3_Click(ByVal sender As System.Object, ByVal e As System.EventArgs)_
        Handles Button3.Click
    End
End Sub
```

8. 对输入的任意大小写文章进行整理，规则：所有句子开头为大写，其他都是小写字母，句子结束符为“.”、“?”或“!”，运行界面如下图所示。

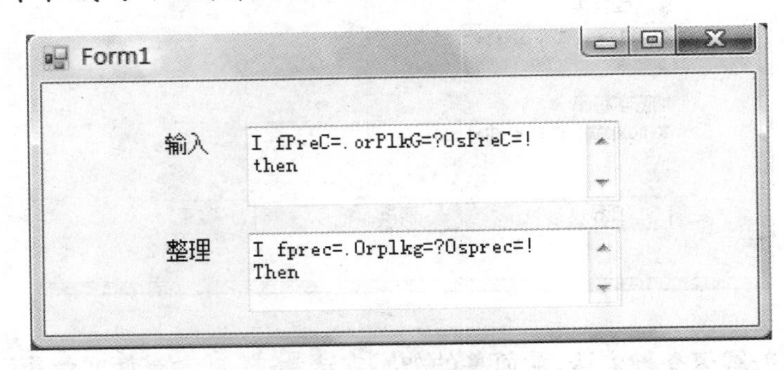

提示：要实现句首为大写字母，其他都是小写字母，必须设置一个变量，存放当前处理的字符的前一个字符，来判断前一字符是否为句子结束符。

```
Private Sub TextBox1_LostFocus(ByVal sender As Object, ByVal e As System.EventArgs)_
        Handles TextBox1.LostFocus
    Dim PreC As String, CurC As String, i As Integer
    PreC = "."
    TextBox2.Text = " "
    For i = 1 To Len(TextBox1.Text)
        CurC = ______①______
        If PreC = "." Or PreC = "?" Or PreC = "!" Then
            CurC = UCase(CurC)
        Else
            CurC = LCase(CurC)
        End If
        TextBox2.Text = TextBox2.Text & CurC
        PreC = ______②______
    Next i
End Sub
```

9. 求 S_n=a+aa+aaa+aaaa+...+aa...aaa(n 个 a)，其中 a 是一个由随机数产生的 1～9(包括 1，9)中的一个正整数，n 是一个由随机数产生的 5～10(包括 5，10)中的一个数，程序运行结果如下图所示。例如：当 a=7，n=8 时，S_n=7+77+777+7777+...+77...777(8 个 7)。

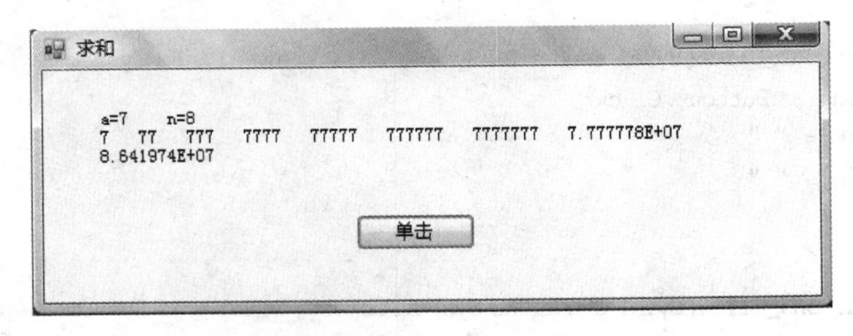

提示：该题通项的关键是将一个数不断增加位数，通项关系为：$T_{i+1} = T_i * 10 + a$

```
Private Sub Button1_Click(ByVal sender As System.Object, ByVal e As System.EventArgs)_
        Handles Button1.Click
      Dim s, t, i As Single, a, n As Integer
      a = Int(Rnd() * 9 + 1)
      n = Int(Rnd() * 6 + 5)
      _______①_______
      s = 0
      Label1.Text = "a=" & a & "    n=" & n & vbCrLf
      For i = 1 To n
         _______②_______
         s = s + t
         Label1.Text &= t & Space(3)
      Next i
      Label1.Text &= vbCrLf
      Label1.Text &= s
   End Sub
```

10. 显示出所有的水仙花数(一个3位数,其各位数字立方和等于该数字本身)。

```
Private Sub Button1_Click(ByVal sender As System.Object, ByVal e As System.EventArgs)_
        Handles Button1.Click
      Dim i, j, k, s As Integer
      Label1.Text = ""
      For i = _______①_______
         For j = 0 To 9
            For k = 0 To 9
               s = i * 100 + j * 10 + k
               If s = _______②_______ Then
                  Label1.Text &= s & "  "
               End If
            Next k
         Next j
      Next i
   End Sub
```

三、程序改错

1. 下面程序的功能是:随机产生一个两位数以内的整除算式,当在文本框中输入计算结果,并单击“查看答案”按钮后,弹出MsgBox信息框,显示正确答案,界面如下图。请找出程序中的错误,并改正之。

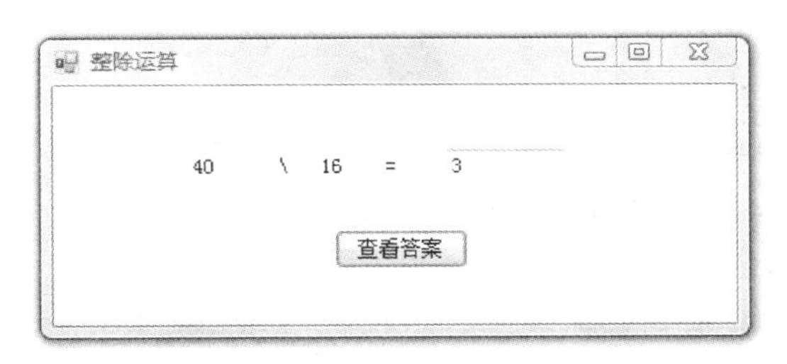

```
Private Sub Button1_Click(ByVal sender As System.Object, ByVal e As System.EventArgs)_
            Handles Button1.Click
    Dim x As Integer
    x = Val(Label1.Text) \ Val(Label3.Text)
    MsgBox("正确答案是:" & Str(x))
End Sub

Private Sub Form7_Load(ByVal sender As Object, ByVal e As System.EventArgs) Handles Me.Load
    Randomize()
    Label1.Text = Int(Rnd() * 100)
    Label3.Text = Int(Rnd())
End Sub
```

2. 下面程序的功能是：随机产生一个 3 位正整数在文本框内显示，单击“输出”按钮，弹出 MsgBox 信息框，将该正整数反序显示输出，界面如下图。请找出程序中的错误，并改正之。

```
Dim x As Integer
Private Sub Form8_Load(ByVal sender As System.Object, ByVal e As System.EventArgs)_
            Handles MyBase.Load
        Randomize()
        x = Int(Rnd() * 900) + 100
        TextBox1.Text = x
End Sub

Private Sub Button1_Click(ByVal sender As System.Object, ByVal e As System.EventArgs)_
            Handles Button1.Click
    Dim a, b, c, y
    a = x \ 100
    b = x \ 10 Mod 10
    c = x Mod 10
    y = cba
    MsgBox("反序输出的结果是:" & y)
End Sub
```

3. 下面程序的功能是：单击“计算”按钮，计算 1+2+3+...+n，其中 n<=50，当 n>50 时，请用户重新输入。n 的值在文本框中输入，界面如下图。请找出程序中的错误，并改正之。

```
Private Sub Button1_Click(ByVal sender As System.Object, ByVal e As System.EventArgs)_
```

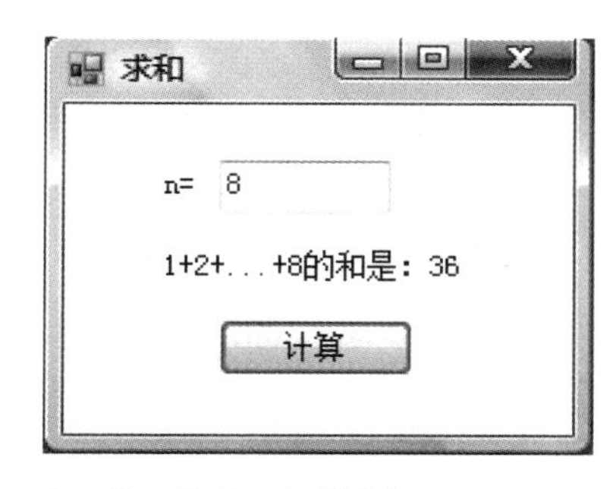

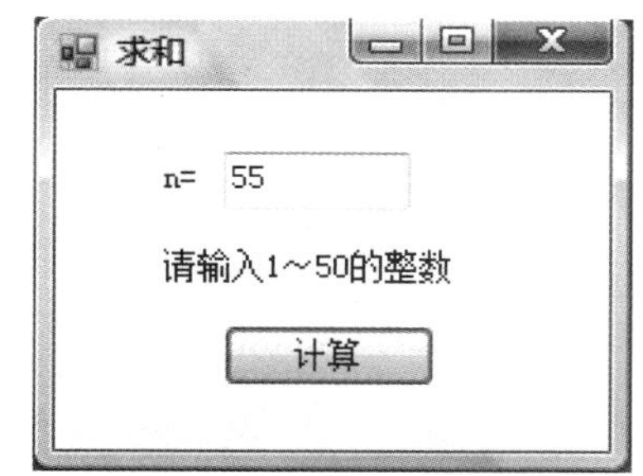


```
      Handles Button1.Click
    Dim n, i As Integer, s As Single
    s  = 0
    n = Val(TextBox1.Text)
    If 1 =< n <= 50 Then
        For i = 1 To n
            s = s + i
        Next i
        Label2.Text = "1+2+..." & n & " 的和是:" & s
    Else
        Label2.Text = "请重新输入一个 1～50 的整数"
        TextBox1.Focus()
    End If
End Sub
```

项目三　习　题

班级________　姓名________　学号________

一、选择题

1. 在 VB.NET 中，一组具有相同名字、不同下标的变量称为________。
   A. 数组　B. 变量　C. 同类数据　D. 同类变量
2. 一维数组的大小为________。
   A. 上界＋下界＋1　B. 上界＋下界－1　C. 上界－下界＋1　D. 上界－下界－1
3. 数组的存放是按________存放的。
   A. 数据大小　B. 数据类型　C. 列　D. 行
4. 数组具有相同的________。
   A. 下标　B. 类型　C. 数值　D. 存放地址
5. 重定义数组大小的语句是________。
   A. Dim 语句　B. ReDim 语句　C. Static 语句　D. Public 语句
6. 使用 Dim A(100) As Integer 语句声明了数组 A，其下标的取值范围为________。
   A. 0～100　B. 1～100　C. 0～99　D. 1～99
7. 若使用 Dim A(100) As Integer 语句声明了数组 A，下列引用错误的是________。
   A. A(0)＝2　B. A(1)＝ －28
   C. A(56)＝ A(－56)　D. A(100)＝A(0)＋A(55)
8. 如果要对已经声明的数组重新定义大小，并保留原有数据，可使用语句________。
   A. Dim　B. ReDim　C. Dim Preserve　D. ReDim Preserve
9. 对于 Integer 类型的静态数组，如果没有赋值，则所有元素的值为________。
   A. 空　B. 0　C. 1　D. 最大数
10. 执行重定义数组大小语句 ReDim A(UBound(B))后，A 数组的上界为________。
   A. B 数组的上界　B. B 数组的上界＋1　C. B 数组的上界 － 1　D. 不确定
11. 下列数组声明语句中正确的是________。
   A. Dim A(9) As Single ＝{1,2,3,4,5,6,7,8,9,10}
   B. Dim A() As Single ＝{1,2,3,4,5,6,7,8,9,10}
   C. Dim A() As Single ＝{1," abc "," ccc ",4,5,6,7,8,9,10}
   D. Dim A(,) As Single ＝{1,2,3,4,5,6,7,8,9,10}
12. 下列程序的输出结果是________。

```
Dim A() As Integer = {1,2,3,4,5,6,7}
For i = 0 to UBound(A)
   A(i) = A(i) * A(i)
Next i
```

```
MsgBox (A(i))
```

A. 49　　B. 0　　C. 不确定　　D. 程序出错

二、填空题

1. 数组元素下标下界为________，不能改变；下标上界只能用常数表达式定义。
2. 定义数组大小时，要想不丢失原有的数据，则必须在 ReDim 后边加上关键字________。
3. 若用 Dim A(3,5) As Integer 语句声明数组 A，A 数组有________个元素。
4. 数组的存放是按行存放的，因此要将控制数组第一维的循环变量放在________循环中。
5. 若有语句 A=Array(1,2,3,4,5,6,7,8)，则 A(5)的值是________。

三、程序填空

1. 以下的程序可以将数组下标为偶数的元素从小到大排序，其他元素不变，请在画线处填入适当的内容。

```
Private Sub Button1_Click(ByVal sender As System.Object, ByVal e As System.EventArgs)_
        Handles Button1.Click
    Dim a() As Integer = {90, 49, 23, 45, 11, 45, 67, 23, 68, 56}
    Dim i, j, n, temp As Integer
    n = UBound(a)
    For i = 0 To n
        Label1.Text = Label1.Text & a(i) & vbCrLf
    Next i
    For i = ___①___ To (n \ 2 - 1) * 2 ___②___
        For j = ___③___ To ___④___ Step 2
            If a(i) > a(j) Then
                temp = a(i)
                a(i) = a(j)
                a(j) = temp
            End If
        Next j
    Next i
    For i = 0 To n
        Label2.Text = Label2.Text & a(i) & vbCrLf
    Next i
End Sub
```

2. 以下的程序可以分别计算给定的 10 个数中正数之和和负数之和，最后输出这两个和数的绝对值之商，请在画线处填入适当的内容。

```
Private Sub Button1_Click(ByVal sender As System.Object, ByVal e As System.EventArgs)_
        Handles Button1.Click
    Dim a() As Integer = {23, -5, 23, -45, 11, 8, -3, 38, -31, 15}
    Dim s1, s2, i As Integer, x As Single
    s1 = 0
    s2 = 0
```

```
    For i = ____①____ To ____②____
        Label1.Text = Label1.Text & a(i) & vbCrLf
        If ____③____ Then
            s1 = s1 + a(i)
        Else
            s2 = s2 + a(i)
        End If
    Next i
    x = s1 / Math.Abs(s2)
    Label2.Text = x
End Sub
```

3. 以下的程序从键盘读取 40 个数保存到数组 a 中，将一维数组中各元素的值移到后一个元素中，而最末一个元素的值移到第一个元素中去。然后，按每行 4 个数的格式输出。请在画线处填入适当的内容。

```
Private Sub Button1_Click(ByVal sender As System.Object, ByVal e As System.EventArgs)_
        Handles Button1.Click
    Dim A(10) As Integer
    Dim i, b As Integer
    For i = 0 To 10
        A(i) = Val(InputBox("请输入一个整数"))
    Next i
    b = A(10)
    For i = ________①________
        A(i + 1) = A(i)
    Next i
    ________②________
    For i = 0 To 10
        If i ____③____ 4 = 0 Then Label1.Text = Label1.Text & vbCrLf
        Label1.Text = Label1.Text & A(i) & "  "
    Next i
End Sub
```

4. 下列程序的功能是对已知数组 A，删除数组中指定值的元素。

```
Private Sub Button1_Click(ByVal sender As System.Object, ByVal e As System.EventArgs)_
        Handles Button1.Click
    Dim A() As Integer = {1, 2, 3, 4, 5, 6, 7, 8, 9, 10}
    Dim key, i, j, n As Integer
    n = UBound(A)
    Key = Val(InputBox("输入要删除的值"))
    For i = 0 To n
        If ________①________ Then
            For j = i + 1 To n
                ________②________
            Next j
            ReDim ________③________
```

```
                MsgBox("删除完成")
                Exit For
            End If
        Next i
        If i > n Then MsgBox("找不到要删除的元素")
    End Sub
```

项目四　习　　题

班级________　姓名________　学号________

一、单选题

1. 在自定义函数过程体内，至少对函数名赋________值。

   A. 1次　　B. 2次　　C. 3次　　D. 4次

2. 自定义函数过程只能返回________值。

   A. 1个　　B. 2个　　C. 3个　　D. 多个

3. 要重复使用的程序段且返回值作为表达式时，应考虑选择用自定义________。

   A. 函数过程　　B. 子过程　　C. 循环　　D. 数据类型

4. 从函数过程退出，并返回到主调过程，可使用语句________。

   A. Exit Sub　　B. Enter　　C. Exit Function　　D. Exit

5. 以下关于函数过程的叙述中，正确的是________。

   A. 函数过程形参的类型与函数返回值的类型没有关系

   B. 在函数过程中，函数过程的返回值可以有多个

   C. 如果不指明函数过程的类型，则函数过程返回值就没有类型

   D. 函数过程也可以没有返回值

6. 在窗体模块中自定义过程前加 Private 关键字，该过程可以在________中被调用。

   A. 本窗体　　B. 其他窗体

   C. 该应用程序其他模块　　D. 其他应用程序

7. 若有一个过程定义成 Public Sub W1(ByVal x As Integer, ByRef As Integer)，调用该过程的正确形式是________。

   A. W1(x,3)　　B. Call W1(x,3)　　C. Call W1　　D. W1(3,x)

8. 用于声明窗体模块内各过程都能使用的变量的语句是________。

   A. Public　　B. Private　　C. Dim　　D. Static

二、多选题

1. 以下关于过程及过程参数的描述中，正确的是________。

   A. 过程的形参不可以是控件名称

   B. 用数组作为过程的实参数时，应确定数组的大小

   C. 只有函数过程能够将过程中处理的信息传回到调用的程序中

   D. 文本框的内容不可以作为过程的实参

2. 在窗体模块中自定义过程前加 Public 关键字，该过程可以在________中被调用。

   A. 本窗体　　B. 其他窗体

   C. 该应用程序其他模块　　D. 其他应用程序

3. 下列是声明语句中可用的关键字________。

A. Array　　B. Static　　C. Dim　　D. Private

4. 函数过程和子过程的参数传递方式有________。

A. 数组　　B. 函数　　C. 传值　　D. 传址

三、填空题

1. 在函数过程或子过程的定义中，将形参定义为传值方式，可保证实参的值________。
2. 在同一窗体的两个事件过程中用到变量 x、y。变量 x、y 的声明语句应放在________。
3. 在所有窗体中都能调用的函数过程，应在声明时用关键字________。
4. 静态(Static)变量的特点是再次调用时________。
5. 调用子过程或函数过程时，实参的个数、________、类型必须和形参一致。

四、程序填空

1. 下面函数过程功能是求两数之和。请在空格中填写适当的内容。

```
Function addsum(ByVal x As Integer, ByVal y As Integer)
        ____________________
End Function
```

2. 下列是交换两个变量值的子过程。请在空格中填写适当的内容。

```
Sub swap(ByVal x As Integer, ByVal y As Integer)
    Dim t As Integer
    t = x
    ____________________
    y = t
End Sub
```

3. 下列是求数组中最大元素的子过程，并在按钮的单击事件过程中调用该过程，将数组中最大数显示在标签中。请在空格中填写适当的内容。

```
Public Class Form1
    Sub Amax(ByRef x() As Integer, ByVal max As Integer)
        Dim i As Integer
        max = x(LBound(x))
        For i = LBound(x) To UBound(x)
            If x(i) > max Then  _____①_____
        Next i
    End Sub
    Dim k(9) As Integer
    Private Sub Button1_Click(ByVal sender As System.Object, ByVal e As System.EventArgs)_
            Handles Button1.Click
        Dim i As Integer, m As Integer
        For i = 0 To 10
            k(i) = Int(Rnd() * 100)
        Next i
        _____②_____
```

```
        Label1.Text = "最大数为:" & CStr(m)
    End Sub
End Class
```

4. 下列程序中的变量 x、y 在窗体模块的两个按钮单击的事件过程中用到,请在适当的位置声明变量 x、y。

```
Private Sub Button1_Click(ByVal sender As System.Object, ByVal e As System.EventArgs)_
            Handles Button1.Click
    x = InputBox("输入 x 的值")
    y = InputBox("输入 y 的值")
    Label1.Text = CStr(x + y)
End Sub

Private Sub Button2_Click(ByVal sender As Object, ByVal e As System.EventArgs)_
            Handles Button2.Click
    Label1.Text = CStr((x + y) /2)
End Sub
```

项目五 习 题

班级________ 姓名________ 学号________

一、选择题

1. Timer 控件可用于后台进程中，要使 Tick 事件每半秒钟触发一次，则需设置 Interval 属性值为________。

   A. 50　　B. 500　　C. 5　　D. 0.5

2. 如果组合框 ComboBox1 中已有 10 项数据，应使用语句________将数据"Mydata"插入到第 5 项。

   A. ComboBox1. Items. Insert (4,"Mydata")　　B. ComboBox1. Insert "Mydata", 5

   C. ComboBox1. Insert "Mydata", 4　　D. ComboBox1. AddItem "Mydata", 5

3. 如果列表框 ListBox1 中已有 10 项数据，应使用语句________将数据"Mydata"插入到列表框的第 3 项。

   A. ListBox1. AddItem "Mydata", 2　　B. ListBox1. Items. Insert (2,"Mydata")

   C. ListBox1. Insert "Mydata", 2　　D. ListBox1. Insert "Mydata", 3

4. Timer 控件可用于后台进程中，可在 Tick 事件内编程，要触发 Tick 事件，必须通过________属性。

   A. Tag、Tick　　B. Enabled、Interval　　C. Visible、Tick　　D. Enabled、Tick

5. 设置窗体中鼠标指针的形状可通过________属性来进行。

   A. Icon　　B. MouseIcon　　C. Cursor　　D. Picture

6. 引用列表框 ListBox1 最后一个数据项应使用________。

   A. ListBox1. Items (ListCount)　　B. ListBox1. Items (ListCount−1)

   C. ListBox1. Items (ListBox1. Items. Count−1)　　D. ListBox1. Items (List1. ListCount)

7. 下面不属于键盘事件的是________。

   A. KeyPress　　B. KeyUp　　C. KeyAscii　　D. KeyDown

8. 下面不属于鼠标事件的是________。

   A. MouseIcon　　B. MouseMove　　C. MouseDown　　D. MouseUp

9. ________组中的所有控件，可以在用户界面上作为其他控件的容器。

   A. 窗体、图片框、框架　　B. 窗体、图片框、组合框

   C. 窗体、图片框、文本框　　D. 窗体、文本框、命令按钮

10. 在一个列表框 ListBox1 中已按序放入 ONE、TWO、THREE、FOUR、FIVE、SIX 六个字符串数据项，执行下面的程序后：

```
Private Sub Form_Click()
  For i = 1 To 3
    ListBox1.Items.Remove (ListBox1.Items(i))
```

```
        Next i
    End Sub
```

列表框中的数据项是________。

A. ONE,FIVE,SIX　　B. TWO,FOUR,SIX
C. FOUR,FIVE,SIX　　D. ONE,THREE,FIVE

11. 在程序运行期间,如果拖动滚动条的滑块,则该滚动条________事件将被触发。
A. Move　　B. ValueChange　　C. Scroll　　D. GetFocus

12. 用户在组合框中输入或选择的数据可以通过一个属性获得,这个属性是________。
A. List　　B. ListIndex　　C. Text　　D. ListCount

13. 关于自定义对话框概念的说明,错误的是________。
A. 建立自定义对话框时必须执行添加窗体的操作
B. 自定义对话框实际上是 VB.NET 的窗体
C. 在窗体上还要使用其他控件才能组成自定义对话框
D. 自定义对话框不一定要有与之对应的事件过程

14. 下面 TextChange 事件过程中,文本框控件 TextBox1 用来接收数字字符的输入,该事件过程的作用是________。

```
Private Sub TextBox1_TexkChange()
        TextBox2.Text = Str(6.28 * Val(TextBox1.Text))
End Sub
```

A. 将在文本框 TextBox1 输入的数字变为数值
B. 将在文本框 TextBox1 输入的数字作为半径,求圆的周长并转换为字符串
C. 只要 TextBox1 中的内容一改变,TextBox2 中显示的圆周长也随之改变
D. 事件过程中的 Val 函数和 Str 函数使用错误,事件过程不能执行

15. 建立一个名称为 SaveFileDialog1 的通用对话框,一个名称为 Button1 的命令按钮,要求单击命令按钮时,打开一个保存文件的对话框,该窗口的标题为"Save",缺省文件名称为"SaveFile",在"文件类型"栏中显示 *.txt,则能够满足上述要求的程序段是________。

A.
```
SaveFileDialog1.FileName = "SaveFile"
SaveFileDialog1.Filter = "AllFiles|*.*|(*.txt)|*.txt|(*.doc)|*.doc"
SaveFileDialog1.FilterIndex = 2
SaveFileDialog1.Title = "Save"
SaveFileDialog1.ShowDialog()
```

B.
```
SaveFileDialog1.FileName = "SaveFile"
SaveFileDialog1.Filter = "AllFiles|*.*|(*.txt)|*.txt|(*.doc)|*.doc"
SaveFileDialog1.FilterIndex = 1
SaveFileDialog1.DialogTitle = "Save"
SaveFileDialog1.ShowDialog()
```

C.
```
SaveFileDialog1.FileName = "Save"
SaveFileDialog1.Filter = "AllFiles|*.*|(*.txt)|*.txt|(*.doc)|*.doc"
SaveFileDialog1.FilterIndex = 2
SaveFileDialog1.DialogTitle = "SaveFile"
SaveFileDialog1.ShowDialog()
```

D. SaveFileDialog1.FileName = "SaveFile"
SaveFileDialog1.Filter = "AllFiles|*.*|(*.txt)|*.txt|(*.doc)|*.doc"
SaveFileDialog1.FilterIndex = 1
SaveFileDialog1.DialogTitle = "Save"
SaveFileDialog1.Show()

16. 下列说法正确的是________。
 A. 对象的可见性可设为 True 或 False
 B. 标题的属性值不可设为任何文本
 C. 属性窗口中属性只能按字母顺序排列
 D. 某些属性的值可以跳过不设置，自动设为空值
17. 在定时器控件中，Interval 属性的作用是________。
 A. 决定是否响应用户的操作
 B. 设置定时器事件之间的间隔
 C. 存储程序所需要的附加数据
 D. 设置定时器顶端和其容器之间的距离

二、填空题

1. 窗体上放置了若干个文本框和复选按钮，当窗体装入后，要将焦点自动定位到复选按钮 CheckBox1 上，则在设计时需要将 CheckBox1 控件的________属性设置为________。
2. 对于窗体上的复选按钮，如果不允许进行操作，应通过________属性进行设置。
3. 当单击垂直滚动条的箭头时，要使滑块的移动量为 15，则需通过________属性来控制。
4. 要使装入到列表框中的数据项能自动排序，应设置该控件的________属性为 True。
5. 对于 ComboBox 控件，SelectedIndex 属性表示当前选择项目的索引。如果当前没有选择项目，则该属性值为________。
6. 为了删除列表框中的项目，需要使用________方法。
7. 为了添加 ComboBox 控件中的项目，需要使用________方法。
8. 要返回或设置水平滚动条最左位置值，需要通过________属性来实现。
9. 当单击滚动条和滚动箭头之间的区域时，________属性控制滚动条控件的 Value 属性的改变量。
10. 当用户单击滚动条箭头时，________属性控制滚动条控件的 Value 属性值的改变量。
11. 如果有五个单选按钮，其中两个在一个框架中，另外三个在窗体上，则运行时，可以同时选中________个单选按钮。
12. 在一个窗体中有 6 个 CheckBox 控件，则运行时，最多可以同时选择________个 CheckBox 控件。
13. VB.NET 中，控件________是一种组合了文本框和列表框特性的控件。
14. 用户在组合框中输入或选择的数据，可以通过________属性获得。
15. 如果要每隔 3 秒触发一次定时器事件，则定时器控件的 Interval 属性的属性值应设置为________。
16. 在程序运行过程中，通常使用________方法来清除列表框中的所有内容。
17. 为了改变定时器控件的时间间隔，应该修改该控件的________属性。

18. 现有组合框 ComboBox1 已有 5 个选项，若要删除第 3 个选项，且该项内容为"18～25 岁"，则应使用的语句是________。
19. 在窗体上加上一个文本控件 TextBox1，画一个命令按钮，当单击命令按钮的时候将显示"打开文件"对话框，设置该对话框只用于打开文本文件，然后在文本控件中显示打开的文件名。请填空。

```
 Private Sub Button1_Click(ByVal sender As System.Object, ByVal e As System.EventArgs)_
            Handles Button1.Click
   OpenFileDialog1.Filter = ______①______
   OpenFileDialog1.ShowDialog()
   TextBox1.Text = ______②______
End Sub
```

项目六　习　　题

班级________　姓名________　学号________

一、选择题

1. 要在下拉菜单或弹出式菜单中的菜单项间设置一条分隔线，应将该菜单项的标题内容设置为________。
   A. －(减号)　　B. _(下划线)
   C. ＋(加号)　　D. &
2. 要设置某个菜单项的访问键(或热键)，应在该菜单项的标题内容中的某个字符前加________。
   A. @　　B. |　　C. %　　D. &
3. 要把一个名称为mnuColor的菜单项设置为不可见的语句是________。
   A. mnuColor. Checked＝False　　B. mnuColor. Enable＝False
   C. mnuColor. Visible＝False　　D. mnuColor. Text＝False
4. 一个主菜单项的标题设计为"文件(&F)"，则按下________键可打开其下拉菜单。
   A. Ctrl＋F　　B. Alt＋F　　C. Shift＋F　　D. F

二、填空题

1. 在实际应用中，程序中的菜单有两种基本类型，它们分别是________和________。
2. 在多重窗体中，设置启动窗体的方法是：通过执行________菜单中的________菜单命令，打开________对话框。
3. 若同时按下Shift键和其他键，则KeyDown/KeyUp事件过程中________为True。
4. 弹出菜单是通过________控件建立的。

项目七　习　　题

班级________　姓名________　学号________

一、选择题

1. ________具有属性和方法,并可以触发事件。
   A. 控件　　B. 窗体　　C. 类　　D. 对象
2. 由新类创建的新的对象称为________。
   A. 控件　　B. 类的一个实例　　C. 实例化对象　　D. 对象的实例化
3. 在面向对象的术语中,封装是指将一个数据项的特性和行为组合在一起放到一个________中。
   A. 控件　　B. 类的定义　　C. 对象的定义　　D. 过程的定义
4. 多态允许多级继承中不同类的对象具有类似的方法名,但不同的________不同。
   A. 特性　　B. 对象行为　　C. 对象定义　　D. 对象事件
5. 继承提供了从一个已有的类中派生新类的方法。该已有的类称为________。
   A. 自定义类　　B. 基类、超类　　C. 子类　　D. 派生类
6. 继承类称为________。
   A. 自定义类　　B. 基类、超类　　C. 子类、派生类　　D. 派生类或超类
7. 面向对象编程的特点是在一个应用程序中创建的类可以在________中重复使用。
   A. 其他类定义　　B. 其他派生类　　C. 其他子类　　D. 其他应用程序
8. 要想使类的属性在类外可用,应使用________过程。
   A. Preperty　　B. Private　　C. Public　　D. Mybase
9. 类内部存储属性的变量应该是________的。
   A. 私有　　B. 公共　　C. 局部　　D. 整体
10. 类的公共函数和子过程模块都是它的________。
    A. 事件　　B. 行为　　C. 属性　　D. 方法
11. 只读属性通常用________关键字声明。
    A. Class　　B. Public　　C. ReadOnly　　D. Preperty
12. 只读属性只有一个________访问方法。
    A. Class　　B. Get　　C. Read　　D. Preperty
13. 只写属性通常用________关键字声明。
    A. Class　　B. WriteOnly　　C. ReadOnly　　D. Preperty
14. 只读属性只有一个________访问方法。
    A. Write　　B. Get　　C. Read　　D. Set
15. 构造函数方法必须以________命名,并且会被重载。
    A. New　　B. Get　　C. Read　　D. Set

16. 在创建一个新对象时，参数化的构造函数需要有________。
    A. 参数　B. 变量　C. 属性　D. 行为
17. 使用________关键字声明共享成员。
    A. Public　B. Private　C. Shared　D. Class
18. ________是当对象被创建时自动执行的一个方法。
    A. 共享函数　B. 公共函数　C. 构造函数　D. 定义函数

二、填空题

1. 根据面向对象的编程思想，可以把运输制造业中的汽车和设计图对应的理解为________和类的关系。
2. 每个类的声明都包含关键字________。
3. VB.Net 中，使用关键字________可创建其右边类的一个对象(或实例)。
4. 类声明中的方法的形参应制定其________和________。
5. 访问限定符号包括 public、________、________、________。
6. 通过________机制实现了软件复用，新定义的类吸取了已有类的功能，并提供增强了新功能。
7. 类与类的实例对象(实例)之间有两种关系。其中________关系中，一个子类对象也可以看成是它的基类对象，而________关系中，一个类的对象包含了其他类的对象的引用，把它们作为它的成员看待和使用。
8. 对于基类访问控制符为________成员(方法、属性)，当应用程序中拥有这个基类的对象引用或者拥有它的任何派生类的对象引用时，就可以访问这类成员。
9. 通过关键字________，在派生类的构造函数中可以调用其基类的构造函数。
10. 继承可以促进高质量软件的________。

项目八 习 题

班级________ 姓名________ 学号________

一、选择题

1. VB按文件的访问方式不同，可以将文件分为________。
   A. 顺序文件、随机文件和二进制文件　　B. 文本文件和数据文件
   C. 数据文件和可执行文件　　D. ASCII文件和二进制文件
2. 下面叙述中不正确的是________。
   A. 对顺序文件中的数据的操作只能按一定的顺序执行
   B. 顺序文件结构简单
   C. 能同时对顺序文件进行读写操作
   D. 顺序文件的数据是以字符(ASCII码)的形式存储的
3. 在顺序文件中________。
   A. 每条记录的记录号按从小到大排序
   B. 每条记录的长度按从小到大排序
   C. 按记录的某个关键数据项的排序顺序组织文件
   D. 记录按写入的先后顺序存放，并按写入的先后顺序读出
4. 要在C盘当前文件夹下建立一个名为StuData.dat的顺序文件，应先使用________语句。
   A. FileOpen (2," StuData.dat ", OpenMode.Output)
   B. FileOpen (2," C:StuData.dat ", OpenMode.Input)
   C. FileOpen (2," C:StuData.dat ", OpenMode.Output)
   D. FileOpen (2," StuData.dat ", OpenMode.Input)
5. 执行语句FileOpen(2, "C:StuData.dat", OpenMode.Input)后，系统________。
   A. 将C盘当前文件夹下名为StuData.dat的文件的内容读入内存
   B. 将C盘当前文件夹下建立名为StuData.dat的顺序文件
   C. 将内存数据存放在C盘当前文件夹下名为StuData.dat的文件中
   D. 将某个磁盘文件的内容写入C盘当前文件夹下名为StuData.dat的文件中
6. 如果在C盘当前文件夹下已存在名为StuData.dat的顺序文件，那么执行语句FileOpen (1," C:StuData.dat ", OpenMode.Append)之后将________。
   A. 删除文件中原有内容
   B. 保留文件中原有内容，可在文件尾添加新内容
   C. 保留文件中原有内容，在文件头开始添加新内容
   D. 以上均不对
7. 下面叙述中不正确的是________。
   A. 若使用Write语句将数据输出到文件，则各数据项之间自动插入逗号，并且将字符串

加上双引号

B. 若使用 Print 语句将数据输出到文件,则各数据项之间没有逗号分隔,且字符串不加双引号

C. Write 语句和 Print 语句建立的顺序文件格式完全一样

D. Write 语句和 Print 语句均实现向文件中写入数据

8. 文件号最大可取的值为________。

A. 255　　B. 511　　C. 512　　D. 256

9. 要从磁盘上新建一个文件名为"C:\Data.txt"的顺序文件,下列________正确。

A. F="C:\Data.txt"
FileOpen (2,F, OpenMode.Append)

B. F="C:\Data.txt"
FileOpen (2,"F", OpenMode.Output)

C. FileOpen (2,C:\Data.txt, OpenMode.Output)

D. FileOpen (2,"C:\Data.txt", OpenMode.Output)

10. 下面叙述中不正确的是________。

A. 随机文件中记录的长度不是固定不变的

B. 随机文件由若干条记录组成,并按记录号引用各个记录

C. 可以按任意顺序访问随机文件中的数据

D. 可以同时对打开的随机文件进行读写操作

11. 在随机文件中________。

A. 记录号是通过随机数产生的　　B. 可以通过记录号随机读取记录

C. 记录的内容是随机产生的　　D. 记录的长度是任意的

12. 下面叙述中不正确的是________。

A. 结构类型必须在窗体或模块的通用声明段进行声明

B. 结构类型只能在窗体的通用声明段进行声明

C. 在窗体中定义结构类型时必须使用 Private 关键字

D. 结构类型中的元素类型可以是系统提供的基本数据类型或已声明的结构类型

13. 随机文件使用________函数写数据,使用________函数读数据。

A. Input　　B. Write　　C. FilePut　　D. FileGet

14. 关于随机文件的描述,不正确的是________。

A. 每条记录的长度必须相同

B. 一个文件中记录号不必唯一

C. 可通过编程对文件中的某条记录方便地修改

D. 文件的组织结构比顺序文件复杂

15. 为了建立一个随机文件,其中每一条记录由多个不同数据类型的数据项组成,应使用________。

A. 结构类型　　B. 数组

C. 字符串类型　　D. 变体类型

16. 要建立一个学生成绩的随机文件,如下定义了学生的结构类型,由学号、姓名、一门课程成绩(百分制)组成,程序段________正确。

A.
```
Structure stud
    no As Integer
    name As String
    mark As Single
End Structure
```

B.
```
Structure stud
    Dim no As Integer
    Dim name As String * 10
    Dim mark As Single
End Structure
```

C.
```
Structure stud
    Dim no As Integer
    <VBFixedString(10)> Dim name As String
    Dim mark As Single
End Structure
```

D.
```
Structure stud
    no As Integer
    name As String * 10
    mark As String
End Structure
```

17. 为了使用上述定义的结构类型，对一个学生的各数据项通过赋值语句获得，其值分别为9801、“李平”、78，下列________程序段正确。

A.
```
Dim s As stud
stud.no = 9801
stud.name = "李平"
```

B.
```
Dim s As stud
stud = {9801,"李平",78}
stud.mark = 78
```

C.
```
Dim s As stud
s.no = 9801
s.name = "李平"
s.mark = 78
```

D.
```
Dim s As stud
s = {9801,"李平",78}
```

18. 对已定义好的学生结构类型，要在内存存放10个学生的学习情况，如下数组声明：

```
Dim s10(0 to 9) As stud
```

要表示第3个学生成绩和该生的姓名，________正确。

A. s10(2). mark，s10(2). Name

B. s3. mark，s3. Name

C. s10(3). mark，s10(3). Name

D.
```
With s10(3)
    .mark
     Name
End With
```

二、填空题

1. 顺序文件以________的方式存放数据，可用________建立、显示和编辑。
2. 顺序文件记录可________，读出某一条记录速度慢，不能直接对文件进行修改，适宜于________。
3. 顺序文件的写模式是____________，读模式是____________。
4. 文件号范围是________________。
5. 结构数据类型一般在________中定义，定义为________，结构数据类型可以出现在工程的任何地方。若在窗体模块中定义必须是________。
6. 结构数据类型中的元素类型可以是字符串，但必须是________。
7. 随机文件中每条记录________、各数据项长度固定，每个记录________，读写文件按__________。

8. LOF()函数________。

9. EOF()函数________________________。

三、程序填空题

1. 在C盘当前文件夹下建立一个名为StuData.txt的顺序文件。要求用InputBox函数输入5名学生的学号(StuNo)、姓名(StuName)和英语成绩(StuEng),并存入文件。

```
Structure student
    Dim s_name As String
    Dim s_sex As String
    Dim s_birthday As Date
    Dim s_score As Single
End Structure
Private Sub Button1_Click(ByVal sender As System.Object, ByVal e As System.EventArgs)_
        Handles Button1.Click
    Dim s As student
    Dim i As Short
    _________①_________
    For i = 1 To 5
        s.s_name = InputBox("请输入学生姓名:")
        s.s_sex = InputBox("请输入学生性别:")
        s.s_birthday = DateValue(InputBox("请输入学生出生日期:"))
        s.s_score = InputBox("请输入学生录取成绩:")
        _________②_________
        Write(1, Chr(13) & Chr(10))
    Next i
    ______③______
End Sub
```

2. 打开上一题建立的顺序文件StuData.txt,读取文件中的数据,并将数据显示在文本框中。

```
Private Sub Button2_Click(ByVal sender As System.Object, ByVal e As System.EventArgs)_
        Handles Button2.Click
    Dim s As String, str As String, cl As String
    cl = Chr(13) & Chr(10)
    _________①_________
    Debug.Write("姓名" & Space(3) & "性别" & Space(3) & _
            "出生日期" & Space(3) & "录取成绩" & cl)
    Do While ___②___
      _________③_________
        If str <> cl Then
            s = s & str & Space(4)
        Else
            s = s & cl
        End If
    Loop
    TextBox1.Text = s
```

```
        FileClose(1)
    End Sub
```

3. 在C盘当前文件夹下建立一个名为Data.txt的顺序文件。要求用文本框输入若干英文单词，每次按下回车键时写入一条记录，并清除文本框中的内容，直至在文本框中输入"END"时为止。

```
Private Sub Form1_Load(ByVal sender As System.Object, ByVal e As System.EventArgs)_
            Handles MyBase.Load
    FileOpen(1, "C:\Data.txt", OpenMode.Output)
    TextBox1.Text = ""
End Sub

Private Sub TextBox1_KeyPress(ByVal sender As Object,__
            ByVal e As System.Windows.Forms.KeyPressEventArgs) Handles TextBox1.KeyPress
    If e.KeyChar = Chr(13) Then
        If ______①______ = "END" Then
            ______②______
            End
        Else
            ______③______
            TextBox1.Text = ""
        End If
    End If
End Sub
```

4. 在C盘当前文件夹下有一个已建立好的顺序文件alph.txt，文件内容为只含有字母的一个字符串(有双引号界定符)。单击窗体，打开alph.txt文件，读取字符串并显示在文本框TextBox1中，然后调用StrSort过程将此字符串按ASCⅡ码的顺序重新排列并显示在文本框TextBox2中，最后将重新排列的字符串存入文件alphout.txt中(无双引号界定符)。

```
Private Sub Form1_Click(ByVal sender As Object, ByVal e As System.EventArgs) Handles Me.Click
        Dim StrIn As String, StrOut As String
        FileOpen(2, "C:\alph.txt", OpenMode.Input)
        ______①______
        FileClose()
        TextBox1.Text = StrIn
        StrOut = ______②______
        TextBox2.Text = StrOut
        FileOpen(2, "C:alphout.txt", OpenMode.Output)
        ______③______
        FileClose()
End Sub

    Private Function StrSort(ByVal s As String) As String
        Dim sArr() As String, i As Integer, n As Integer, j As Integer
        Dim t As String
```

```
    n = Len(s)
    ___④___ sArr(n)
    For i = 1 To n
        sArr(i) = Mid(s, i, 1)
    Next i
    For i = 1 To n - 1
        For j = i + 1 To n
            If sArr(i) > sArr(j) Then
                t = sArr(i) : sArr(i) = sArr(j) : sArr(j) = t
            End If
        Next j
    Next i
    For i = 1 To n
        ___⑤___
    Next i
End Function
```

5. 将C盘根目录下的一个文本文件 old. txt 复制到新文件 new. txt 中，并利用文件操作语句将 old. dat 文件从磁盘上删除。

```
Private Sub Button1_Click(ByVal sender As System.Object, ByVal e As System.EventArgs)_
        Handles Button1.Click
    Dim str1 As String
    FileOpen(1, "C:\old.txt", ___①___)
    FileOpen(2, "C:\new.txt", ___②___)
    Do While ___③___
        ___④___
        Print(2, str1)
    Loop
    ___⑤___
    ___⑥___
End Sub
```

6. 文本文件合并。将文本文件"ttxt. txt"合并到"t1. txt"文件中。

```
Private Sub Button1_Click(ByVal sender As System.Object, ByVal e As System.EventArgs)_
        Handles Button1.Click
    Dim str1 As String
    FileOpen(1, "C:\t1.txt", ___①___)
    FileOpen(2, "C:\ttxt.txt", ___②___)
    Do While Not EOF(2)
        str1 = LineInput(2)
        Print(1, str1)
    Loop
    FileClose()
End Sub
```

7. 建立一个通讯录的随机文件 phonBook. txt，内容包括姓名、电话、地址和邮编，用文本框输入数据。单击“添加记录”按钮 Button1 时，将文本框数据写入文件，单击“显示”按钮 Button2 时，将文件中所有记录内容显示在文本框中。

```
Private Structure PersData
    Dim Name As String
    Dim Phon As String
    Dim Address As String
    Dim PostCd As String
End Structure
Dim xData As PersData
Private Sub Form1_Load(ByVal sender As System.Object, ByVal e As System.EventArgs)_
            Handles MyBase.Load
    FileOpen(1, "C:\phonBook.txt", OpenMode.Random)
End Sub

Private Sub Button1_Click(ByVal sender As System.Object, ByVal e As System.EventArgs)_
            Handles Button1.Click
    xData.Name = TextBox1.Text
    xData.Phon = TextBox2.Text
    xData.Address = TextBox3.Text
    xData.PostCd = TextBox4.Text
    __________①__________
    TextBox1.Text = "" : TextBox2.Text = ""
    TextBox3.Text = "" : TextBox4.Text = ""
End Sub

Private Sub Button2_Click(ByVal sender As System.Object, ByVal e As System.EventArgs)_
            Handles Button2.Click
    Dim reno As Integer, i As Integer, s As String
    reno = LOF(1) / Len(xData)
    i = 1
    Do While i <= reno
        __________②__________
        s = s & xData.Name & "    " & xData.Phon & "    " & xData.Address & "    "_
                  & xData.PostCd & Chr(13) & Chr(10)
        i = i + 1
    Loop
    TextBox5.Text = s
End Sub
```

项目九　习　　题

班级________　姓名________　学号________

一、单选题

1. 绘画界面由________对象创建。
   A. Graphics　B. Picture
   C. PictureBox　D. 以上均可
2. 每次重新绘制窗体时图形也随之重新绘制，一般需要将 Graphics 方法放在窗体的________事件中。
   A. Load　B. Paint
   C. Activated　D. FormClosing
3. ________对象用于画线条或形状的外观。
   A. . Graphics　B. . Paint　C. PictureBox　D. Pen
4. ________对象用于填充形状。
   A. Graphics　B. Paint　C. Brush　D. Pen
5. 绘图中的度量单位是________。
   A. 厘米　B. 英寸　C. 像素　D. 百分比
6. 坐标系统的(0，0)是________对象的左上角。
   A. 屏幕　B. 窗体　C. 容器　D. Picture
7. Graphics 方法的参数可以是声明的________结构。
   A. Point　B. Picture　C. Random　D. 以上均可
8. 活动的. gif 文件可以显示在________控件中。
   A. Point　B. PictureBox　C. Random　D. 以上均可
9. 在________阶段图片可以载入、位置、大小可以被改变。
   A. 运行　B. 调试　C. 非活动　D. 活动
10. ________组件可以触发 Tick 事件。
   A. 按钮　B. 复选框　C. 定时器　D. 列表框

二、填空题

1. 构造画布需要通过________方法构造 Graphics 类的实例。
2. g. Clear(Color. Blue)表示将________设置成蓝色。
3. 可用________释放绘图对象。
4. 不能直接将 Brush 类实例化，只能实例化它的________对象。
5. 通过________类定义单色刷。
6. 渐变刷由 LinearGradientBrush 类定义，需要________个参数。

7. 用 Font 类的构造函数建立一种字体，需要________个参数。
8. 窗体对象的________属性可以改变窗体外形。
9. GDI+在________命名空间中定义类。
10. 二维矢量绘图功能的命名子空间是________。

项目十　习　　题

班级________　姓名________　学号________

一、单选题

1. 数据库绑定列表框 ListBox 和下拉列表框 ComboBox 控件中的列表数据通过属性________从数据集中取得。
   A. DataSource 和 DataField　　B. DataSource 和 DisplayMember
   C. BoundColumn 和 BoundText　　D. RowSource 和 ListField
2. 下列所显示的字符串中，字符串________不包含在连接对象的 ConnectionString 属性内。
   A. Microsoft. Jet. OLEDB. 4. 0　　B. DataSource=C:\Mydb. mdb
   C. Password=""　　D. 2 - adCmdTable
3. 数据库的记录集(Recordset)是一个对象，在 VB 程序中真正控制数据进行各种操作是针对数据控件中的 Recordset 对象。在记录集内移动到第 1 条记录，使用________方法。
   A. MoveLast　　B. Movefirst　　C. MoveNext　　D. MovePrevious
4. 数据库、数据库系统、数据库管理系统三者之间的关系是________。
   A. 数据库系统包含数据库和数据库管理系统
   B. 数据库管理系统包含数据库和数据库系统
   C. 数据库包含数据库系统和数据库管理系统
   D. 数据库系统与数据库、数据库管理系统三者等价
5. 查询每门课程的最高分，要求得到的信息包括课程名称和分数。正确的命令是________。
   A. SELECT 课程名称，SUM(成绩) AS 分数 FROM 课程，学生成绩;
      WHERE 课程 . 课程编号 = 学生成绩 . 课程编号;
      GROUP BY 课程名称
   B. SELECT 课程名称，MAX(成绩) 分数 FROM 课程，学生成绩;
      WHERE 课程 . 课程编号 = 学生成绩 . 课程编号;
      GROUP BY 课程名称
   C. SELECT 课程名称，SUM(成绩) 分数 FROM 课程，学生成绩;
      WHERE 课程 . 课程编号 = 学生成绩 . 课程编号;
      GROUP BY 课程 . 课程编号
   D. SELECT 课程名称，MAX(成绩) AS 分数 FROM 课程，学生成绩;
      WHERE 课程 . 课程编号 = 学生成绩 . 课程编号;
      GROUP BY 课程编号
6. 统计只有 2 名以下(含 2 名)学生选修的课程情况，统计结果中的信息包括课程名称、开课院系和选修人数，并按选课人数排序。正确的命令是________。
   A. SELECT 课程名称，开课院系，COUNT(课程编号) AS 选修人数;
      FROM 学生成绩，课程 WHERE 课程 . 课程编号 = 学生成绩 . 课程编号;

GROUP BY 学生成绩．课程编号 HAVING COUNT(＊)＜=2;
ORDER BY COUNT(课程编号)

B. SELECT 课程名称，开课院系,COUNT(学号)选修人数;
FROM 学生成绩，课程 WHERE 课程．课程编号 = 学生成绩．课程编号;
GROUP BY 学生成绩．学号 HAVING COUNT(＊)＜=2;
ORDER BY COUNT(学号)

C. SELECT 课程名称，开课院系,COUNT(学号) AS 选修人数;
FROM 学生成绩，课程 WHERE 课程．课程编号 = 学生成绩．课程编号;
GROUP BY 课程名称 HAVING COUNT(学号)＜=2;
ORDER BY 选修人数

D. SELECT 课程名称，开课院系,COUNT(学号) AS 选修人数;
FROM 学生成绩，课程 HAVING COUNT(课程编号)＜=2;
GROUP BY 课程名称 ORDER BY 选修人数

7. 查询所有目前年龄是 22 岁的学生信息:学号,姓名和年龄,正确的命令组是________。

A. CREATE VIEW AGE_LIST AS;
SELECT 学号，姓名,YEAR(DATE())-YEAR(出生日期)年龄 FROM 学生
SELECT 学号，姓名，年龄 FROM AGE_LIST WHERE 年龄 =22

B. CREATE VIEW AGE_LIST AS;
SELECT 学号，姓名,YEAR(出生日期) FROM 学生
SELECT 学号，姓名，年龄 FROM AGE_LIST WHERE YEAR(出生日期)=22

C. CREATE VIEW AGE_LIST AS;
SELECT 学号，姓名,YEAR(DATE())-YEAR(出生日期)年龄 FROM 学生
SELECT 学号，姓名，年龄 FROM 学生 WHERE YEAR(出生日期)=22

D. CREATE VIEW AGE_LIST AS STUDENT;
SELECT 学号，姓名,YEAR(DATE())-YEAR(出生日期)年龄 FROM 学生
SELECT 学号，姓名，年龄 FROM STUDENT WHERE 年龄 =22

8. 向学生表插入一条记录的正确命令是________。

A. APPEND INTO 学生 VALUES("10359999",'张三','男','会计',{^1983-10-28})
B. INSERT INTO 学生 VALUES("10359999",'张三','男',{^1983-10-28},'会计')
C. APPEND INTO 学生 VALUES("10359999",'张三','男',{^1983-10-28},'会计')
D. INSERT INTO 学生 VALUES("10359999",'张三','男',{^1983-10-28})

二、填空题

1. 在基本情况表中查询专业为“物理”系所有学生的查询语句为________。
2. 在 VB.NET 的应用程序中访问数据库的过程中,使用________对数据库发出 SQL 命令,告诉数据完成某种操作。
3. 在 VB.NET 的应用程序中访问数据库的过程中,首先使用________完成与数据库的连接。
4. 在 VB.NET 中可以访问的三种类型的数据库是________、________、________。
5. ________是被长期存放在计算机内、有组织的、可以表现为多种形式的可共享的数据集合。
6. ________是计算机系统软件,它的职能是有效地组织和存储数据,获取和管理数据,接受

和完成用户提出的访问数据的各种请求。

7. ________是指在计算机系统中引入数据库后的系统，一般由数据库、数据库管理系统（及其开发工具）、应用系统、数据库管理员和用户构成。

8. 按数据的组织方式不同，数据库可分为三种类型：________、层次数据库和________。

9. 数据库二维关系表由多行和多列组成，表中的每一行称为________。

10. 如果公共关键字在一个关系中是主关键字，那么这个公共关键字被称为另一个关系的________。

11. 利用标准数据绑定控件显示记录集信息，一般通过设置绑定控件________属性来实现绑定。

12. ADO.NET 有两个重要的组成部分——________和.NET 数据提供者。

13. .NET 数据提供者主要包括________、________、________以及 DataAdapter 对象。

三、简答题

1. VB 访问数据库有哪几种不同的方法？

2. 建立成绩管理数据库，其中包含学生成绩表，其结构如下表：

字段名称	类　型	字段长度	索　引
学　号	text	8	主关键字
姓　名	Text	4	
班　级	Text	8	
性　别	Boolean	2	
语　文	integer	2	
数　学	integer	2	
外　语	integer	2	
总　分	integer	2	

3. 如何在记录集内移动、定位、编辑、删除和添加数据？

4. 简述将 ADO 控件连接到数据源的步骤。

图书在版编目(CIP)数据

大学 VB. NET 程序设计实践教程/沈建蓉,夏耘主编. —3 版. —上海:
复旦大学出版社, 2010. 2(2019. 6 重印)
(复旦博学·大学公共课系列)
教育部文科计算机基础教学指导委员会立项教材·21 世纪高等院校计算机基础教育
课程体系规划教材
ISBN 978-7-309-07070-5

Ⅰ. 大…　Ⅱ. ①沈…②夏…　Ⅲ. BASIC 语言-程序设计-高等学校-教材　Ⅳ. TP312

中国版本图书馆 CIP 数据核字(2010)第 018020 号

大学 VB. NET 程序设计实践教程(第三版)
沈建蓉　夏　耘　主编
责任编辑/黄　乐

复旦大学出版社有限公司出版发行
上海市国权路 579 号　邮编: 200433
网址: fupnet@ fudanpress. com　http://www. fudanpress. com
门市零售: 86-21-65642857　团体订购: 86-21-65118853
外埠邮购: 86-21-65109143　出版部电话: 86-21-65642845
江苏省如皋市印刷有限公司

开本 787 × 1092　1/16　印张 20. 5　字数 495 千
2019 年 6 月第 3 版第 7 次印刷
印数 16 601—18 200

ISBN 978-7-309-07070-5/T · 355
定价: 37. 00 元